56

新 知
文 库

XINZHI

The Secret Life
of Dust

奇妙的尘埃

[美] 汉娜·霍姆斯 著

陈芝仪 译

生活·讀書·新知 三联书店

图书在版编目（CIP）数据

奇妙的尘埃／（美）汉娜·霍姆斯著；陈芝仪译．—北京：
生活·读书·新知三联书店，2015.8（2017.8 重印）
（新知文库）
ISBN 978 – 7 – 108 – 05271 – 1

Ⅰ．①奇…　Ⅱ．①霍…②陈…　Ⅲ．①粉尘 – 普及读物
Ⅳ．① X513–49

中国版本图书馆 CIP 数据核字（2015）第 044882 号

责任编辑　徐国强　曹明明
装帧设计　康　健
责任印制　徐　方
出版发行　**生活·讀書·新知**三联书店
　　　　　（北京市东城区美术馆东街 22 号 100010）
网　　址　www.sdxjpc.com
经　　销　新华书店
图　　字　01–2014–7666
制　　作　北京金舵手世纪图文设计有限公司
印　　刷　北京铭传印刷有限公司
版　　次　2015 年 8 月北京第 1 版
　　　　　2017 年 8 月北京第 3 次印刷
开　　本　635 毫米 × 965 毫米　1/16　印张 19.75
字　　数　175 千字
印　　数　12,001–17,000 册
定　　价　38.00 元
（印装查询：01064002715；邮购查询：01084010542）

56

新知
文库

XINZHI

**The Secret Life
of Dust**

奇妙的尘埃

［美］汉娜·霍姆斯 著

陈芝仪 译

生活·讀書·新知 三联书店

图书在版编目（CIP）数据

奇妙的尘埃／（美）汉娜·霍姆斯著；陈芝仪译. —北京：
生活·读书·新知三联书店，2015.8 （2017.8 重印）
（新知文库）
ISBN 978 - 7 - 108 - 05271 - 1

Ⅰ．①奇… Ⅱ．①霍…②陈… Ⅲ．①粉尘－普及读物
Ⅳ．① X513-49

中国版本图书馆 CIP 数据核字（2015）第 044882 号

责任编辑　徐国强　曹明明
装帧设计　康　健
责任印制　徐　方
出版发行　生活·讀書·新知 三联书店
　　　　　（北京市东城区美术馆东街 22 号 100010）
网　　址　www.sdxjpc.com
经　　销　新华书店
图　　字　01-2014-7666
制　　作　北京金舵手世纪图文设计有限公司
印　　刷　北京铭传印刷有限公司
版　　次　2015 年 8 月北京第 1 版
　　　　　2017 年 8 月北京第 3 次印刷
开　　本　635 毫米×965 毫米　1/16　印张 19.75
字　　数　175 千字
印　　数　12,001-17,000 册
定　　价　38.00 元
（印装查询：01064002715；邮购查询：01084010542）

新知文库

出版说明

在今天三联书店的前身——生活书店、读书出版社和新知书店的出版史上，介绍新知识和新观念的图书曾占有很大比重。熟悉三联的读者也都会记得，20世纪80年代后期，我们曾以"新知文库"的名义，出版过一批译介西方现代人文社会科学知识的图书。今年是生活·读书·新知三联书店恢复独立建制20周年，我们再次推出"新知文库"，正是为了接续这一传统。

近半个世纪以来，无论在自然科学方面，还是在人文社会科学方面，知识都在以前所未有的速度更新。涉及自然环境、社会文化等领域的新发现、新探索和新成果层出不穷，并以同样前所未有的深度和广度影响人类的社会和生活。了解这种知识成果的内容，思考其与我们生活的关系，固然是明了社会变迁趋势的必需，但更为重要的，乃是通过知识演进的背景和过程，领悟和体会隐藏其中的理性精神和科学规律。

"新知文库"拟选编一些介绍人文社会科学和自然科学新知识及其如何被发现和传播的图书，陆续出版。希望读者能在愉悦的阅读中获取新知，开阔视野，启迪思维，激发好奇心和想象力。

三联书店
2006年3月

致我的大胖缪斯，
P. 厄斯

尘埃，或初读此书有感

没有金色竖琴的弹奏，
也没有美食和旨酒；
不见天国和极乐之地，
更别提脱俗的艺伎。

一切聊作安慰的景象，
只是微粒在缓慢游荡；
我们适时而至的长眠，
仅仅是它的一场预演。

而当几千年的荣枯，
抹去我们头上的封土；
注定的命运便破出柴扉，
这全都拜大风的恩惠。

我们的骨骸飘向太空，
超越逐渐衰退的恒星；
远离我们欢笑过的地球，
临走并不曾挥一挥衣袖。

最终，化为永恒的尘埃，
作一个并不诱人的未来；
但想到宇宙终归爆炸成尘，
这个归宿就不再令人伤神。

——托马斯·卡珀（Thomas Carper）

（徐国强译）

目　录

前 言
地球新闻播报员

我为什么想写一本关于尘埃的书?

事实上，是这个小东西热烈地向我介绍它自己。几年前，我为了写一篇寻找恐龙化石的探险文章，前往蒙古的戈壁沙漠工作。在那里，我目睹了一场如橘红色巨大云朵的沙尘，横扫过沙漠表面，壮观的景象令人难忘。漫天狂飞的细沙吹进我的眼睛和鼻子，钻进我的书页，连我裹得紧紧的睡袋里也有它们的踪迹。

原本我以为凌乱的沙尘只是戈壁当地的特有景象，然而同行的地质学家戴维·卢珀（David Loope）却告诉我，其实整个地球上空的高处都覆盖着一层薄薄的飞沙，我立刻为这个题材深深着迷。当我们站在一处砂岩①峭壁旁，观察着这些曾在空中盘旋飞舞的沙尘，卢珀向我解释戈壁沙漠里丰富的化石宝藏是如何在沙尘的帮助下成形的。

"水蒸气凝结在这些飘浮于高处的沙粒上，形成了雨滴，"他

---

① 砂岩是由直径0.06～2毫米的颗粒所构成的岩石，其基本成分为碎屑颗粒、黏土或泥的碎屑基质，以及从溶液中经化学沉淀形成的结晶态胶结物。仅次于页岩，砂岩是第二类最常见的沉积岩，约占地壳沉积岩的10%～20%。——译者注

说，"降雨时沙粒被雨水顺势带下，然后在地上的沙丘施展它的幽暗魔法。"

想想看，当同样的事发生在世界各地，会是怎样的情景：每一天，全世界有多少雨水从天而降？而且每一滴雨中都含有一颗沙尘。因此，天空中究竟需要多少沙尘，才能提供足够的降雨核心？再说，这些沙尘又是从哪里来的？

另一位同行的伙伴则警告我，在离开戈壁沙漠之后连续六个月，我得不断清洗耳朵里的沙尘。不过，有一些粉沙似乎已经进入耳朵的更深处。回家后，我去医院检查，医生告诉我，我的脑子里竟然也有沙子。每当我朝天空仰望，总是试图寻找那片无所不在的沙尘帷幕；每当雨滴拍打我的手臂，我会瞪着这滴溅开的水花，心想到底里头包裹着什么样的颗粒；每当我擦拭电脑荧幕，我会透过放大镜，端详那些卡在手指头指纹细缝间闪闪发亮的绒毛状物体。这些来自破碎世界的单一碎片实在太渺小了，小到无法用肉眼分辨：可能是皮肤碎屑、岩石微粒、一小片树皮、脚踏车剥落的涂漆、灯罩的纤维、蚂蚁的脚、毛衣上的羊毛、砖块碎片、磨损的轮胎橡胶、汉堡肉烤焦的炭灰，或是一颗细菌。这个世界总是维持在解体的状态。

这些肉眼看不见的尘埃，并不像表面看起来那样对环境无害；它们也可以是冷酷无情的小流氓，到处惹是生非。从气候学到免疫学，尘埃是各门科学家正谨慎研究的对象。它可能是地球气候变迁的秘密枢纽。每年，有数十亿吨的沙尘飘扬在空中，造成地球大气的改变。而且，不再只有矿工、砂石工和从事石棉产业的工人属于高危险人群，现在有数千甚至数百万每天生活在脏空气中的普通人受到生命威胁。尽管我们的身体已演化出阻挡天然沙尘的生理机制，肺部仍抵挡不住工业生产所制造的更细微颗粒。此外，尘埃与哮喘病的关系是当今另一个逐渐热门的话题，而科学界新的解释却出人意料：哮喘病之所以那么普及，或许是因为居家环境实在太干净了！

基于实际上的需要，研究尘埃的学者也是富有创造力的一群家伙。对于研究大象的学者来说，要取得一份样本并不会太困难，但是对于研究尘埃的学者来说，他们一定得常常发明新的仪器来取得感兴趣的研究样本。例如，有一位女性科学家为了从井底收集星际尘埃，发明了一种水下吸尘器；另一位研究人员为了研究末次盛冰期①所遗留的尘土，想尽办法从冰河的钻探岩心里分离出尘埃样本。不过，收集样本只是这场研究战役的前半段，后续的处理和分析过程，更因为实验对象过于精巧而变得复杂万分。科学家甚至得用保鲜膜把手指头包起来，才能处理得来不易的尘埃。

自从我那一天站在戈壁沙漠上思考天空中沙尘的数量，我将空气当作媒介，而沙尘正是这媒介所携带的讯息。从这个角度来看，沙尘正在向世界播报新闻："落基山脉正受到侵蚀"；"菲律宾群岛上某一座火山正在爆发，请附近居民小心。"它也播报了当地的头条新闻："隔壁邻居的咖啡机正在烹煮咖啡豆"；"高速公路上正在大塞车，请民众多加注意。"它也有社会新闻："接下来让我们关心所有的人类活动。"因为我们人类也是肮脏的尘埃制造者。

写这本书的目的，首先是要帮助读者解读空气中的沙尘所要传达的讯息。地球因为幅员过于辽阔而难以全盘了解，但是收听这些地球上最小的播报员所带来的新闻快报，也许可以帮助我们更加了解这颗星球的全貌。

---

① 末次盛冰期发生于距今18000年前，结束于约10000年前。当时冰河扩张到北美与欧亚大陆地区，约有三分之一的地表陆地被覆盖在冰层之下。地球形成以来至少曾出现四次主要的冰河时期。——译者注

第二个目的是要向读者介绍尘埃，让人们了解自己所制造的尘埃。不必因为这个事实而难为情：其实我们每个人都一直笼罩在自己的皮肤碎屑和衣物纤维所形成的薄雾之中。除此之外，我们在日常生活中每点一根火柴、每按一次电灯开关、每开一里路的车，一举一动都在制造更多的尘埃。就全世界的总产量来说，人类自己所制造的尘埃量已经有一颗行星的大小了。

当自然现象与人类活动造成地表的尘土扬起，天气甚至长期的气候就会因此改变。而当尘埃落定之后，便轮到海洋、土壤以及我们精巧的肺部构造受到影响。这些微小的东西，具有巨大无比的魔力和破坏力。

本书常见用语说明：

◎ 书中所提到的温度，都以华氏为准（将换算为摄氏度）。

◎ 在第一章中会提到各种微粒的大小。为了方便读者查阅，这里列出一些范例：

1英寸　25400微米（1微米即百万分之一米）

一个英文句点　约300微米

沙粒、砂（sand）　63微米以上

尘土（dust）　63微米以下[1]

人类毛发　100微米[2]

花粉　10～100微米

---

[1] 依地质学家的定义，我所说的尘土可以再细分为粉砂（silt）和黏土（clay）。一些地质学家将沙粒（砂）与粉砂的界线定为63微米，有些则定为60甚至50微米。多数地质学家都同意黏土小于4微米。

[2] 这项定义因人而异。

水泥粉　3～100微米

真菌孢子　1～5微米

细菌　0.2～15微米

刚形成的星尘　0.1微米

各式各样的烟雾　0.01～1微米

香烟烟雾　0.01～0.5微米

◎ 关于"硫粒子"：许多科学家提醒我，将硫粒子作为对尘土的广泛定义会产生疑虑，我可以理解为何会有这样的反对声音：当煤烟或火山所喷发的硫气体分子在天空中凝聚成一小团微粒，这些微粒迅速从大气中吸收水分，所以通常呈液态。但是在干燥的空气中，硫就会形成干燥的颗粒。事实上，干燥的硫粒子可以在空气中吸收或流失水分，从液体变成固体，再变回液体，不断循环。对科学家来说，这些可以相变的小颗粒叫做"浮质"（气溶胶，aerosols）。然而，由于本书并非教科书，我认为把它们归于尘土这一类应该无伤大雅。

第一章
沙尘的世界

　　想象有一只搁在走廊上的玻璃杯，在阳光下看起来似乎晶莹剔透，但事实上，玻璃杯内却至少有两万五千颗肉眼看不见的尘埃正在翻腾搅动。这些尘埃可能来自地球上的任何一个角落。某一刻，它们是从撒哈拉沙漠的沙尘上剥落的尘埃，以及比毛发更细小的骆驼毛屑；然后风向一转，包围在你四周的变成一群舞动在森林空气中的真菌孢子和干燥的紫罗兰碎片；下一刻，一辆公车在你家附近停靠载客，于是瞬间，你的四周混合交杂着人类的皮肤碎屑和细微的黑色炭灰。

　　每当你吸进一口气，就有成千上万的尘埃跟着气流飞旋进入你的身体。有些卡在鼻腔内的弯曲通道，有些粘在喉咙的黏膜上，其他的则在你的肺部深处找到永恒的居所。当你从开头读到这里，大概已经吸进了15万颗"尘"世的微粒——不过，前提是你居住在地球上最干净的角落。如果你住的地方比较脏，你吸进的尘埃可能已经超过100万颗了。

　　尽管这些微粒在大部分的人类历史中当真"微"不足道，我们在这本书中将会见证它们惊人的重要性。有些会对地球和居住其上

奇妙的尘埃

的生物造成威胁；有些则让人类与动植物受惠。微粒的本身往往十分迷人。到了显微镜下，尘埃的秘密私生活将无所遁形。

数量惊人的微粒

最令人印象深刻的大揭秘之一是，究竟有多少尘埃围绕在我们的四周？（以科学眼光来看，也就是地表所有微粒的总吨数有多少？）这些碎屑又小又难以捉摸，所以只能进行很粗略的估计。尽管如此，每年都有大量的小东西在空气中随风飘荡是不可否认的事实。

每一年，有10亿～30亿吨的沙漠尘土随风飘扬在空气中。10亿吨的沙尘足以装满1400万节火车货车厢，其长度可绕地球赤道6圈。

每一年，有35亿吨的细小盐粒出自海洋。

每一年，树木与其他植物排出10亿吨的有机化学物质到空气中，其中约有三分之一会凝聚成微小的飘浮小珠。

每一年，有2000万～3000万吨的硫化物从浮游生物、火山与沼泽中渗漏出来，其中约有一半会形成空气中悬浮的微小颗粒。

燃烧树木与草，每年会制造出600万吨的黑煤灰。

全世界的冰河都在缓慢地碾碎它所流经的高山，制造出来的尘土飘扬在空气中。但数量是多少呢？没有人知道。

同样，每年有多少玻璃质火山灰喷发出来？

除此之外，还有微生物或生物身体的碎屑，如四处飞散的真菌、病毒、硅藻、细菌、花粉、枯叶的纤维、苍蝇的眼睛和蜘蛛的脚、蝴蝶翅膀上的鳞片、北极熊毛发的片段和大象的皮肤碎屑，究竟多少吨这类东西漫游在大气之中呢？

大约四百万年前，我们的祖先开始扩增大自然中的尘埃产量。后来，人们学会了驾驭火这个迷人的工具，开始为大自然添加煤灰。人们发现金属的妙用，所制造的黑烟就更加丰富多彩，其中充斥着燠热的青铜（铜锡合金）、铁、铜、金和银的细微颗粒。在纺织技术出现后，人们更制造出肉眼看不见的动物及植物纤维碎片，它们随风飞出人类的居所。最后，随着工业革命的来临，人类的尘埃产量也开足了马力。

　　目前，每年有9000万～1亿吨的硫，从世界各地燃烧化石燃料的工厂中排放出来，其中主要是燃烧煤炭的火力发电厂，以及燃烧石油的工厂和柴油引擎，导致天空中每颗天然的"硫粒子"都与3～5颗人类制造的硫粒子结合在一起。而且，化石燃料厂的数目还一直在增加。

　　天空中有超过1亿吨的氮氧化物，就像硫的气体分子一样，容易形成微粒，从田地、汽车以及其他燃烧化石燃料的机器排到空气中。

　　天空中有800万吨的黑煤灰并不是燃烧树木与草地的结果，而是来自大量燃烧的化石燃料（尤其是煤炭）。即使是600万吨燃烧树木与草地所形成的黑煤灰，大部分也都是人为造成的。

　　天空中10亿～30亿吨的沙尘，有一半是我们的责任，因为农业活动与其他土地滥用所制造出的沙尘总量，比天然形成的多出一倍。

　　还有一些是20世纪之后才出现的微粒——使人神经紧张的水银和让人昏昏沉沉的铅、二噁英（dioxin）和多氯联苯等致癌物、核能灾变产生的放射性物质、杀虫剂、石棉和有毒的烟雾等，种类五花八门。每年究竟有多少吨这类物质飘浮在天空中？我们并不知道。

奇妙的尘埃

百分之一,万分之一……

　　相较于难以衡量的尘埃总量,研究微粒的专家倒比较容易定出各种尘埃的确切大小。一般来说,盘旋在我们四周的尘埃小到连地心引力都很难抓得住,而尘埃表面的静电,甚至原子与原子之间的作用力,都比地心引力的召唤来得强。尘埃黏附在天花板上与掉落在桌面上,是一样轻而易举的事。

　　科学家以"微米"(百万分之一米)为单位来衡量尘埃的大小。就拿你的体毛为例。一根毛发大约100微米宽。现在想象拿起剪刀"咔嚓"一声剪下一段100微米长的片段。这个片段小到也只有你这个剪下它的人才看得到,但是从微粒的定义来说,这片段还是太大了。科学家会把这块碎屑归类到沙粒那一区。

　　以科学的定义来看,最大的尘埃只有毛发的三分之二宽,这些大颗粒通常是大自然的杰作。例如,花粉颗粒的宽度约为毛发的十分之一宽到全宽。假如你筛落一把海滩或沙漠的细沙,最后黏附在你手掌上的粉末,绝大多数都属于比较大型的微粒。从衬衫纤维中掉落出来的皮肤碎屑,宽度约为毛发的十分之一,长度约为毛发的五分之一,这些长方形碎片就飘荡在身体周围,仿佛一片看不见的光晕。从海面上喷出的海盐微片多数宽达5微米,也是属于比较大的微粒。

　　与大颗粒的尘埃相比,医学界更忧心细微粉尘所造成的危害,因为长久以来,人体已经演化出防止大颗粒进入体内的机制。举例来说,几乎所有的花粉都会卡在鼻腔——过敏体质的人对此会非常敏感,但是小型的尘埃却能穿越这道屏障,进入精巧的肺部深处。

　　直到最近,科学家才定义出10微米(毛发的十分之一宽)是尘埃的安全底线。但是当这些专家更深入探究之后，他们决定调整这个标准。医学研究显示，小于上述标准四分之一的尘埃往往会导致最严重的肺部疾病及死亡。但是，即使科学家重新定义有害微粒的界线以保护人类的肺部健康，想要搞清楚究竟微粒如何造成生命威胁，仍然是难事一桩。

那么，哪些尘埃属于危险分子？少数几种大自然的微粒符合这项标准：细菌与真菌孢子通常都小于10微米。然而工业生产制造的微粒才是这支"小"军团的主力。杀虫剂的微粒介于0.5～10微米宽。吸烟的人所呼出的每一口烟中，就算是最大的颗粒也小于0.5微米宽（那是两百分之一的毛发宽）。汽车排放的废气中，最小的微粒是百分之一微米宽（相当于万分之一的毛发宽）。这也是各种工业废气在空气中凝聚成微粒时的体积大小。此外，病毒与大分子的大小约略相同。现在你知道了：两万五千颗尘埃何以能毫不惹人注意地飘浮在玻璃瓶中。

不可或缺的小东西

尽管我们将在书中见证尘埃造成的死亡与伤害，但尘埃仍然是孕育生命不可或缺的东西。我们所环绕的太阳，孕育诞生于一团由星际尘埃形成的星云①，而相同成分的星尘（大约是香烟颗粒的大小）聚集在一起形成了地球。充斥在宇宙间的星尘，使原本闪亮的银河黯淡，阻挡了地球上的我们观看大部分行星的视线。每当一颗星星走向生命的尽头，便会喷发出更多的星尘到银河中，就像在天

---

① 散布在银河系内、太阳系外一团团非恒星形状的尘埃和气体，它们的主要成分是氢，其次是氮，还含有一定比例的金属元素和非金属元素。——译者注

空中施放一道又一道的黑色烟火。这些任期结束的星星所产生的星尘，便是形成下一代天体的材料，如下一个太阳或地球。

我们在地球上生活，并不希望世界一尘不染，因为干净的世界将是闷热的世界。在水循环的过程中，水从海洋、湖泊蒸发，在空气中凝结后再降雨回归地面，完成一次循环。但凝结是在"空气中充满尘埃"的前提下才会自然发生，因为需要足够的尘埃才有供水蒸气凝结的核中心。要是缺乏尘埃，空气中的湿度必须达到300%，才可能产生凝结现象。这会导致最令人难受的夏天：既炎热又让人全身黏糊糊——因为空气中缺乏适当的核中心，全部的水分都凝结在你的身体上。

既然云是由一团水蒸气围绕着各种尘埃的颗粒凝结而成的，缺少尘埃除了无法降雨，也表示天空将万里无云。云能反射太阳光，在地面形成阴影，而且总是覆盖约一半的地表。如果天空中没有云朵，地球会更加炎热。

许多飘浮在空中的尘埃，其实是微小的生命。它们可以借助风来旅行，让地球的生态既健康又绿意盎然。例如真菌可以分解动植物的尸体，甚至是岩石，并释出各式各样的养分到土壤，让土壤更加肥沃。此外，绝大部分的真菌演化出以风来传播孢子的机制。这些坚韧的孢子飘荡到世界各地，跟着随机的起风或降雨，落回地面生根发芽。

许多花粉也靠风来传播。大一点的花粉借助蜜蜂或其他以花蜜为食的动物传播，小一点的就要靠自己在空气中传送，偶然落在对的雌花上，便能进行生生不息的繁衍现象。

硅藻也靠风来传播。显微镜下才看得见的硅藻，是具有硅质化细胞壁的藻类。即使是称作线虫（nematode）的微小蠕虫，也小到足以随风起舞，凭借空气散布。以荒凉隔绝的南极洲为例，在最后一次冰河时期里，几乎所有的生命形态都灭绝了，但后来却发现，麦克默多干河谷群（McMurdo Dry Valleys）[①]的冰冷荒地上存在着各式各样的微生物，其中包括体形较大的线虫。最有可能的解释是，这些线虫的祖先随着风，远从南美洲、非洲或澳洲漂洋过海来到这里。

在许多关于尘埃子课题的卓越研究中，也提出意义重大的发现：一些微小的生物不仅在空中传播，也依靠空气中的微粒繁衍。研究指出，某些细菌能帮助水蒸气在空气中凝结，然后它们便在自己制造出来的水滴中分裂繁殖。

就算是那些呼啸充塞在沙漠里的数十亿吨尘土，对地球也很有贡献。例如加勒比海的某些岛屿现在充满着种类丰富且生意盎然的植被，然而要不是因为有大量的沙尘与火山灰覆盖，如今这里应该会是裸露灰暗的岩石地。同样地，南美洲亚马孙河流域锦绣般的雨林，也是受惠于沙漠的尘土。在潮湿多雨的雨林气候中，雨水会快速冲刷土壤中的养分。然而每年冬天，从北非撒哈拉沙漠吹来的西南季风会带来丰沛的"沙尘雨"，重新带给南美洲热带森林丰富的营养。

从天而降的沙尘也供给地球上最荒芜的地带少数几个月的食粮。在冰河顶端，降落的沙尘就像餐厅的外送服务，送餐给目前所知生活得最艰苦的一些生物。即使是在冰河内部，我们也能看到是那颗无所不在的尘埃，支持着小小的生命网络持续运作。而掉落在海洋中的尘土，也让海洋植物繁茂兴盛。这些植物是在显微镜下才看得到的浮游植物，尽管体形微小，却是海洋食物链底层最丰富的

[①] 位于南极洲的一列河谷，是全世界气候最严峻的荒漠之一。当地的湿度极低，缺乏冰雪覆盖，在南极洲形成一片广达4800平方公里的裸露土地。——译者注

营养来源。浮游生物除了利用尘埃，也会制造尘埃；它们从天空掉落的尘埃中获得养分，然后释出富含硫的粒子到空气中，那刚好是兴云布雨必备的核中心。

就某种程度来说，科学家了解生命与无生命的尘埃如何搭配合作、影响天气，而现在科学家也很清楚尘埃能改变长期的气候现象。一般而言，气候学家将他们对温室效应的恐惧指向地球附近能吸热的温室气体，但是当全球暖化的现象愈来愈严重，空气中的小小尘埃摇身一变成为重要主题。科学家现在知道部分尘埃能反射阳光，冷却地球温度。有些尘埃，尤其是我们制造出来的黑煤灰，飘浮在空中时能吸附大量的热。一些惊人的理论甚至暗指，一场全球性的沙尘暴导致冰河突然消退，造成最近一次冰河时期的结束。迄今为止，即使是最乐观的科学家也无法确定，究竟尘埃对地球环境的热平衡会产生什么作用，究竟愈来愈多的尘埃会让温室效应的情况好转，还是每况愈下。

人类与尘埃

数千年来，尘埃与人类的关系也错综复杂。

八千年前，居住在中国中部地区的农民发现，堆积在地表毫不起眼的厚土，其实是极有价值的宝藏。这片覆盖地面的沃土大约有一百米厚，而在此之前，除了提供丰富的营养给当地植被以外，这片沃土并未被善加利用。不过如今，堆积覆盖在世界各地的类似尘土，包括美国中部，都已经被深度耕作。遗憾的是，正如我们将会见到的，过度使用土壤有时会造成非常悲惨的结果。

大约在中国农民开始从事农耕的四千年后，住在古老的美索不达米亚平原[1]的居民，开始烧熔当地的沙土来制造石砖。考古学家最近在一个叫做麦西肯—沙匹尔（Mashkan-shapir）[2]的地方，发现了宽大平整的长方形黑色岩石，其成分与天然的玄武岩一点也不像，但是化学成分却与当地河床上的沙土相同。于是考古学家推测，由于平原上缺乏树木和石头，说不定麦西肯—沙匹尔的古老居民灵机一动，将沙土加热到2200度（1200℃），熔化并模铸成石砖，作为建筑材料之用。

在同一时期，北欧芬兰地区的居民正在探索当地一种特殊的沙土。这种沙土是用一种充满纤维的奇怪岩石捣碎做成，能强化当地人用来制作陶器和填补墙壁裂缝的黏土。在南欧，人们最终学会将这种奇怪岩石（就是石棉）里的纤维织入防火布料之中。而且早期的博物学家也老早注意到，石棉纤维是一种非常不利于人体健康的物质。

在世界的另一端，也有着与尘土息息相关的古文明：居住在危地马拉蒂卡尔（Tikal）[3]的玛雅人，似乎会在制作陶器的过程中，细心地添加大量比例的火山灰，使成品更坚固。这项需要大量火山灰的当地传统，给后世留下一道谜题：当地距离最近的火山灰沉积地层并不算短。难道火山灰真的那么重要，值得玛雅人吃力地运送它，穿越一百六十多公里的丛林？其中一道谜题的解释也跟题目同样有趣：美国中部的火山曾经比我们目前所知的更加活跃，因此过去大量的火山灰，刚好就降落在蒂卡尔地区。

现代人仍然将尘土利用在种植作物、建造房屋、制作陶器等数

---

[1] 大部分位于现在的伊拉克共和国境内。——译者注
[2] 位于伊拉克南部的巴比伦古城。——译者注
[3] 玛雅低地南部最大的玛雅城址和祭祀中心，在今日危地马拉佩腾省西北部的雨林灌丛中。——译者注

奇妙的尘埃

千种用途上。水泥墙是用沙粒和小石砾混合砌成的；石膏原是一种矿物粉末，经过压缩制成各种模型；各色的矿土赋予涂料原色；岩石碎屑让洗衣粉摸起来有粗糙感，让牙膏具有光泽，让滑石粉具有丝缎般的质感；眼影是耀眼的矿土，从滑石、鱼鳞粉末到色素，都是眼影的素材；阿司匹林与维生素是由药粉压缩制成的；杂志页面之所以光滑闪亮，是因为涂了一层极薄的干黏土；铅笔的笔芯由石墨粉压缩制成；面包是麦粉做成的，意大利面也是；深黄色的芥末酱是用芥末种子的粉末调成；可可粉是可可豆研磨做成的。看来，现代生活真的很倚重各式各样的粉末呢！

我们这么喜欢将东西磨成粉，其中一个理由是粉末能提供最大的表面积以产生化学作用。化学反应一般发生在物体的表面，表面越大，发生反应的范围就越大。你可以想象将50颗咖啡豆浸泡在一大杯热水中，然后再用50颗咖啡豆磨成的粉重复同样的动作；你也可以想象将一大块肥皂丢进洗衣机的待洗衣物中，然后将肥皂削成粉末再重复一次动作，看看二者的结果有什么不同。总之，表面积越大，就能允许越多的反应发生。

这样的特性会制造出令人惊叹或令人遗憾的结果。

聚众进袭

一些盘旋在我们周边的尘埃，其实是肉眼看不见的坏蛋。切记随时与工厂排放的有毒物质保持距离。而即使是平凡无奇的古老沙漠尘埃，也有它阴暗的一面。

例如在7500万年前，平凡无奇的沙漠尘土似乎对生活在当地的恐龙设下一个难以察觉的陷阱。某一刻之前，这些可惧的生物还是当地的老大哥，下一刻，周围的沙丘便密谋进行一场大活埋。（侦查工作需要重新建构这桩古老的谋杀案，但我们会看到，利用像沙尘这种容易被忽略的东西来犯案，是相当关键的要素。）

也许当时这群被活埋的恐龙还算幸运。一千万年后，恐龙的故事会进入节奏更为缓慢的终章。当时因为一颗巨大的陨石撞击地球，造成天空中布满尘埃，长年阻挡阳光的照射，造成恐龙的灭绝。而鸟类、海中生物以及娇小的哺乳类祖先也跟着遭殃。

如今沙漠尘土依然在制造麻烦。一种与沙土有关的疾病，造成加勒比海海域的紫海扇（或称紫柳珊瑚）大量死亡。来自北非撒哈拉沙漠的沙砾，长久以来都会横越大西洋，降落在加勒比海区域。但是在20世纪70年代，撒哈拉地区一场可怕的干旱造成更多沙砾从沙漠南部随季风而传播。到了20世纪80年代初期，降落在加勒比海区域的沙砾愈来愈厚，科学家发现一场瘟疫在当地的珊瑚礁之中散播开来。在沙土入侵的同一时期，当地珊瑚的种类锐减甚至几乎灭绝，一种海胆大批死亡，美丽的紫海扇变成灰暗、表面凹凸不平的丑怪模样。造成这场海扇瘟疫灾难的原因仍有待调查，不过，科学家将矛头指向撒哈拉沙漠沙砾里的一种真菌。

现在科学家更仔细研究来自撒哈拉沙漠的沙砾，从中找出放射性物质、水银和多种真菌等东西。在佛罗里达州南部，某日的夏季午后，一位长期研究尘埃的学者告诉我，这种从远方飘扬而来的沙漠尘土，是空气中最常见的微小颗粒，其中也许含有与人类健康相关的弦外之音。

医学界已经知道，有些微粒会对人体健康造成致命的影响。他们以空气中的废气总量为美国的各大城市排名，发现污染的次序与死亡率的排名一样：空气愈污浊的城市，死亡率愈高。某个联邦机构推测，每年有六万名美国人死于空气污染。要解读这桩集体谋杀，关键的问题是，究竟是哪些尘埃具有这样的杀人本领？

　　　　　　　　　奇妙的尘埃

有些尘埃显然具有致命性。例如，美国每年有1500名矿工因为吸入过多的煤灰而死于非命。在这个国家，死于吸入过多石英粉的矿工、砂石工与其他劳工，更比上述数目多了250人。细针状石棉微尘会导致肺癌和肠癌。不过，在城市里，这些尘埃存在于空气中的比例并不高。所以，其实是其他的东西在城市中作祟。愈来愈多的线索指向我们自己制造出来的各种化学分子。

室内的尘埃可能跟室外的尘埃一样安全，或一样危险。

躲藏在家里长沙发下和冰箱后面，到处蹦蹦跳跳的尘埃，种类五花八门，从太空钻石到撒哈拉沙漠的尘土、恐龙的骨骸以及现代橡胶轮胎的碎片都有。此外，还有具毒性的铅、老早就被禁用的杀虫剂，以及一堆我们以清洁环境为理由、习惯于屋内喷洒的各种化学分子。这些到处弹跳的尘埃，还包括会导致过敏的尘螨尸骸，或是尘螨本身，以及猎捕其他小生物的肉食螨和那些将虱子、尘螨等蜇死为食的伪蝎子①。

此外，屋内的尘埃与发生在幼童身上的铅中毒，具有某种程度的连带关系。当小孩爬过地毯——尤其是那些老旧、满布灰尘的地毯，黏糊糊的手脚几乎总是立刻粘满尘埃，最后这些尘埃被吃进肚子里。一项最好的指标便是，地毯样本中的铅含量有多少，房子里的小孩血液中的铅含量便有多少。

诡异的是，假如不是因为屋子里那些脏灰尘所含有的致病化学物质和重金属，我们应该学着爱屋里到处飞扬的尘埃。数十年来，过敏症的专科医生对他们的部分患者喷洒取自吸尘器里经过蒸馏处理的尘埃颗粒，作为另类的治疗方式。虽然还不清楚这项怪异疗法

---

① 蛛形纲伪蝎目1700种动物的统称。外形像蝎，但没有尾巴，体长仅1～7.5毫米。除寒冷地区外分布广泛，多栖于树皮或石头下。

成功的背后秘密，但医生们保证，这样真的可以缓和尘埃引起的过敏症状。而且现在，有些饶富趣味的尘埃研究，找到"脏屋子"与"健康儿童"之间的关联。在先进国家中，患有哮喘病的儿童数量愈来愈多，但却有成堆的研究报告指出，每天在肮脏、充满病菌的家中爬来爬去、吮吸手指的幼儿，反而比较不容易罹患哮喘病。医生坚信，家中的尘埃一定含有某些东西可以强化幼儿的免疫系统。

过去与未来

不管在室内或室外，到处可见尘埃，而且其中绝大部分藏有地球过去的秘密。

一些围绕在我们周围的尘埃，是亘古年前在遥远的万里之外发生碰撞、破碎的小行星碎片，另一些则是几年或几个世纪前，途经地球燃烧陨落的彗星所留下的残骸。这些星尘颗粒每天以每平方米一颗的速率降落在地球表面。

由于这些特别的尘埃背负着宇宙过去的秘密，我们将会看到科学家竭尽所能地想要捕捉它们。然而，抓住这些微小的时空胶囊只是研究战场的前半段：要分析这些跟烟雾一样细小的颗粒，似乎是不可能的任务。但是无论如何，当一位研究星际尘埃的学者能分析出一颗星尘里的化学成分，便朝了解星系起源的目标更近了一步。

这是一份关于过去的秘密。

至于未来的秘密呢？——与我们个人息息相关的未来秘密呢？可以从无声无息盘旋在我们鼻端下的尘埃找到答案。就如同过去恐龙尸骸的尘埃正飘荡在今日的空气中，将来你腐朽的尸体也会有同样的结局。假如你的尸体埋葬在土里，那它终将成为土壤的一部分，然后经过数百甚至数千年，你的坟墓会因为大自然的侵蚀而裸

奇妙的尘埃

露在空气中，到时候成千上万的你将会飘扬在世界的各个角落。当然，如果你是选择火化、播撒你的骨灰，你化为尘埃的过程自然会更快。

即使现代人采取最大胆的尝试与努力，也无法逃避成为一抔黄土的最终命运，因为就算是存活到世界末日的最后一个生命，最终也将化为一堆尘土，因为太阳未来数十亿年缓慢的膨胀死寂过程，将连带造成地球被烤干的命运。我们的世界终将成为一团随太阳风消散的烟雾，吹拂过充满星尘的银河系。

第二章

星辰的生死轮回

1054年的某天，中国北宋一位天官朝天空观望（也许就站在石头砌成的观星台上），眼前的景象让他惊讶地倒吸一口气。当时是仲夏的大白天，但蔚蓝的天空中却有一颗红白星正在闪耀。当天色渐渐变暗，这颗星星变得更加光彩夺目。在一千年前，中国的天官依循精密的星图[①]和模仿旋转天体的连锁金属环[②]，已经可以确实观察到客星[③]的光临。他们意识到，这些横过星野、瞬间明亮然后又急速陨落的流浪客身上，携带着某些重要讯息。但究竟是什么讯息呢？根据传统，这位古中国的天官尽他所能作了最忠实的描述。

"微臣观察到天空出现一颗客星。"一开头，他的笔记这样写道，然后以能让当朝皇帝龙心大悦的解释作结，"……从客星没有

[①] 中国古代天文学家所用的星图，有时刻在石板上，有时绘在纸或帛上，对恒星位置有比较准确的描绘。中国星图到宋代达到高峰，最具代表性的包括苏州石刻星图与苏颂《新仪象法要》一书中所附的星图。——译者注
[②] 指浑仪和浑象。浑字在古代有圆球的意思。浑仪是由许多同心圆环组成的仪器，浑象则是一个真正的圆球，在早期常统称为浑天仪。——译者注
[③] 此处所指的客星是天关客星。中国星野中的"天关"约位于金牛座牛角尖附近，客星指的是出现一阵子然后又消失无踪的星星，就像做客一样。天关客星是1054年金牛座内爆发的一颗超新星，在古代中国和阿拉伯的史书中都有详细记载。——译者注

出现在毕宿以及本身明亮非凡的现象看来，这表示我国出现了伟大贤明的君王。"[1]

但是当纸上的墨迹慢慢干了，这颗奇异的星星也逐渐黯淡。到了秋天，它野火般的光芒不再闪耀于蔚蓝的天空。隔年秋天，就连在夜晚也很难观察到它的踪迹了[2]。

于是这位天官将他的注意力转移到其他更明亮的目标，而没有领悟到这颗星星带来最深刻的讯息之一，就是为什么它会变得如此黯淡：因为它当时被笼罩在一大片黑色的星际气体与尘埃之中。

现在已知这群超新星爆炸所释放出来的星际介质，将形成新的星系团，孕育下一代星星。新一代星系团内的星际介质，受到重力聚合成岩石星球——就如同我们脚底下的地球一般。而且最不可思议的是，其中的微粒——从糖类到太空钻石等闪闪发光的每样东西，也许便是制造有机分子的材料，拥有形成生命的神奇能力。

现在，我们正试着从这些微粒中找出生命的起源之谜。

碎片的凝聚

大约过了一个千禧年，一位荷兰天文学家重新研究这位中国天官的古老记录，为这颗短暂存在的客星定位。当他瞄准望远镜时，发现望远镜的方向正指着银河中著名的蟹状星云，距离地球约7000光年（光年为光在真空中行进一年的距离，相当于94600亿公里）。

---

[1] 根据《宋会要》卷五二中记载，在至和元年七月二十二日，守将作监致仕杨维德言："伏睹客星出现，其星上微有光彩，黄色。谨案黄帝掌握占云：'客星不犯毕，明盛者，主国有大贤。'乞付史馆，容百官称贺。诏送史馆。"文中的"毕"为二十八星宿之一，位于金牛座的头部。——译者注
[2] 根据中国史书的记录可以推断，这颗超新星在23天内白天都可以见到，在夜晚可见的时间则持续了653天。——译者注

这位荷兰天文学家认为这颗客星过去是一颗巨大恒星爆炸所形成的超新星①。

这颗恒星经历了短暂但辉煌的生命过程。一开始，它是由一团简单气体所组成的巨大球体，穿插着少量的尘埃——一共只有九种元素。但是在数百万年后，这颗恒星燃尽所有能量，开始战栗、抖落外层气体。就在内部发生爆炸不久后，产生一阵强大的冲击波，压过之前散出的气体。冲击波促使其中一些气体转变成新的原子，例如铂（白金）、金、钛及铀。

恒星发生爆炸后的数个月内，同心圆气层里荧光绿、蓝、红色等混合气体破裂成不规则的碎片。这些碎片在宇宙间以每小时数百万公里的速度奔驰，最后凝聚成分离的星际云。化为蒸气的元素冷却凝结成细小的微粒，例如在化学结构上类似气体的硅酸盐颗粒、黄金颗粒、具有放射性的铀、铕与铂的粒子，以及钻石微粒。

不可否认，最后形成的那些东西是几克拉还称不上是珠宝的微粒。由于爆炸的恒星气层中碳的含量稀少，这些钻石微粒必须加快生长的脚步来竞争有限的碳原子。大爆炸发生后的数百天，它们也许每五个小时和一颗新的碳原子聚合。随着碳原子的数量愈来愈少，这些小钻石的扩张速率不得不变慢。一位天文学家推测，假如细菌需要订婚戒指②，太空中的钻石微粒会生长得更顺利一些。

尽管钻石粒子的体积已经累积到高峰，其他的微粒还是会继续聚合长大。每一天，逐渐增厚的微粒掩盖掉更多这颗客星闪耀的余

---

① 一类猛烈爆发的恒星。爆发过程中会释放大量电浆体，持续数周至数年的时间，看起来就像天空突然出现了一颗"新"星。恒星爆炸会将外层抛开，让周围的空间充满了氢、氦及其他元素，这些尘埃和气体最后会组成星云。爆炸产生的冲击波也会压缩附近的星云，导致新的恒星产生。——译者注
② 意指假如细菌可以作为聚合的核心。——译者注

光。发生爆炸的数年后，类似石墨粉与玻璃的新兴星尘就像一团黑雾般旋绕在宇宙间。但是，这些东西小到就连拿来磨牙也还不够格：两百颗星尘肩并肩也许会达到一根人类毛发的宽度。而且钻石也太小了，闪烁不出什么光芒。尽管如此，这些太空钻石还是有光辉灿烂的未来。

如今看来，蟹状星云就像一颗有红色细丝穿过、散发出荧光绿的蛋状物体，因为聚集成块状或绳状的星云掩映而黯淡无光。克里斯·戴维森（Kris Davidson）是明尼苏达大学的天文学家，从事关于蟹状星云组成的尖端研究，他表示："尽管蟹状星云制造星尘的时代可能已经结束，但是它散发星尘的时代才正开始。"

"基本法则是，当温度低于绝对温度1000度（727℃）以下，星尘便会自动成形。"戴维森说，"我推测蟹状星云是温度非常高的星云，所以一开始不太可能形成星尘，要等到发生爆炸的数年之后才会开始。一百年之后，巨大的星尘就出现了。"

"自从发生爆炸后大约一千年以来，蟹状星云已经膨胀得像颗布满星尘斑点的气球，直径长达113兆公里，其中充满气体。"戴维森说。

"正常来说，当超新星的残骸跑进其他气团中，便会停止膨胀。"戴维森说，"但是蟹状星云完全独立在宇宙中，距离银河表面上方有500光年之遥。所以有一半的星云会持续朝银河间隙扩散，另一半在3万～10万年间则可能和银河表面发生碰撞。"

从人类的历史来看，像蟹状星云这样迷人的客星相当少见。在银河系中，每一千颗恒星只有一颗体积会大到足以形成超新星。然而，尽管超新星会散发星际尘埃，这些尘埃却不怎么"实用"，因为里头缺乏碳、氮，以及其他生命依赖的基本物质。

但是以缓慢的宇宙时钟看来，宇宙中的大小星星都持续在银河中散发微粒。在一个典型的星系中，数目上千亿甚至上兆的各类星星，死亡时都会散发出一些微粒。有时候即使是一颗健康、正值壮年的星星，在走向死亡爆炸的必经之路前，也偶然会从炎热的大气中喷出一口微粒。

一颗中型的星星，例如我们的太阳，也许会缓慢燃烧长达一百亿年。最后，它也会膨胀，喷发出崭新的原子。这些平凡无奇又数量庞大的星星，产生许多碳的微粒以及锶、钇、钡和铝等元素。事实上，如果细菌需要的是诞生石戒指而非钻石戒指的话，去中型星星的残骸中翻翻找找，可能会大有所获。在那儿可以找到丰富的氧化铝，那些不纯的矿石也就是我们熟知的红宝石和蓝宝石。

即使是末代星星烧黑的中心，也能产生生命不可或缺的粒子。有时，在这些笨重的白矮星①里，会有一颗太靠近周围的星星，开始偷走邻居的气体。最后，这个小偷会因为超载额外的气体而发生爆炸。当发亮的剩余气体冷却后，所形成的灰暗星际尘埃却富含生命所需的物质，例如铁以及它的亲戚——铝、锰、钴和镍。

"今日，蟹状星云可能制造出所有最闪耀的星际尘埃。"戴维森说。现在，这些新形成的星际尘埃正朝外飞驰，朝下一个阶段迈进。

遥想星际尘埃

尽管科学家能推测蟹状星云里星际尘埃的组成成分，以及它们飞离源头的速度，但是从地球这个相距好几兆公里远的地方，科学家还是无法侦测关于星尘的一些细节。例如他们还不晓得，究竟一团星尘长成什么模样。

---

① 处于演化末期的中低质量恒星。——译者注

"星尘的外观并没有确切的定义。"史蒂夫·贝克威斯（Steve Beckwith）说。他是太空望远镜科学研究所（Space Telescope Science Institute，这个机构负责决定哈勃望远镜的观察方位）的主持人，在此之前是研究星际尘埃的学者。贝克威斯的体形高大，瞳孔颜色是罕见的金色。"我们不知道星尘确实的形状与组成物质，"他说，"它像一颗小球吗？还是像线状的物体？或者长得像植物一般？许多星尘可能是像雪花般的小东西。"

贝克威斯所列出的这些只是部分清单。有一派学者认为，一般的星际尘埃是淡色玻璃质或是黑石墨组成的裸露颗粒；另一派学者则假设它具有玻璃质的中心，外面包裹着科学家极感兴趣的有机分子；更有其他学派假设它是由玻璃颗粒、碳、冰和有机分子混合而成的绒毛状物体。其中最天马行空的一派认为，星际尘埃全是由有机物质所组成，充满着发展成未来生命的潜能。

天文学家对于定义蟹状星云发散的星际尘埃大小也有困难。通过测量星际尘埃放射出的辐射线，他们可以知道颗粒究竟有多小，答案是：像烟雾一般小。但是星际尘埃可以长到多大？放射线测量没办法回答这类问题。正如同一位研究微粒的学者所抱怨的："一些星尘也许真的跟一辆丰田汽车一般大，但是我们无从得知。"

不过，随着研究的进展，对于星际尘埃的描绘也逐渐集中。1998年载运约翰·格伦（John Glenn）升空的太空梭，也同时搭载了一个模拟太空的小型金属容器。这个小型金属容器中注入了精心制造的粒子。透过一旁的电子监视器可以看到，这些微小的颗粒在进入太空之后，开始排列成短短的树枝状。可惜的是，在树枝状物体长得更大之前，这些未加束缚的粒子更快地朝金属容器的一边聚集，并且粘在那儿。在未来的实验中，这个金属容器将会设计成像甩干机般不断振动摇荡，以防止粒子黏附在上头。

不管到时候那些新鲜烘焙的粒子看起来是什么样，银河每天都变得愈来愈紊乱，因为每一颗末代星星都在不断喷出一些气体，所以宇宙并不是空无一物，它其实非常非常脏。

假如你旅行到宇宙深处，画出100码（约91米）长宽高的立方体范围，清点里头星尘的数目，你也许只能找到20颗。不过，让我们建立更清楚的空间概念：在地球与冥王星之间这段"短短"的距离大约可排列630亿个上述的立方体，而每个立方体里有20个微粒，依此累加。不管天文学家将望远镜瞄准哪里，他们都会看到一堆星尘。

大卫·莱克龙（David Leckrone）是美国太空总署负责哈勃望远镜研究计划的科学家，当这座与校车差不多大小的望远镜首次启用时，也遇到同一批掩盖其他天文仪器视线的星际尘埃。莱克龙动作如猫一般敏捷，满头银发，坐在马里兰州办公室里的桌子一角，给我看一张哈勃望远镜所拍摄的银河照片。这张照片是从靠近银河外部边缘的地球往银河中心拍摄的。照片中的银河看起来又暗又混乱，充满只有针孔大小的闪亮星星与大范围扩散的光束。

"这背后其实是一片光明啦！"莱克龙一边赞美这张照片，一边泄气地咧着嘴笑了笑，"假如把上面的星尘全部拿掉的话。"

所有的星尘都像那颗中国客星的残骸所累积成的尘埃，其未来的故事就是我们世界过去的历史。所以，让我们转动宇宙时钟的齿轮，往回倒带几十亿年，将望远镜瞄准构成我们太阳系的星云。

孕育星球

在60亿～80亿年前，地球还没形成的遥远年代，客星的数量繁多，但当时并没有人亲眼见证它们频繁降临，没有天文学家用笔记

奇妙的尘埃

下它们在银河中的位置，也没有太空人在周围探险，猜测它们所蕴含的意义。

随着时间流逝，这些客星就像慢动作的烟火秀，一开始在空中擦出明亮的火光，然后逐渐黯淡隐没。万古年后又经过万古年，这些黯淡的星星固定释放出大量的星际尘埃。

然后，到了约50亿年前的某日下午，强烈的银河风将许多星尘吹作一团星云，尽管外头的烟火持续放出强烈、具破坏性的放射线，这团星云因为占地广大，所以能抵挡这股破坏力，而且因为实在太大了，外界很难听得见在星云黑暗中心持续进行的烟火秀。

这只是在我们银河中许多星云团块的其中一个而已。如今，银河中仍然布满着许多星云团块，金牛座与猎户座各自占据一块广大的黑暗星云。总计来说，银河大约是4000个巨大星云和许许多多小型星云的家。我们现在知道这些巨大星云是银河里最大型的物体，有一些横跨300光年，也就是地球与最近距离星星的70倍间距。有一些星云拥有丰富的气体与星尘，足以制造100万个太阳。通过研究这些星云，现在的科学家就可以解释自身星云诞生的故事了。

这些古老星云的大小至今仍然是个谜。不过在所有星云一开始被吹作一团时，其中的气体与星尘含量相当贫乏，气体分子的数目与我们在地球上所呼吸的空气相比，以每立方英寸（约16立方厘米）的气体分子数来看，前者只有后者的一兆分之一；然而即使是这么稀薄的气体分子，总数也超过星尘的总数。

这样看来，原来巨大的太阳是用这么寒酸的原料做成的，似乎让人觉得有点荒谬。但是，因为这片星云超乎想象的庞大，虽然每个颗粒都像烟雾般渺小，大量聚集在一起也能形成不容小觑的力量。时时刻刻干扰银河的宇宙射线，便是由这些星尘阻挡下来的。

宇宙射线对于这古老的星云格外具有威胁性，天文物理学家大卫·莱沙维兹（David Leisawitz）说。他的办公室位于莱克龙的办公室对面。莱沙维兹是他们这一类人物的典范：曾利用咖啡壶充当样本，做过一次小型的天体探险，言谈之间常因思考专业术语而停顿，而且墙壁上还挂满了卫星照片。

所有围绕在我们古老星云附近的星星，燃烧时都无时无刻不在发射紫外线（UV），莱沙维兹解释，这些紫外线会破坏星尘和构成未来世界的复杂分子。但是在我们的星云中，星尘却挡下紫外线的干扰。

"每颗星尘就像一粒小岩石一样，"莱沙维兹边说边在纸上画出一颗星尘，然后画出一条波浪形的线条指着它，"星尘吸收掉所有撞击它的紫外线。"在我们的古老星云中，最外层的星尘扮演着盔甲一样的角色。

此外，高温是新星球的另一个敌人，莱沙维兹说，从超新星诞生开始，当我们的星云一开始形成，内部的气体持续燃烧产生热能，周围星的温度也会因此升高几度。除非气体冷却下来，否则这些星星不会聚集成球。

莱沙维兹画出另一条波浪线，这次从星尘出发指向外面。

"星尘虽然会吸收紫外线，"莱沙维兹说，"但也会放出红外线。"——也就是夏天柏油路上常见的腾腾热气。因此，在刚成形的星云里头，星尘就像数量庞大的小小散热器，不断将热能排出星云中心。

就这样，星云中心逐渐变成宇宙中最冷的地方之一。从大霹雳发生以来源源不绝的红外线，让宇宙里所有的东西都至少高于绝对零度三度。另外，少量的紫外线和宇宙射线穿透外层星尘的防护，又让温度增加几度。所以我们的星云中心温度大约徘徊在寒冷刺骨的 $-263°C$。

一直要到星云中心恢复平静且冷却下来，物质才会开始黏附在一起。

星云中心的星尘就好像实验台一样，上头有各式各样的原子碰撞相遇，长成令人惊叹的分子。但是，即使有星尘帮助，如今出现在我们周围的各种分子，仍然是花费许多时间才长成的。单单是气体分子中的一个原子要刚好碰撞到星尘，便需要花上一百万年的时间。

尽管如此，原子还是一颗接着一颗相继落在星尘上等待同伴。存留下来的分子，在黑暗中持续成长为更大、更复杂的分子，让星云迈入成熟的阶段；另一方面，新来的原子继续形成新的分子，其中有一些分子紧紧地依附在星尘表面。

星尘会不断演化。水分子在其表面凝固成冰块，氮和其他气体也在这儿冻结住了。偶然间，一道紫外线恰巧击中这些冰块，启动化学反应而制造出更大型的分子，让孕育出太阳与地球的星云演化得更加精巧。

在科学界，仅仅讨论到底有"多"精巧就能引发许多争论。例如2000年夏天，天文学家在一团星云上发现最基本的糖类，这是最早在实验室内被证实的太空分子。其中愈大型的分子，结构就愈坚固。

"目前确认最大的分子里含有11个原子，"美国太空总署的英国科学家埃玛·贝克斯（Emma Bakes）说。她根据从星云散出的放射线，试着确认单一种化学物质的"指纹"。"我们确信80个碳原子的分子的确存在，然而确认的过程却异常艰辛。"要采取单一个指纹便要花上数年的时间。

贝克斯的同事马克斯·伯恩斯坦（Max Bernstein）采取不一样的方法：他在实验室内制造一个模拟太空的宇宙星云，然后研究里头与真正的宇宙分子相似的物质。他在人造的星尘表面附上一层冰，然后用和宇宙中相同的紫外线照射这层覆盖物，这种紫外线曾偶然穿透古老星云的中心。

"放射线会打断分子间的键。"他在报告中这样说道，"但是因为它们被冻结在冰块中，所以哪儿也不能去。然后，当冰块遇热融化，这些分子便有机会和其他的片段联结，形成更复杂的分子。"在这片高科技制造的星云中，诞生过酮（ketones）、亚硝酸盐、乙醚和乙醇，当浸泡在酸性的温水中，还生成可以构成氨基酸的多碳分子。传统观念中，科学家认为氨基酸只能在液态水中形成，但是伯恩斯坦的实验进一步证明，即使缺乏液态水，冰冻的星尘也做得到。"我们得到十分令人振奋的结果，"他小心翼翼地说，"我们正观察到氨基酸的形成。"

第三位美国太空总署成员杰森·德沃尼克（Jason Dworkin）正在研究一种宇宙分子，这种分子滴进水中会迅速聚集成一个防水的空心球。"所有的生命就生活在这层薄膜之中。"伯恩斯坦说，"薄膜是形成生命不可或缺的东西。"

在宇宙分子中，有一组表现得如同细胞的分子（极有可能会不知怎么的就转变成细胞）特别受瞩目，因为它们对于地球上或其他系统的生命形式，有许多值得参考比对的地方。假如这些潜力无穷的化学物质能在我们的星云中形成，那么它们一定也能在其他所有的星云中形成，所以只要宇宙间有星尘存在——也就是说当每个银河都因为星尘遮蔽而显得昏暗，生命便有可能在那儿诞生。

由于新生成的粒子长成松散联结的矿物和金属颗粒、奇怪的分子与各式各样的冰晶，所以每一次附近的星星爆炸所产生的冲击力，都可以在星云中心吹出一个大洞。即使只是从邻近的星星所吹出的强风，也能侵蚀星云中心。一旦成长中的星尘暴露在外，它们便会失去化学联结、漂流在宇宙之中，这种情况在宇宙中司空见惯。科学家曾经计算过，在每颗星尘最后被卷入一片冰冷的星云中心参与星星的诞生过程之前，大约经历过十片不一样的星云、十亿年以上的光阴。但是有一次，一堆星尘又被卷在一块，而且这其中每样东西的原子都保存下来，如此地球便诞生了。

太阳的成形

如今，不只是化学家试着从星尘表面读出宇宙的历史，天文学家也加入了这个行列，通过望远镜捕捉到正在孕育新星的星尘。而且从观察新星自满布星尘的星云中心诞生的过程，天文学家可以述说太阳诞生的故事。

"星星是诞生在充满星尘的环境中的，"哈勃计划的科学家莱克龙说，"而且周围一片黑暗。"

先将银河肮脏的印象放在脑后，莱克龙拿出了一张哈勃望远镜拍下老鹰星云（Eagle Nebula）某一个角落的照片，这片广大的星云距离地球有7000光年之遥。背衬着昏暗的星光，这片星云看起来就像夸张的橡胶手套的指头部分，笼罩在黑色烟雾般的星尘中。仔细观察的话，几个模糊的红点闪耀在黑暗的手指头里，这些红点是年轻的星星，还包裹在布满星尘的厚重星云里。

没有浓密的星云，星星无法形成。可惜的是，普通的望远镜无法观察到正在发育中的星星。直到20世纪80年代，科学家才解决了这个问题。不像可见光的光波，红外线的长波会直接透过星尘，当天文学家调整望远镜以收集红外线，就制造出可以收集星星讯息的仪器。

莱克龙得意地拿出两张猎户座大星云（Orion Nebula）的照片。第一张照片是用哈勃望远镜的早期相机拍摄的，星云看起来模糊得像一团会旋转的雾。但是在第二张照片中——由太空人在哈勃望远镜上安装红外线仪器后所拍摄的照片，星云看起来则是新星罗织而成的闪亮网络。

在两个世纪之前，星云被摒弃为"天空里的黑洞"。现在莱克龙与他的同事则温柔地戏称黑色的星云为"星星托儿所"，而且他们可以保证，我们的太阳与地球是在这种地方孕育成形的。

在我们广大星云的冰冷中心，太阳发迹于逐渐浓稠的星际气体与尘埃。为了对太阳的起源核心大小有点概念，请试着将现在的太阳想象成一颗大沙粒，孕育它的星云则将近1.6公里宽。太阳核心慢慢聚合周围的星际物质，核心愈塌缩，产生的重力愈大，使核心塌缩得更加厉害。当气体在这样的压力下温度上升、准备膨胀时，星尘辐射掉热量。只过了100万年，核心便已经相当致密，使核心塌缩的重力突然占了上风，核心缩进一个球体。然而含有星际物质的最外层形成厚实的暗色外壳围绕着"原生星"。假如45亿年前天文学家看到这颗新星，唯一能看到的便是大约1光年宽的巨大黑壳。

然而在黑壳深处冰冷且运转缓慢的新生太阳，每几百万年只旋转一次，当重力持续将球体压缩得更小，太阳便旋转得更快，就像是花式溜冰选手为了增加转速将双手向身体靠拢。当巨大的压力让中心气体温度上升的速率超过外壳使其冷却的速率时，内部的温度愈来愈高，开始发出灿烂的光芒。

那么，星云中剩下的星际物质呢？天文学家不知道孕育我们的星云体积是巨大还是中等，也许当中诞生了数十颗太阳，在这期间消失于无尽的宇宙中。也许孕育出一颗最后会成为超新星的巨大恒星，爆炸结束生命时又将灰烬送回宇宙中。我们也许永远都不知道事实的真相。

至于曾经遮蔽太阳的星尘外壳，其中有一些在太阳开始燃烧后

　　　　　　　　　　　　奇妙的尘埃

被吹到宇宙当中，但还是有零星的尘埃留了下来，在太阳周围大甜甜圈形的圆环中环绕着太阳。

地球的诞生

当太阳成形后，"甜甜圈"中的尘埃颗粒愈长愈大，深色的岩石粉末、金属颗粒、分子、蓝宝石以及钻石微粒都绕着太阳旋转，悬浮在星际气体河流般的轨道中。在"甜甜圈"内侧边缘、靠近太阳的地方，每一立方英寸（约16立方厘米）的空间中有数十亿颗星际尘埃与气体分子。

从宇宙时钟来看，这些丰富的尘埃一眨眼就形成行星。但是从一颗尘埃的角度来看，却经历了漫长又暴力的折磨。在形成行星的初期，尘埃猛烈地旋转，像是龙卷风里的石砾。许多颗粒彼此剧烈碰撞，向四面八方弹跳开来。后来，两颗朝同方向弹跳的颗粒彼此摩擦，产生联结。

体积变为两倍的颗粒在"甜甜圈"里到处打滚，四周都是颗粒不断碰撞、弹跳、碰撞、产生联结体积变大。一滴水凝固在这两颗产生联结的颗粒上，然后另一颗尘埃又加入了，后来又来了一颗。当成长中的尘埃集合了十万个颗粒，便达到肉眼看得见的程度：它的宽度居然达到一根毛发的十分之一宽。

当年轻的太阳进入青少年的叛逆期，这些大有可为的颗粒稳定成长，一道道热焰穿过"甜甜圈"区域。尘埃中的某些部分完全化为蒸气，其他稍微熔化后又凝固成"球粒结构"（chondrule）[①]——红

[①] 嵌在大多数石陨石（或称为球粒陨石）本体中的小团粒结构，主要成分是硅酸盐矿物橄榄岩石和辉石。——译者注

黑相间、色彩鲜艳的球粒，大约是糖类结晶的大小。被热焰蒸发的危机很快过去了，球粒结构与尘埃又继续开始合并。

在一百年内，野心勃勃的尘埃颗粒宽度已经达到1码（约91厘米）。当这颗巨砾和其他无数的巨砾继续与剩下的尘埃合并，更多的阳光透出薄薄的星云。布满尘埃的"甜甜圈"区域形成扁平的碟状区域。在最靠近太阳的地区，有巨砾成群地聚集。在碟状区域的中央地区，气体聚合成一团巨大的气体行星；在碟状区域冰冷的外缘，尘埃与丰富的冰晶混合形成一大群小型的沙球——彗星。

回到充满巨砾与星尘的区域，巨砾紊乱地与其他巨砾聚合，当聚合的宽度达到1英里（约1.6公里），所形成的地球前身是个"小行星体"。只有每隔约一千年才会遇到其他小行星体，但是小行星体彼此相似的轨道与重力吸引增加了聚合的机会，而非碰撞毁坏。这并非意味聚合的过程温和平静，事实上力道强大到足以熔化与混合大量蓬松的星尘。星尘中的矿物质和金属熔化后，会与相同材质的岩石一起凝固。

两万年后，数百个月球般大小的星体散布在内太阳系，地球的前身也在其中；一千万年后，只剩下少数巨大的星体环绕太阳运行。地球、火星、水星和金星贪婪地吸收任何余留下来的小行星体，最后只剩下一群岩石构成的小行星，环绕在火星与气体组成的木星之间。

至今已无法辨认形成地球的星尘为何。在十亿年或更久以前诞生的星尘，经过无数碰撞以及超新星刚诞生时炽热的放射性原子照射而融合在一起。当星尘融合在一起，其中一些成分开始分离或聚合：大部分的铁和镍陷入地球中心；质量较轻、岩石成分的物质上升到地壳中冷却；其中最轻巧的成分如冰、碳以及令人惊叹的类生命物质则聚集在地壳最顶端。其中一些珍贵的分子和气体，也许会

奇妙的尘埃

随着新一波太阳风吹散到别处去。

有一派学者说，既然地球上构成生命的成分不免被吹走，生命的诞生一定要仰赖最后一批到达地球、未参与融合过程的物质。幸运的是，环形区域的边缘是彗星环绕的轨道。在更远一点的地方，奥尔特云（Oort cloud）①的一大群彗星也许也在等待一颗路过的星星将它们轻轻推向太阳。而且，彗星上所有丰富的有机物质都安全地被冷冻保存。通过分析偶然飞经太阳的冰球可以推测，彗星主体中约有三分之一是有机物质。

只要是形成在靠近太阳的区域，即使是岩石构成的小行星，也保存了原本星尘上所携带的水分和有机物质。科学家最近在掉落的陨石内部，发现了水分或水分曾经存在的痕迹。

因此，有一派理论认为当融合的地球冷却后，大量的彗星将精巧脆弱的有机物质带到地球。水分、气体以及有助于生命生长的营养物质，被投掷在这片新形成的坚硬土地上，来自宇宙的赠礼便和地球资源携手合作，一起创造生命。

不过，即使是飘浮在宇宙中的微尘，也是有机分子的重要来源，美国太空总署研究星尘的化学家伯恩斯坦提出这项说法。"一些行星间的微尘颗粒，含有占50%比重的有机物质。"他说，"从来没有人试着从微尘中萃取氨基酸，因为它们实在太小了。但我们既然知道陨石中含有氨基酸，便可以合理地假设微尘中也含有氨基酸。而且，每天都有好几吨的微尘掉落在地球上，氨基酸的数量自然会慢慢累积。"

一项实验室里的模拟实验指出，介于1%~10%的有机分子能在通过大气的严酷考验下存活。

---

① 距离太阳5万~10万个天文单位，大约等于1光年，布满活跃的彗星。——译者注

就像是欠了星尘一张挥之不去的讨债单，一道微弱的星尘圆盘仍然环绕着太阳。在极为巧合的机缘下，你才会确实看到一道鲜明的黄道带光①。早在1683年，意大利天文学家乔凡尼·卡西尼（Giovanni Cassini）曾描述在某些黎明或黄昏时分，地平线以上盘绕着鲜艳的三角形光芒。

大部分黄道带上的星尘并不是刚形成的颗粒。小行星可能是达不到行星大小的失败产物。或许过去它们在聚合星尘这方面的表现不佳，但现在却善于将星尘释放回太阳系。当邻近的巨大木星行经这些小行星时，木星的重力会干扰这些小行星的航道。被扰乱的小行星容易发生碰撞，每一次碰撞便又会产生更多星尘至太阳系中。

当各式各样的月球被陨石击中时，也会增加环形区域的星尘。火星的月球火卫一（Phobos）由于遭受过如雨点般的陨石撞击，上面的尘土累积有约一米深。围绕木星的光环大部分是从周围月球所撒落的碎屑组成。木星的月球之一木卫一（Io）被怀疑会喷出火山灰，并被这颗巨大行星的磁场以惊人的速度推送至太阳系。即使是我们的月球，也曾一度被怀疑上头留有大量漂流坠落的星尘，而让美国太空总署主持第一次登月计划的科学家有这样的疑虑：当太空人成功登陆，一脚踏上月球，会不会就陷入地面，消失得无影无踪？

彗星登门拜访太阳系时，也会散发星尘。2000年夏天，丽霓儿彗星（Comet Linear）在冲向太阳的途中，经过炙热的木星时开始熔化。阳光将这颗冰球表面的冰、甲烷以及氨蒸发殆尽。失去了外头的束缚，里头的古老微粒便释放出来。然后，当丽霓儿在非常接

---

① 黄道带是指天球上黄道南北两边各八度宽的环形区域，涵盖了太阳系八大行星、太阳与多数小行星所经过的区域。——译者注

近太阳的地方转弯时，发生了猛烈爆炸，这颗彗星的核心一分为二。当时丽霓儿分裂成至少六颗小彗星，迸发出大量闪耀的星尘。

甚至也有外来的星际尘埃会偶然经过银河附近。银河本身布满了死亡的星星，它们的星尘四处飞散。

是的，假如宇宙布满星尘，太阳系最后会被这些东西堵住。但是因为每颗小小的星尘都会慢慢旋转进入太阳中心，所以这些星尘从未累积到足以遮蔽阳光的程度。不过，假如你知道要朝哪儿张望，总是可以看到星尘。

春秋分的黑夜，站在田野里最容易观察到黄道带朦胧的三角形光芒。此时，射向地球的太阳光照亮着一片楔形、指向邻近行星的星尘。春天的日落之后，这个箭头会闪耀在西方的地平面上；秋天的黎明之前，则闪耀在东方的地平面上。

有趣的是，黄道带的光芒因太过分散而显得昏暗，用望远镜反而不容易看到，肉眼观察是最好的方式。所以，如果一千年前的中国天官想研究星际尘埃，而不是巨大的行星，他们已经有很理想的装备了。

第三章
轻巧神秘的星尘雨

　　每天都有超过一百吨的星际尘埃掉落地球，这个消息值得科学家高兴。每一片破裂的小行星或彗星发射出的残骸，也许含有十万个更小的微粒。而这些微粒包含闪亮的钻石、蓝宝石、墨水般的黑炭以及丰富的有机分子，其年龄可以推测到地球诞生时，或者更早。一片星尘里的一颗古老微粒可以告诉我们，好久好久以前产生它们的星星的故事。有时候颗粒外围包裹的化学物质，正在暗示当年孕育它们的星云状况。即使是最小的微粒彼此黏附的形状，也能透露太阳和行星是如何由星际物质累积形成的。"追本溯源，我们体内的每个原子都来自天上的星星，"天文物理学家唐·布朗利（Don Brownlee）解释，"借着研究星际间的微尘，我们对自身的宇宙根源了解愈来愈多了。"

　　布朗利是研究星际尘埃的先驱，不久前主持一项研究计划，发射一艘太空梭捕捉星尘，研究隐藏在星尘背后的秘密。身为"宇宙星尘之父"的布朗利，发型自然随性，穿着色调活泼的绿色帆布衬衫，这样的造型与他的外号似乎有点不相称。他办公室的墙上挂了一幅海报，海报上有一位太空人穿着太空装，正站在月球上撒尿。

　　　　　　　　　　　　　奇妙的尘埃

不过，率性的布朗利在20世纪70年代攻读博士时就是以星际尘埃为论文研究的主题。现在他在西雅图的华盛顿大学进行有关星际尘埃的研究。

布朗利目前所研究的星尘体积，比遮蔽住早期太阳系的第一代星尘大上一百倍，但仍然是艰难的课题。尽管生活周围总是存在一些星际尘埃，但要从紊乱的各种地球尘埃中将星尘分离出来，几乎是不可能的任务。即使科学家真的捕捉到一粒星尘，要保存与处理这个只有毛发十分之一宽的东西，还是很棘手的事。接着，光是要确认由十万个微粒所组成的星尘来源，就要花上一位天文学家一辈子的研究生涯。

不过，假如发掘宇宙秘密是在挑战人类极限，研究过程也会因此别有生趣。布朗利习惯耸耸他的肩膀，说一些像是"我们现在还没有什么构想耶，这不是很棒吗？"之类的话。

不过值得高兴的是，科学家持续掌握了一些线索。每一天，星际尘埃就如同看不见的雪花，持续掉落在地表，因此地球的体积会愈来愈大。尽管星尘是很稀少的，但平均说来，每天每一平方码（0.84平方米）的土地还是会接收到一颗星尘。以统计学来看，每天都有一颗新鲜的星际尘埃掉在你的车顶上，或是平均有几十颗掉在屋檐上，也挺不赖的。假如你在自家的草皮上仰躺一天，玻璃质的超迷你大理岩或其他精巧的星际尘埃，会点点滴滴敲打在你的身体上。

"它们无所不在，"布朗利说，"你随时都会把它们吃进肚子里。每户人家的每块地毯上都有它们。"

遥远的旅程

地球轨道大致在黄道带的环形区域之内。环绕地球的星尘中，大约有四分之三是小行星在轨道上运行越过火星时，彼此碰撞喷发形成的，而剩下的四分之一则是朝太阳方向飞行的彗星一边熔化、一边喷发出来的。除了最小的微粒之外，所有喷发出来的星尘都会被太阳的重力所吸引——这表示大部分的星尘会途经地球。

一颗微小的星尘，从小行星轨道移动到太阳附近，需要大约一万年的时间。大星尘则倾向留在自己的轨道上，最后以螺旋形的运动方式飞到太阳附近，这需要大约十万年的时间。当然，大部分螺旋形运动的大星尘不会被地球拦截下来，它们最后抵达太阳时，便到达毁灭性的终点——虽然我们还不清楚结局到底是怎样。

"它们会被蒸发掉吗？还是被太阳煮干然后再抛出来？"布朗利提出问题，沉吟了一下。"我不知道……太棒了！我想我知道发生什么事了。"他露出腼腆的笑容说，"我们曾经观察到一些很特别的形状，例如长得像米老鼠的球体。"

"假如一片星尘没有碰撞碎裂，在接近太阳的过程中，它的温度会上升到熔点而熔化，"布朗利对我解释，"这个时候，其中的硅酸盐成分会熔化成一个球体，然后金属成分在外头形成小球，看起来就像米老鼠的头。"然后，这些球状的星尘因为太小了，不会再旋转进入太阳内部。它们反而会被吹出来，在经过地球时也许就被地球吸入。每一天每一秒，都有几吨的星尘会因为太接近太阳而熔化，然后再被太阳风吹出来。但是每当太阳处理完一批星尘，新的一批又到达了。在太阳系中，小行星持续砰砰相撞，彗星也总是在天空划下一道一道充满星尘的轨迹。

这是指宇宙"干净"的时候。行经地球的星尘，数量会莫名地渐渐增加。从采集自海洋底部的钻探岩心沉积物样本发现，每隔十万年地球的尘埃量会增加三倍。所以大约两万年后，某天早上一觉醒来，我们会发现阳光被厚厚的尘埃遮蔽住了。

目前有许多理论在解释这样的现象，但是彼此各有主张。其中一项理论认为，地球的轨道与黄道带的环形区域呈角度相交，因此地球在运行时会慢慢偏斜，进入或超出环形区域。当地球进入环形区域，便会承受较多的尘埃量；当地球运行超出环形区域之外，承受的尘埃量便减少了。

另一项理论认为，是地球运行的轨道形状而非角度造成这个现象。每隔十万年，地球的轨道会从圆形慢慢转变成椭圆形。当轨道是圆形的时候，地球运行的速度比较慢，可能会遇到比在椭圆形轨道时多出二至三倍的尘埃。

最近的一项电脑模拟实验推测，地球轨道的形状真的会影响地球上的尘埃量。但是支持"轨道形状说"的科学家，仍然为一项资料中根本的矛盾困惑不已：当洋底沉积物的岩心显示星际尘埃的量最稀少时，电脑模拟却显示地球接收到大量的尘埃；当电脑模拟地球应该已经穿过星际尘埃，沉积物却显示星尘量达到高峰。

虽然还是不知道地球上的星尘量为什么会莫名增加，不过这项研究足可排除大量星际尘埃造成地球周期性冰河时期的理论：因为即使是在各时期尘埃量最高的阶段，天空中的尘埃量也不足以遮蔽太阳。

另一项相关理论提出的假设是，剧烈的小行星意外事故导致冰河时期来临。每十万年的循环只是让地球上的尘埃量增加三倍，但一颗巨大的小行星发生碰撞，却能让环形区域中的星尘总量高出正常值的三百倍，这将使天空明显昏暗下来。而且可以想象，一些破碎的小行星碎片会离开原先的轨道，飞向地球。这个情节相当合理，可以解释地球历史上周期性爆发的大灭绝事件：漫天的尘埃遮蔽阳光，世界陷入寒冷，原因是小行星发生撞击。

但是，仔细研究地球上的星尘成分，却发现彗星而非小行星，才是罪魁祸首——至少它要为一次重创地球的事件负责。肯·法利（Ken Farley）是位于帕萨迪纳的加州理工学院的地球化学家，他在海底泥层中发现一段特别厚的沙尘淤积。这段淤积开始于3600万年前，结束于250万年前。同样一段时期，在现今美国东部的切萨皮克湾（Chesapeake Bay）[1]和西伯利亚的波帕加（Popagai），曾经发生陨石猛烈撞击，在当地留下壮观的陨石坑。根据陨石坑中伴随的尘埃，法利和他的同事认为是彗星闯的祸。

法利解释，当一颗小行星发生撞击，的确会产生一阵星尘飞驰经过地球，但是大部分的小行星都被重力牵引在自己的轨道中，所以大片的小行星残骸不太可能跟着星尘撞击地球。他认为比较可能是大片的小行星残骸继续在轨道内运行，造成更多次的碰撞。所以理论上来说，一颗巨大的小行星碰撞会造成星尘量突然大增，之后伴随着一长串的其他碰撞，维持好几百万年之久。

相反地，彗星深入太阳系内部，伴随着星尘旅行。假如一大群彗星突然离开遥远的柯伊伯带（Kuiper belt）[2]或更遥远的奥尔特云的正常轨道，到太阳附近赛跑，应该会让当地的星尘量突然大增。事实上，法利的星尘资料在这些神秘的撞击物猛烈撞击地球的同时正好达到高峰，然后降落在海洋上的沙尘雨很快就消退了——过了250万年，大约是太阳将彗星完全蒸发掉的时间。

如果地球有知觉，知道自己运行在一层阻挡阳光的厚沙帷幕中，大概也会冷得发抖吧！回想一下，尘埃的神奇能力之一正是放大表面积，布朗利在西雅图的办公室里为我举例说明。"假如你在

---

① 美国东部大西洋沿岸最大的海湾，在马里兰州与弗吉尼亚州的交界。——译者注
② 环绕于海王星轨道以外广阔空间的环形区域，当中布满大大小小的冰封物体。——译者注

西雅图的太空针塔（Space Needle）①上放一包木材，你从地面上一定看不到它，"他说，"但是如果你点燃木材，从地面可以很轻易地看到高塔上的烟雾。"同样地，彗星的核——由尘埃和冰所组成的球状物，因表面积相当小而难以观察到，但是当星尘被释放出来，便增加了表面积。形成彗星尾巴的星尘是彗星极小的一部分，但正是彗星的尾巴在反射阳光，使彗星得以在黑夜中闪耀。如果地球被包围在一层又厚又会反射太阳光的星尘云雾之中，应该会冷得打哆嗦吧！

造访地球

无论太阳系里的星尘数量庞大还是寥寥可数，地球多少都会接收到一些。假如一颗星际尘埃经过地球附近约一百公里的范围内——这段距离远超过飞机航行的高度，但是比太空梭的轨道还近，星尘的飞行速率就会因为黏稠的大气层而减缓。被大气缠绕住的星尘，因为和大量的微小气体分子碰撞，在几秒之内便从每小时数万公里的速率减慢下来。就这样慢慢穿过1～3公里的大气层后，星尘就卡在大气中动弹不得。

接下来的几个星期，它们会在大气中到处翻腾、上上下下，被捉住它们的气体分子东牵西引。它们并不孤单，在地球大气层里每1立方英寸（约16立方厘米）中的星尘量，比太空中同样体积所含有的星尘量多出一百万倍。

在落脚于窗台上成为一抹尘埃之前，这些外来的星尘可能会先

---

① 西雅图市地标，高184米。——译者注

表演一些小把戏。夜光云（noctilucent cloud）[1]是一种在夜间发光的云朵，出现在天空极高的地方。夜光云不像瞬间即逝的北极光，会持续出现在天空中一阵子。夜光云只出现在高纬度地区的夏季。水蒸气通常不能在没有尘埃的帮助下凝结成云，但夜光云却形成于天空中极高、远离地面尘嚣的地方——高高居于80公里之处，因此它成为气象学家的研究题材。有一个理论认为，这种奇怪的云是在星际尘埃的帮助下成形的。

被气体分子捉住的尘埃，会从高纬度慢慢地从气体分子间滑落下来。接触地球大气的一个月后，它们就轻轻落到地面上了。

并不是每一颗星际尘埃都能安全着陆。当一颗体积较大的星尘冲进大气中，会因摩擦燃烧而熔化。所谓的流星其实就是流"沙"颗粒或流"石砾"，在与大气的致命撞击中，化为天空的一道闪光。至于流星雨，例如11月的狮子座流星群，实际上是来自彗星的漫天沙雨：每当地球运行经过满布星尘的彗星轨道，其中的一些陨石便被吸进地球大气，化为蒸气。也许就是这些"陨石烟雾"——体积从沙粒到房子般大小都有，成为夜光云的核心。

对于接踵而来、以螺旋形运动方式进入地球大气的星际尘埃而言，体积愈小愈能安全通过大气。通常，体积约两根头发宽的星尘可以安全过关。这些如同缩小版大理岩的"星际流弹"，在撞进大气燃烧熔化前的体积，也许是后来的两倍。虽然它们的体积很遗憾地变小了，但冷却凝固后还是保存下一些微粒，这些微粒的宽度不超过头发的十分之一。

"这些微粒很神奇，因为它们在非常高的地方便减速了。"布朗

---

[1] 夜光云形成于中气层（距地面高度约80公里），只有在高纬度地区的夏季才能看见这种罕见的云。其成因目前科学界还有争议。——译者注

利说，"但是在90～100公里之上的大气密度相当低，气体分子并不足以阻挡这些微粒才是。"

虽然这些微粒的降落速度很慢，让布朗利和他的助手懊恼的是，他们还是没办法在所有微粒掉落地面之前捉住它们。另一方面，他们也没办法诱导这些颗粒降落在干净的地方。不过要找出我们的宇宙起源之谜，严谨的科学家必须搜集很多星尘样本。

捕捉星尘的猎人

为了解决日常用水的问题，位于南极的阿蒙森—斯科特研究站（Amundsen-Scott Research Station）从3公里厚的大冰原中一个消融成泪滴形的洞穴里抽取地下水。雪水通过表面的洞口被抽取上来，加热，然后重新注入洞穴中，以融化更多的冰。当温水慢慢融掉周围古老的积冰，长久沉埋在雪花里的尘埃也被释放出来了。

在南极从事研究的研究员，喝的雪水也许是十字军东征时期的降雪，而具有数百年历史的尘埃就被堆积在洞穴底。因为只有少量的地球尘埃会被吹到南极来，洞穴底部相对累积了较多的星际尘埃。所以，当捕捉星尘的女猎人苏珊·泰勒（Susan Taylor）——她曾经是布朗利的门生——在1995年决定来挖这个洞穴时，她真是找对地方了。不过，要取出洞穴底部的星际尘埃，并不是丢一只吊桶下去就能办到。"我们得确定放入井中的任何东西都不会破坏水质。"她回想道，"这真是风险高、压力大、回馈低的任务啊！"

泰勒头顶着梅杜莎①样式的乱发，脚踏着舒适的德国勃肯鞋，

---

① 蛇发女妖，希腊神话中的三妖怪姊妹之一，传说看到她容貌的人都会化为石头。——译者注

她是新罕布什尔州汉诺威军队的极地研究与工程实验室（Army's Cold Regions Research and Engineering Laboratory）科学家。她在一条绳索的末端绑了一部非常干净的真空吸尘器，并在其前端挂了一部照相机和一个探照灯，这让她能透过监视荧幕观看洞穴底部的真空吸尘器，操纵它从一颗星尘移动到下一颗星尘。她还挖了第二个通向洞穴的通道，这样即使机器卡住了，也不会影响饮水的取用。泰勒慢慢将真空吸尘器放入约107米深的洞穴中，然后按下"真空"键。

"我们发现了很多星尘！"她向周围的人报告，"嗯，其实也不算多，事实上少于1克，但是有数千颗。至于这些小东西呢？你可以看见它们，它们非常美丽！"

泰勒所拍摄的迷人照片，登上了某一期《自然》（Nature）杂志的封面，这些星尘看起来就像黑色和红棕色的小玻璃珠。泰勒说，有些甚至还带着小尾巴，那是飞行时熔化成液状的分子拖曳形成的。它们很大——是原始星尘宽度的两千倍，而那还是在它们呼啸穿过大气时失去90%的体积之后的结果。

因为泰勒知道洞穴里融化了多少冰，也知道冰已经累积多少年，她可以回溯推算星际尘埃降落在南极的速率。她将总星尘的收获量除以年（时间），然后将每年的收获量除以井的面积（以平方英尺为单位）。她推测这些井里的小大理岩数量占了四万吨掉落地球的星尘的绝大部分。她对星尘的细部分析也即将出炉。

另外还有一种比较不费力的尘埃收集器，看起来就像儿童用的充气游泳池，坐落在加州理工学院的马德大楼北楼楼顶。身为星尘猎人与地质化学家的法利说，那是因为它真的是儿童用的充气游泳池。尘埃从天空掉落到这座装满水的儿童游泳池中。有一个泵抽动着里头的水，让水流经过一块磁铁，将富含铁的星尘吸附其上。即使有少量的地球尘埃也被吸附在磁铁上，法利也有办法测定星尘占了总量的百分之几。

法利每一周都会分析收集到的星尘，观察星尘造访地球有没有固定的时间。先前的结果真的显示，夏天和冬天星尘的存量丰盛，春天和秋天则较为贫乏。不过这样的结果与其说是因为遇到太阳系里的沙尘季，倒不如说是因为地球的季节风向和天气将星尘导向洛杉矶。

因为儿童充气游泳池真的有用，法利已经在其他国家也布下网络。目前，有一个收集站位于夏威夷群岛的山顶，另一个则位于英国牛津大学。不过法利坦承他做了一些改良。"由于这个装置会一直曝晒在太阳底下，塑料游泳池并不耐用。"他说，"所以我们改用小耳朵（卫星电视讯号接收器）。"然而，马德大楼楼顶的儿童充气游泳池仍然保有它的光荣宝座。

这座游泳池意外地收集到另一项完整的资料——规律掉落在加州理工学院的古老地球尘埃。每三个月，法利从游泳池底部清理出5克（相当于15颗阿司匹林药片磨成的粉末）不具有磁性的尘埃。

海底深处是另一个找寻星际尘埃的好地方——假如你能在钻探海底沉积物的同时，忍受海底洋流造成的颠簸。在邻近大陆块边缘的海底，散布着小石砾、沙土、奇怪生物的遗骸和大型废弃物。由于这些东西比较重，在沉入海底前只能短暂"随波逐流"一下。同理，在那些因地球侵蚀而产生的颗粒中，只有最细微的颗粒才会在沉入海底前随着洋流漂到海洋的远处。也就是说，如果你在深海的烂泥中找到一个大的颗粒，那很可能不是来自地球，而是从天空掉落海面后沉入海底的。

"在每一百万颗深海沉积物中，只有一小部分是星际尘埃。"布朗利说，"但是宽度介于100~200微米之间（1~2根头发宽）的磁性球形颗粒中，却有半数是星际尘埃。"

掉落海面的星尘并不会立刻沉没，因为它们太小，所以不可能笔直落下。若要往下沉，它们需要一些额外的重量。

"我知道这些星尘都有不光彩的结局。"布朗利的嘴角带着一抹微笑，"这些寿命超过40亿年的尘埃，最后都变成一颗颗的鱼便便。"

与其等待星尘掉落在儿童充气游泳池，或是嘲笑它变成鱼便便，布朗利其实比较喜欢从20公里高的大气中收集新鲜的星尘样本。在他办公室里一个拥挤的架子上，放着一个他最喜欢用来收集星尘的东西。这个东西比一副纸牌还小，而且是用光滑如缎的铝制成的。这个小型的捕尘器中放置了一片精巧的飞行胶带，叫做"捕尘旗"。

"除非在干净的房间并且全身换上干净的衣服，否则我不会打开它。"他向我致歉，一边随意地摇动盒子，"我们费了很多心血在这些星尘上，不想轻易失去它们。"

自1974年起，美国太空总署就开始在飞得最高的飞机上设置胶带，当飞机在天空盘旋，胶带便有机会粘住天空中的星尘。飞行员在起航之前必须预先呼吸一小时的纯氧，让身体适应20公里高的低压环境，而且必须穿着庞大笨重的服装。太空总署并没有将六小时的飞航行程完全用来收集星尘。这些飞机的主要用途是研究地球与大气。然而，假如飞机飞行在合适的高度，而飞行员没有遇到其他棘手的难题，飞机便会载着这面捕尘旗在天空中不停飞呀飞。

"假如只将捕尘旗放在天空中半小时，你会对结果很失望。"布朗利提醒我说，"因为大约每一小时才会收集到一颗尘埃。"因此大约飞过十次航程，胶带才会从飞机上拿下来。

据说，胶带能比游泳池收集到更多的星尘，不过它仍然有美中不足的地方。当飞机离开空气稀薄的高处，胶带上除了粘着一层薄薄的尘埃，还会粘上花粉和地球上的其他颗粒。当工作人员将胶带所粘的颗粒取下，也会附带取下飞机涂料的许多碎片。除此之外，火箭燃料的颗粒、火山喷出的硫粒子、霉菌孢子、花粉和其他随风传播的生物，也都会粘在旗子上。

"这让人想到一个很有趣的问题。"布朗利露出既困惑又高兴的特有表情。"生物能生活在多高的地方？"

为了避免同时收集到那些杂七杂八的东西，更为了保证捕捉星尘的过程不会受到地球大气的干扰，最直接的解决方法就是到更高的地方去收集。1999年2月，美国太空总署发射由布朗利建造的太空梭"星尘"号（Stardust），其任务就是收集彗星所喷发的星尘。当"星尘"号在内太阳系航游时，上头配备的气凝胶（微粒泡沫）收集器便会粘住周遭的粒子。2004年1月，"星尘"号靠近飞驰的彗星Wild 2以取得第一手资料。在非常靠近彗发①时，"星尘"号传回照相机所拍摄的一连串星尘的连续影像。两年后，"星尘"号投下一个装满尘埃的容器，降落在犹他州的大盐漠。

因为星尘是解开宇宙源头奥秘的关键，它一夕之间成为热门的研究题材，所以"星尘"号只是众多飞向宇宙捕捉星尘的太空梭之一。例如，一艘叫做ARGOS的太空梭，载着名为SPADUS的仪器，环绕地球至2002年，目的是测量地球周围星尘的飞行速度与浓度。MUSES-C是日本制造的太空梭，在2003年接近尼尔尤斯小行星（Nereus），并朝它发射一颗子弹，然后将造成的星尘收集在帽盒大小的容器中，在2005年投回地球。同一年，美国太空总署的"深击探险计划"（Deep Impact），也对一颗彗核采取了同样的

---

① 围绕在彗星冰状的彗核周围，由浓密的气体与星尘组成的星云状物。——译者注

暴力手段：在7月4日那天，航行宇宙的太空梭以每小时35000公里的速度向坦普尔一号（Tempel I）彗星发射一颗人造陨石，然后分析掉落的尘埃。

从量身订制的防水吸尘器，到徘徊于宇宙收集星尘的太空梭，科学家不断改进收集样本的方式。收集的过程虽然困难重重，实际上却是研究中最简单的步骤。只有经过后续缜密的处理与分析，关于过去的星际秘密才会被揭露出来。

如获至宝

照顾收集到的星尘是一门艺术。首先，要放在哪儿才不会弄丢呢？美国有一座星尘图书馆，以及一位图书馆馆员。在美国太空总署负责照顾星际尘埃的馆长迈克·佐伦斯基（Mike Zolensky），监管着得州休斯敦约翰逊太空中心（Johnson Space Center）的大约十万颗星尘。

每当工作人员从太空总署的飞机上取下收集星尘的胶带，会粗略检查并快速作记录。记录中也许会提到飞机的旅程，或简短描述收集到的颗粒。一份例行的记录看起来是这样的："阿拉斯加，不包括回程。"或是："背景干净，粘有一些黑色颗粒。受到一点污染。"若要取下并固定一些颗粒，便要将它们连同涂在旗上的硅油一并拿起，然后固定在小塑料盘上。不过，这通常是外借颗粒的人该做的事。

"就算是全世界，也负担不起标示所有颗粒的经费。"佐伦斯基说，"我们一年大约标示300次，而其中有一半的旗子依照惯例碰也不碰一下。"

这些得来不易的颗粒，被装在充满氮的柜子里，以防因接触氧气而让铁的成分氧化。一份由佐伦斯基制作的目录，记录着200面旗和6000颗颗粒，传阅于世界各地的实验室。也许有科学家会来借一片胶带，挑选并固定自己需要的颗粒，留下沙尘、花粉和飞机的涂漆。

布朗利知道挑拣颗粒有多么困难。他回忆早期每一次拣取颗粒都令他相当不安。20世纪80年代他曾遗失了一个重要的颗粒。即使是现在，挑拣颗粒对他来说仍然是非常棘手的任务。

"人们应该了解，微粒和世界上其他东西完全不一样。"他的口气异常严肃，"它几乎被静电力所左右。在一般显微镜下，一个5微米或10微米的颗粒看起来就像一个小黑点。当你用针的尖端把它挑起来，它也许下一秒就不见了，就这样逃掉了。我们最后归纳出，实验室必须要有很高的湿度以及离子产生器。"

布朗利拿出一份档案夹，从中取出一张一百个颗粒被挑出并固定的照片。它们看起来就像一百颗灰色的爆米花、葡萄和岩石，整齐地排列在白色正方形的格子中。每一颗都在显微镜下用针尖挑出放好在白色方格里。照片中被放大的白色方格，实际上只有半颗米粒宽。那么，这些珍贵的爆米花是用哪一个牌子的胶水固定在格子里的呢？

"我们没有特别粘它们。"布朗利快乐地说，"想想看灰尘是怎么粘在墙壁上的。这种小东西是不会自己掉下来的。你几乎要撬它们才弄得下来。它们是灰尘耶！"

学会了遵守尘埃严格的游戏规则，科学家现在得以开始研究单一碎片的古老来源，以及碎片中的古老微粒。

身世之谜

一旦尘埃被捕捉到而且在掌控之中，科学家就能向它拷问关于星际来源的问题。首要的任务是确定这颗尘埃是来自小行星还是来自彗星，或一直都是单独的个体，从未附属于任何较大型的天体。

布朗利从桌面上朝我推来另一张收集到的星尘的大照片，其中绝大部分看起来都像闪亮的黑可可豆。还有一团黄色的物体，直觉像是一团口香糖。布朗利抬起一边眉毛，看着它。"那个？它可能是实验室里的东西，也可能来自飞机或火山。"他耸耸肩，"分辨地球以外的东西比较容易。"

虽然分辨来自地球以外的东西比较容易，但不表示确定它们的来源很简单。布朗利首先承认，关于星尘的来源仍然有很大的臆测空间。"所有的这些颗粒都是孤儿，"他说，"你可以证明它们是从外太空来的，你可以猜测它们源自何处，但是宇宙中有百万颗彗星和无数颗小行星。"更不用说从太阳系形成之初就飘浮在宇宙间的无数星尘。

要确定一颗星尘的出身，必须结合所有的相关证据。你也许会从它的外表着手。来自小行星的星尘看起来就像一块坚固的岩石。当星尘积累成小行星那样的体积时，温度、重力，有时再加上水的作用，会将颗粒堆叠成高密度的岩石和金属。相反地，假如星尘的外形像一颗灰色的爆米花，布满了曾经凝结冰块的坑洞，它可能来自彗星。来自彗星的星尘从未遭遇热和挤压的折磨，原本的颗粒仅仅是借助冰块松散地连接在一起。

假如这项简单的分析无法让你断定样本的来源，你也许该试试新的审讯方式：当这颗星尘冲进地球大气时，它的飞行速度有多快？

彗星以高速和不寻常的角度冲进太阳，它所掉落的星尘接近地球的速度，一般高达每小时7万公里。以坦普—坦特彗星（Tempel-Tuttle）所带来的狮子座流星雨为例，由于彗星绕行太阳的轨道几乎朝向地球，因此所留下的星尘以每小时24万公里的高速冲入地球大气。至于小行星，大约以和地球相同的速度与方向运行。所以当一片从小行星脱落的星尘掉到地球附近，就算加上地球重力的牵引，速度也只会达到每小时近5万公里。至于单独飘荡在银河系的星尘呢？它们被推测是所有星尘类型中速度最快的，只不过科学家认为，每一千颗星尘中可能只有一颗这样的星尘。

凡事都有例外，不过一般说来，假如有一颗小行星星尘、一颗彗星星尘和一颗单独飘荡在宇宙间的星尘，同时以同样的角度撞上地球大气，速度最快的孤独星尘温度会最热，而小行星星尘将是温度最低的。

在确定星尘的速度之前，你还需要知道它在撞上大气时温度有多高。将显微镜锁定这颗星尘，不断调整焦距，直到你看见它的表面有太阳火焰（因为高温而散发到宇宙的原子）所刻画出来的细微痕迹。如果你什么都没有找到，你可以假设这颗星尘的速度非常快，所以撞击到大气后温度上升至1000度（538℃），熔化掩盖过原先的痕迹。你也可以将星尘放到烤炉中慢慢加热，注意在哪个温度之下所有的化学分子都蒸发了。假如你手上的星尘当时以猛烈的速度冲撞地球大气，温度曾上升至900度（482℃），那么你将发现直到901度时才会有蒸气产生。推测出星尘进入大气时的温度，一位老练的星尘专家便可以计算出当时的速度。

现在，假设你已经掌握蒸发掉的成分，就可以进行下一个问题：这颗尘埃的化学组成是什么？

小行星依照不同的化学成分，被归类到各种"家族"。大部分的陨石可能是小行星的碎片，因此也可以加以分类。星尘也可以依照矿物成分分类，因为各种星尘的矿物成分天差地远。此外，有的星尘含有大量水分，比例比地球还高，有的则含有比地球高出数千倍的碳。假如你手上的星尘成分与某一颗陨石相似，你就可以推测它是从太阳系中位于同样地区的小行星上剥落下来的。或者，假如你手上的样本成分与地球的平均组成差异很大，你可以假设它是来自年轻太阳系某个非常特别的地方。

下一个方法是找出星尘与某颗彗星或小行星的关联。既然我们捉不到那些巨大的天体来分析其化学性质，能拿到一块小碎片也不错。你手上的这块碎片会大声地告诉你，当时影响它的温度、化学反应与其他状况。

不过，要找到成分相符合的小行星或彗星，可能性很渺茫吗？你猜对了。即使是最顶尖的老手，也很少能成功将手上的样本与某种天体画上连线。不过，还是有人办到了。

1991年6月和7月，美国太空总署的飞机捕捉到一些多孔、易碎的星尘。有几位研究人员发现这些特殊星尘的氦含量出奇的少。在宇宙间，太阳风带着特有的氦同位素。每当一颗氦原子呼啸飞进一颗星尘中，便会被埋在里头。然后，某天一位科学家捕捉到这颗星尘，将它加热到2500度（1371℃），这些特别的氦同位素便被逼了出来。当研究人员发现样本里只有少量的氦，他们便晓得这颗星尘只暴露在太阳风中短短几年而已。接下来的问题是，到底哪个天体那么靠近地球，使得从它身上剥落的星尘得以在很短的时间内就被吸进地球？因为小行星碎片需要花上几千年才会飞到地球附近，所以研究人员下结论说：这颗星尘是路过的彗星带来的，而且就发生在不久之前。

研究人员还发现另一条线索：在这颗星尘经过地球大气时，温度并没有上升很高。这表示它进入地球的速度缓慢。因此，它所来自的彗星一定是慢慢地经过地球轨道的。

在审慎考虑过一串名单后，研究人员发现只有一颗彗星办得到，那就是1991年5月经过地球的施瓦斯曼—瓦茨曼三号彗星

　　　　　　　　　　奇妙的尘埃

（Schwassmann-Wachmann 3）。在小心翼翼地审讯这些小颗粒后，研究人员将线索连到从远方奔向地球的彗星身上了。

抽丝剥茧

即使科学家找出了星尘的出生地，仍有许多后续工作要做。他们接下来得仔细检查星尘本身。组成这颗尘埃的十万颗微粒，每一颗都有自己原本的面貌，但是经过高温熔化、溶解或重力挤压，它们已经和周围的成分发生了化学反应，成分改变以致再也认不出原本的面貌。只有一些微粒还保留着关于母星体的模糊线索。

碳化硅、石墨、蓝宝石和钻石是成分坚硬持久的微粒，历经太阳剧烈诞生时不断的混合与高温加热的过程，它们的其中一些保存了下来。其他比较脆弱的星尘会熔化、聚合和重组，但这些顽固的微粒撑过去了。因此，当科学家在陨石或一片星尘中发现这些微粒，会将其视为了解母星体的重要线索。

但事情并非总是一帆风顺。第一批从陨石中发现的钻石，是来自一世纪前冲进西伯利亚地面上的一块神秘岩石。这块陨石裂成两块掉入地球，一块被辗转交到科学家手中，另一块据说是被当地的农民磨成粉吃掉了。然而，在发现的一世纪之后，里头的太空钻石还是没有透露半点关于它们的秘密。因为它们非常难以侦测，科学家甚至无法直接证明钻石就存在于微粒之中。

"我很肯定星尘里头有钻石。"布朗利说，"原始的陨石中含有大量的纳米钻石，所以星际尘埃中一定也有。但是没有人实际看到过它们，因为它们很难被分离出来。我们试着溶掉其他的矿物成分，只看碳成分，我们认为看到它们了。"

最近，丹麦的天文物理学家安雅·安德森（Anja Andersen）计算出在所有形成太阳系的碳之中，有3%是纳米钻石，这真是个惊人的数字！"这是依照原始陨石中的钻石比例来推算的。"安德森说。而这可能只是冰山一角。"因为许多星尘在太阳系形成的时候都被再次熔化了。"她指出，"一开始钻石的含量应该更多，是合理的假设。"

若要仔细研究太空钻石，你应该从身边的钻石珠宝入手。麻省大学的地球科学家斯蒂芬·哈格蒂（Stephen Haggerty）说，地球矿藏的每粒钻石可能都包含一颗太空的纳米钻石。哈格蒂从实验室培养钻石的经验中得知，如果提供一颗用来结晶的"晶种"，钻石会生长得更快、更容易。在地球的地壳中，来自太空的"钻石晶种"或许多到毫不稀奇。毕竟，陨石中纳米钻石的含量比地球上产量最高的钻石坑还要丰富，高达1600倍。所以，如果说一些太空钻石在地底下成为结晶种子，安静地长成现在人们手上戴的、耳上挂的炫丽珠宝，是完全合理的假设。

如果说太空钻石守口如瓶又神秘兮兮，那么相较之下，包裹着金属和硫化物的玻璃球（glass with embedded metal and sulfides，GEMs）可以说是乐于配合科学家调查的。这些玻璃球是如烟雾一样小的圆形颗粒，主要由玻璃质的硅所构成，并密布着闪闪发亮的金属结晶。在电子显微镜下，一颗GEMs看起来就像装饰着圆形细金属片的小石砾。1999年，布朗利和研究伙伴宣布GEMs的特性和另一个埋藏在星尘里的古老微粒一样，它们之间有个值得听闻的故事。

为了看清楚GEMs，布朗利的团队将星尘切成更小的薄片，然后用纽约布鲁克黑文国家实验室（Brookhaven National Laboratory）里最精密的仪器观察，分析在薄片中闪闪发亮的微小石砾的化学成分。分析结果提供了另一条关于我们过往历史的线索：GEMs的化学成分符合遥远星云的化学成分。这个团队现在知道，捕捉到GEMs将会获得更多关于我们古老星云里星尘发育的故事。

GEMs大胆提供了线索，让我们知道有哪些特别成分可能参与地球的形成。这些细小的石砾就包裹在神秘而富含碳的物质厚层中。研究团队判断，这些黑色外层甚至可能在太阳和各行星形成之前，就已经出现在充满尘埃的冰冷星云中。

星星的传承

对于那群贡献星尘给太阳系的死亡星星，科学家已经快要达成描述其真实身份的目标了。虽然这些"祖先"在数十亿年前就灰飞烟灭，它们却通过遗留下来的星尘，对科学家轻声诉说它们的故事。重新建构这些星星的身份，将是漫长又缓慢的寻根旅程上的一个重要里程碑。

两个世纪之前，科学家就已经踏上寻找宇宙起源的旅程。1833年，一场壮观的流星雨让一位耶鲁的天文学家想到，这也许是数千颗细小的陨石所构成的。他甚至拿它们与彗尾相比。不久之后，其他天文学家便将彗星的路径与流星雨的路径加以配对。

当时，一般人确实也察觉到有极为细小的陨石降落地球，也有人认为星际尘埃是造成晚霞的原因，又是稍微污染雨滴的金属来源。1872年，英国的"挑战者"号（HMS Challenger）[①]这座60米长的海上实验室，从英格兰开拔到世界各地采集海洋沉积物。船上的博物学家约翰·默里爵士（Sir John Murray）利用一块磁铁，吸附

---

① 由英国海军和皇家学会合作，从1872年12月至1876年5月进行的一次海洋考察航行，行程共127600公里。考察内容广泛详尽，是海洋考察史的里程碑。——译者注

远洋泥巴中细微、闪亮的球形颗粒，比较它们和陨石的化学成分。默里爵士宣称这些颗粒是我们古老的亲戚。

后来，推测到地球四周围绕着一层星云，促使刚进入太空时代的人们更迫不及待地要将精密的仪器送进太空。

"一开始，科学家真的很担心太空梭无法承受星尘的撞击，"布朗利的语气里带着一丝惊讶，"当时的人们把星尘想象成一道洪流，幻想中的数量比实际上多出100万倍。他们认为人造卫星顶多只能支撑一年的撞击。"从20世纪50年代开始，太空梭就配备了防护罩来阻挡想象中的强风乱石。

然而，现在的科学家却为了收集这些乱石而将仪器送到太空。我们已经转换看待这件事的角度：宇宙尘埃不再是威胁，而是代表解谜的希望。

我们能指望星尘透露生成太阳系的父母是谁吗？"就算找不到确切的个体，大概也会知道是哪一类星星。"戈达德航天飞行中心（Goddard Space Flight Center）的太空物理学家拉里·尼特勒（Larry Nittler）说。尼特勒将陨石样本溶解在强酸之中，释出坚硬、古老的星际尘埃来研究其化学性质。通过比较同位素^{12}C和^{13}C的比例，尼特勒得以缩小母星体的来源范围。这是因为依大小和年龄之别，星星所制造的颗粒各自有一定比例的碳同位素。对珠宝商而言，混在一片陨石碎屑里的蓝宝石，其氧化铝的同位素也呈现特定的比例。

尽管尼特勒所用的方法非常精细，诞生地球的星云中星星的确实数目，却还是难倒了科学家。"一定比一个还多。"尼特勒笑说，"根据若干证据，多数人都认为数目介于10到100之间。重点是，量绝对很多。"尼特勒提到，光是从各式各样的蓝宝石看来，我们就至少源自30种星星。但是要在母亲节贺卡上注明地址还是很难。

"要把某一个颗粒归类到某颗星星是不可能的。"尼特勒说,"那些星星在数十亿年前太阳系形成时就已经消失了。"

但是我们的祖先留下我们,传承其光辉灿烂的生命。就好像一枚从祖母手中传给妈妈、再传给女儿的结婚戒指,暗藏珍宝的星尘飘落在南极的冰河上、屋顶的儿童游泳池中,以及我们的厨房橱柜上。而封锁在尘埃里的东西提醒我们,我们和地球上所有事物都属于一个非常漫长且与众不同的故事。

第四章

恐龙灭绝与沙尘暴

恐怖的事降临在"大妈妈"的身上。

"大妈妈"是一只恐龙的昵称，精确一点来说，它是一只窃蛋龙[①]。"大妈妈"的体形跟鸵鸟差不多，假如忽略宽阔、看起来像乌龟的嘴部以及人类手指般的弯曲长爪不看的话，外形与鸵鸟也有几分相似。1923年，探险家在蒙古戈壁沙漠上的橘红色砂岩中首度邂逅窃蛋龙化石。很遗憾的是，他们搞错了化石的真实身份。由于当时这只恐龙的骨骸就匍匐在一窝化石蛋的附近，探险家便以意思为"窃蛋贼"的拉丁文为这种恐龙命名。直到1993年，其他窃蛋龙的化石陆陆续续被发现，才为这只恐龙正名。在发掘的化石中，有一颗化石蛋与之前发现的化石蛋外形相同，里头保存了正孵化的窃蛋龙胚胎；第二件化石是一具成年的窃蛋龙骨骸端端正正地蹲在一窝蛋上。此时，终于真相大白：原来它不是"窃蛋龙"，反而是"护蛋龙"。即使古生物学家无法确定它的性别，

[①] 窃蛋龙生活于白垩纪末期，是一种善于奔跑的二足小型恐龙。最明显的特征是短小的头部与高耸的骨质头冠。——译者注

奇妙的尘埃

它还是被昵称为"大妈妈"。

这只爱护子女的模范父亲（母亲），与它尚未孵化的幼崽，被埋了将近7500万年，当工作人员细心地清理掉化石周围的古老围岩，显露出来的骨骸与蛋壳化石就像在对古生物学家强烈说明，他们低估了对方照顾后代的心力。

不过，窃蛋龙的化石问世也带来一个新问题：究竟是什么东西可以如此迅速地掩埋掉一只恐龙，快到连让它逃离的机会都没有？

"从直觉上来看，这是一桩古老的秘密谋杀。"罗厄尔·丁格斯（Lowell Dingus）慢条斯理地说。在纽约市的自然史博物馆里，著名的恐龙厅便是这位慷慨的地质学家重新设计的。他也曾几次在气温37℃以上的7月天里，前往蒙古的戈壁沙漠工作。

毋庸置疑，尘埃是嫌犯之一。不过这是一桩精巧的犯罪活动。

一则，这只忠诚的恐龙并不是单独死在这里。漫长的岁月过去了，许多其他种类的恐龙、爬行动物、哺乳类和鸟类都死在同一个地方——就像这只孵蛋的恐龙一样的意外死亡。罹难者的种类多样，从坦克一般的甲龙类群[1]到体形较小的陆龟，甚至小型的哺乳动物始祖都有。现今在戈壁沙漠上化石藏量丰富的区域（延伸至蒙古与中国的交界），凌乱成堆的砂岩裂成碎片，暴露出里头的骨头、脊椎骨架、牙齿、肢干遗骸等化石碎片。"这看起来不像是……"丁格斯嘴角扭曲，露出古怪的笑容，"它们同时患有关节炎。"[2]

不管沙尘是以何种方式进行的这场大屠杀，它们真的帮了古生物学家一个大忙。如同窃蛋龙化石所呈现的生活模式，戈壁的化石

---

[1] 甲龙生活于距今7000万～6500万年前的白垩纪末期，此时的食植性恐龙发展出独特的防卫机制，甲龙以厚甲壳来保护自己，拉丁文命名意为"结实的蜥蜴"。——译者注
[2] 关节炎引发的关节僵硬、变形等种种病征会引起行动上的不便。丁格斯的这句话是表示生物不可能都同时行动迟缓的玩笑话。——译者注

真的保存了恐龙的行为，这在恐龙的研究领域并不常见。通常，一只恐龙死亡后，尸体会腐烂、肢解，最后骨骸散布在一大片土地上。然后，土壤中的酸性物质会慢慢侵蚀散落一地的骨头，使它产生微妙的变形，看起来就像是将鸡胸骨浸泡在一杯醋里一样。即使这只死掉的恐龙够幸运，掉落在河床上受到淤泥的保护，但当它的尸体腐烂时，骨头还是会散落开来。因此，要形成完整的骨头化石，快速掩埋是必备的条件，但这种机会很少；要保留一副完整的骨架，整只动物一定要被迅速掩埋，但这种机会更是微乎其微。

然而在戈壁沙漠上，却常常可以发现完整的恐龙骨架，姿态栩栩如生。同样令人困惑的是，许多非常细小的骨头也被保存下来。一些光滑的蛋壳化石包裹着玩具般的恐龙胚胎化石，其中甚至也有类似鼩鼱的哺乳类祖先，腿骨只有铅笔芯一般粗，脊椎骨细如米粒。化石猎人搜寻地面，只有1.2厘米大的砂岩球体，拿在手上可以清楚看到一副哺乳动物或小蜥蜴的头骨。头骨中塞满了沙粒，在化石的眼窝和上下颚布满细牙的缝隙间隐隐闪出粉红色光芒。在戈壁沙漠探险一个月，可以搜罗到大约50件头骨。再没有其他地方的化石产量比这里更大了，但这是为什么呢？

由于萦绕着这个疑问，丁格斯在1996年找来高大沉默的沙尘博士戴维·卢珀，这位内布拉斯加大学的沙丘专家曾提出一个有关沙尘的理论。1997年，在由18个成员组成的恐龙探险队中，这两位地质学家重回戈壁，试图找出化石宝藏背后的秘密。

这并不是一趟短期旅程，从乌兰巴托（Ulan Bator）朝南出发，沿途没有加油站、制冰机、公共电话或其他便利设施，有的只是稀少的野生细香葱①、沙砾碎石、骆驼和令人头晕目眩的烈日与沙尘。

---

① 与洋葱有亲缘关系的百合科多年生植物，性耐寒。——译者注

因此，所有的食物、工具、帐篷、水箱、备胎、机油、啤酒，以及一大堆上厕所用的卫生纸，都被一股脑儿塞进两部卡车中。在经常性的暂停空当，丁格斯坐在俄罗斯吉普车的后座抽雪茄，头顶的绿色毛毡帽压在墨镜之上；至于沙尘博士则趁机打盹儿，一顶红色的工作帽盖在脸上。骆驼察觉到机会来了，蹄声嗒嗒，从多刺的银绿色灌木丛狭窄的阴影下笨重地走出来。当队伍停驻在山顶上，俯视前方宽阔的小峡谷，峡谷中散布着神秘的红色孤峰，一周以来最美好的时光过去了。

当探险队员迈出卡车，恐龙的蛋壳碎片在他们的靴子底下吱嘎作响。象牙色的蛋壳到处都是，每走一步就会扬起一阵灰尘。

洪荒时代

蒙古跟地球上其他地方一样，都是由熔化的星际尘埃形成的。在地球形成之初，熔化的星尘冷却凝固，比较轻的矿物质浮到表面，底下的熔岩在地函中对流不已，上面一片片冷却的地壳，带着海底的板块，慢慢绕着地球表面移动。新生的陆块盲目地彼此碰撞、后退。流体的岩浆上升、冷却，大陆继续成长。

我们称作"亚洲"的一片广大地壳，在五亿年前浮出海面，像一只爬行动物般，西伯利亚是它的头部，蒙古大约位于肩部，随后慢慢浮出，海水规律地冲刷它的皮肤。在蒙古的南部与西部曾发现珊瑚化石，这些地点距离现在最近的海洋也有几百公里远。戈壁上受到侵蚀的山脉含有石灰岩沉积物，可能由古老的海底生物遗骸组成。

远在窃蛋龙出现之前的恐龙时代早期，戈壁曾经是温和的副热带气候，四周也不是黄沙滚滚的模样。带着海水湿气的温暖季风，吹拂过这块土地的北方。但是在这只爬行动物的腹部南端，一拱又一拱的火山岛用力地挤出海面朝北漂移，猛力压挤刚形成的低洼的蒙古边缘地带，中国慢慢成形了。随后，新鲜的地壳被推挤入亚洲，蒙古大地震动，当地的岩石被推挤成高耸的层峦叠嶂。在中国，新的山脉也在成形，最后形成巍峨高山，使得要向北移动、进入蒙古的潮湿季风云朵必须吃力地攀越高山。当每一朵云往山上爬升，周围的温度下降，云中的水蒸气便凝结，所以当云朵攀爬南面山脉，雨水便会倾盆而下。假如最后还有水蒸气留下，剩余的云朵便会飘过山脉，在蒙古崎岖的南端，聊充几块遮蔽的阴影。

沙漠诞生了，开启了黄沙滚滚的景象。

被掩埋的古老历史

21世纪蒙古戈壁的乌哈托喀（Ukhaa Tolgod），丁格斯、卢珀和其他队员在沙砾滚动、灰粉红色的高原上搭起一群黄色的帐篷。白天，这群寻找化石的猎人饱受沙尘侵袭；到了劲风呼啸的傍晚，他们得赶在飞沙吹进食物前迅速解决晚餐。

在距离营火几步之遥，有一条开凿的道路通往山谷底部，路宽约有1.6公里，上面散落着化石残骸。在围绕山谷的橘红色砂岩峭壁上，有更多惨白的骨骸突出。7月的某天早晨，卢珀与丁格斯拖着沉重的步伐前往谷底，走向右边的山壁。时间才八点钟，天气已经相当酷热，飘浮在空气中的粉尘将阳光转换成令人眩晕的强光。布满石砾的道路，散发着腾腾热气。地平线上，几只缓步慢行的"沙漠之舟"蹒跚在被烈日灼晒的小灌木丛间。

卢珀偶尔才会开口讲话，丁格斯则跟往常一样沉默寡言。一旁喧嚷的化石猎人都昵称他们俩为"地质怪人"。

这两个人顽固地爬上山壁底的石堆上。靠近观察这一部分的山壁，发现山壁分成一层一层，朝某个角度倾斜。卢珀注意到，山壁的侵蚀削开了一座很久以前就停止移动的古老沙丘。在横切面上，每个模糊的分层就代表沙丘每一次静止时的时间。当倾斜的表面砂层僵硬、岩化成一层薄层，下一刻呼啸的强风又会带来几厘米的沙土，覆盖在沙丘表面，形成新的砂层。在"地质怪人"的眼中，这些模糊的砂岩是"层次分明"的。

卢珀爬上石堆，绕了个弯，弯下腰来观察这些分层。他指向一层浅色岩层，这层分层连续有几个手掌大小的印痕侵入底下的深色岩层。他眯起眼睛掩饰自己的兴奋之情。

"我想它们是断面上的恐龙足迹。"他说。

一般来说，恐龙足迹在古老的泥巴中比在沙土中更容易被保存下来。不过在1984年，这位沙尘博士曾在内布拉斯加沙丘上发现野牛的化石足迹。而他也是第一个在这种险恶沙漠中找到恐龙足迹的人。

这些足迹暗示，戈壁在7500万年前就已经是沙尘滚滚了。至少有段时期，某些沙丘是无拘无束地暴露在地表。然而丁格斯也说，在古老的沙丘中也保留着小型池塘与植物的遗迹。这表示过去的戈壁可能比现在潮湿一点、翠绿一点，不过基本上并没有相差太多。

可是，在这片气候炎热而狂风肆虐的土地上，过去的那些庞然大物都靠吃什么维生呢？当然，大型的肉食性动物大可以猎捕顾家的窃蛋龙与数量众多的原角龙[①]。在乌哈托喀，体形像猪一样大、具

[①] 原角龙类群通常会有头盾和角。在蒙古，白垩纪末期原角龙类群的遗骸很常见。——译者注

有骨质化颈盾的原角龙化石到处都是，随便抬脚都会踢到。而这些食植性的恐龙又是以什么维生呢？

丁格斯要我再仔细观察一下沙漠的环境。看看现代的戈壁沙漠里住着多少动物？这里有笨重的骆驼队、小群被驯养的羊群，以及大量的瞪羚。偶尔也会出现老鹰、野狼和刺猬。甚至还有几个令人印象深刻的蒙古人部落，在无垠的大漠上搭起圆顶的毛毡帐篷，远看就像是白色的小圆点。随意放眼望去，这个精致的现代食物网络，便是以稀疏的有刺灌木丛和细香葱为基础。显然，沙尘滚滚的地方不代表没有生命存在。

另一方面，沙丘里的足迹也许出自一段特别干旱的时代，而散布四处的恐龙巢穴也许属于一段气候较潮湿的时期。所有沙漠的气候变化都不大，从干燥到潮湿再循环回到干燥的状态。在沙漠，大规模的气候循环也造成更大的地貌改变。在18000年前的冰河时期，冰河封锁住全球大量的水分，围绕地球赤道六千多公里宽的一半范围都被裸露的沙砾所覆盖，而如今在这个范围只有10%覆盖着沙土。因此，目前覆盖全球的沙漠沙尘比以前少多了。

事实上，戈壁沙漠难以捉摸的气候波动，也许曾策动沙尘在乌哈托喀进行一场大谋杀。

从窃蛋龙的沙坟可以推测，当时这里应该到处是飞沙走砾，而且当时的戈壁显然到处崩毁，只是在乌哈托喀那只孵蛋的"大妈妈"并没有警觉到这个局势，因为产生沙漠沙尘的过程相当隐晦，很容易被忽略。

但是风会透露消息。即使这里没有疾风吹秋叶、劲风拂狂草，还是可以听到盘旋在戈壁中的风声。风在露出地面的岩石旁呼啸着，发出低沉如雷的声音；沙砾被风吹起，纷纷撒落在地面的砾石上，唑唑声响不绝于耳。

大部分的岩石，不管是来自起伏的山峦或石灰岩沉积物，甚至是一颗沙粒，都处于危险的环境中。既然地球上的岩石是由熔化的尘土凝固而成，或由历代珊瑚的遗骸累积而成，它们都已经不是原来的面貌。在过去的45亿年中，大部分的岩石不是被相互交叠，就是被扭曲、捣成糊状、拦腰对折、从峭壁上滚落、磨成沙粒或熔成岩浆。其中只有一些撑过了这些考验。所以岩石并非当真"稳若磐石"，它其实布满弱点和细小的裂缝。因此石灰岩峭壁随时都可能发生"意外"，当风带来任何冲击，就算是一颗沙粒也可能会被撞得粉碎。

　　风的速度必须达到每小时30公里，才能从地面吹起沙子。当风在沙漠呼啸，地面的一颗沙粒会轻轻地前后抖动，然后起身飞扬，经过一小段距离，所达到的高度不超过2米，接着又跌落地面。当它着地时，也许会撞到另一颗沙粒的一角，激起一阵碎屑：尘土就这样诞生了。

　　此外，这粒飞沙的冲击是下一颗沙子弹跳到空中的助力，而新的飞沙将会让重复的动作持续循环下去。飞沙的撞击，可以在大小砾石上激起尘土，也足以在山腰刮下一阵灰白的石灰岩屑。

　　霜则是戈壁里的另一个比较神秘的沙尘制造者。事实上，戈壁与其他沙漠比起来，沙量比较稀少。这里的降雨量中等，在冬天也有积雪，这些水分会渗进岩石的裂缝中，等温度降低时，水分便凝结成冰。此时水的体积会变大，冰晶向外撑大，使得岩石的裂缝裂得更宽。不管水分是渗进峭壁的裂缝里、大石砾的细缝间，还是一颗沙子中，这些地方最后都会因为水的作用而粉碎。就算水分在第一次凝结时没有瓦解成功，到了下一个温暖时节，冰会再度融化成水，渗入更底层的地方，在更有利的位置再次结冰。这些岩石沙砾最后化成一堆尘土是迟早的事。

盐粒也运用类似的手法粉碎岩石。地壳中存在各式各样的盐粒，会自然淘汰掉老化的岩石。在缺乏雨水冲刷的沙漠中，环境里的盐分特别高。也许，当窃蛋龙正窝在巢中做白日梦时，空气中有一颗盐粒悄悄地掉落在它身旁的小石灰岩上。当黑夜降临，盐粒被露水沾湿而溶解、滑落到岩石的裂缝中。次日早晨，太阳升起，露水从裂缝中蒸发，留在裂缝中的盐粒则重新结晶，将裂缝撑得更开。假如"大妈妈"能身处在这个肉眼看不见的峡谷之中，它也许会听到峡谷壁被撑开时所发出的细微呻吟。

在现代的戈壁，风、盐和冰是可怕的三重唱。它们因沙漠不稳定的环境而得到特别协助——饱受折磨的岩石最容易受到侵蚀。5000万年前，印度洋板块与欧亚板块的碰撞，造成喜马拉雅山脉隆起，将蒙古挤压到珠穆朗玛峰以北1600公里的地方。从戈壁上灰白色、如手风琴般折折叠叠的山峰，不断有落石滚到底下的沙漠盆地，在那儿，风、盐和冰开始将岩石风化为尘土。

有些岩石在本质上就比较容易化为尘土，例如石灰岩、长石和石膏，它们的质地脆弱，都容易碎裂成粉末，而石英就很坚硬。古老的沙丘和许多海滩都由石英晶体所组成，经年累月磨损后，表面变得平滑。但是，即使是这么顽强的矿物，最后也不可避免地变成尘土。一滴非常细小的露珠，可以穿透石英的晶体。水沿着不规则的结晶构造，一次溶出一个分子。放大来看，一颗风化中的石英晶体看起来就像一座风化中的山：因磨损而圆钝的山顶上，有着小"溪流"刻画出来的"沟壑"。在"沟壑"的底部，散落着只有毛发1%宽的碎石堆。

某天，在古老的戈壁，一阵强风突然吹过乌哈托喀。石灰岩、长石、石膏、盐粒和其他尘土的粉末随着热风飘起，盘旋在空中。当风止息下来，这些尘土高高悬浮在一只窃蛋龙的头顶上。

制造沙尘

飘荡在"大妈妈"头上的尘土，不只局限在戈壁地区。在世界各地，侵蚀作用持续制造着大量的尘土。在植被繁茂的地区，尘土很快就被植物和潮湿的土壤捕捉住，而干燥地区的尘土则容易随风飘荡。这些随风飘荡的尘土，有很小一部分会飞得很高，在着地之前旅行好几千公里。这一层薄薄的尘埃包含了风能从地表刮起的所有东西。

这层数百万年前飘在高空的薄雾，究竟是由哪些尘土组成的呢？现在只能凭空想象。然而，现代空气中的尘土组成，可以帮助描绘当年盘旋在窃蛋龙头上的尘土成分。

现今，非洲北部广大的撒哈拉沙漠是世界上沙子最多的地方。大部分的沙漠主要是由基岩、石头和沙砾所组成，沙子是零星点缀的东西，但是在撒哈拉沙漠却有大约五分之一的面积覆盖着沙子，而且沙丘可以达300米高，想象一下四个得州①被五层楼高沙子所覆盖的情况，就可以体会撒哈拉沙漠的盛况了。而且想象所有的沙子不断彼此碰撞，持续安静地被盐粒和太阳风化成更小的沙尘。很难说在窃蛋龙的时代究竟有多少撒哈拉沙漠的沙子漫游到戈壁沙漠。但我们确定，今日有大量的金黄沙粒从北非飞散到其他地方。科学家很快就注意到，要估计从地表飞起的沙尘量是件棘手的工作。不过经年累月下来，还是有一些勇敢的人做出大胆的假设。一个广为人知的假设是，撒哈拉沙漠每年会扬起六亿吨的沙尘到空中；另一个假设则认为有十亿吨；还有一个比较保守的假设是，每四秒钟约

---

① 位于美国领土的西南部，面积约为695622平方公里。——译者注

有一节车厢大小的沙子飞离沙漠，每一分钟则约有16节车厢的量，每一小时约有一千节的量，日复一日，年复一年地朝外散播。

在中国，广大且持续扩张中的沙漠也许也朝着天空播撒相同的沙尘量。在美国，中西部开垦过度的田地，每年约产生十亿吨的沙尘，尽管这些沙尘并没有飞得很远。

另一个现代沙尘的丰富来源是古老的沙漠沙尘。在戈壁的南端是一块称为黄土高原的农业仙境。不含石砾的肥沃黄土是百万年来由戈壁和塔克拉玛干沙漠[1]带来的尘土累积而成。沙尘以每两个半世纪累积一英寸（约25毫米）的速率，在黄土高原这块超过25万平方公里（大约科罗拉多州的大小）的土地上，稀稀落落地覆盖一层薄薄的、终年不断的沙尘雪。假如你把散落在中国北方其他地区的黄土也算进去，黄土大约覆盖了五分之一的中国。而且尽管沉淀和侵蚀作用降低了黄土的厚度，许多地区的黄土厚度仍然有近一百米，在某个地区厚度甚至达到三百米。

黄土覆盖了地表10%的面积，其中有一些古老的沙尘被防风植被安全保护下来。但是在其他地区（通常是人类滥垦滥伐的地区），难以计算的古老沙尘则飞扬到空中。

冰河（或称冰川）[2]跟沙漠似乎是截然不同的东西，但是冰河所制造出来的尘土也一定曾经飞舞在窃蛋龙的头顶上。当冰河底部的冰块慢慢碾过一座山脉，它会刮下跟房子一般大小的石砾，以及被称为"岩石粉末"的微米颗粒。你可以看到这些冰河经过地表所留下的深沟，就像臭鼬毛皮上的条纹一般。从冰河身上融化所流下的溪流通常呈鲜艳的灰绿色，这是因为其中带有岩石粉末的缘故。当

---

① 世界最大沙漠之一，位于中国塔里木盆地中部。——译者注
② 当多年的积雪在重力作用下挤压成冰块，开始沿斜坡向下滑动便形成冰河。由于冰河形成于长年封冻地区，所以研究冰河也许可以找出远古时代的地质信息。——译者注

溪流将碾碎的石头带到冰河的冲积平原，尘土便准备好要随风四处流浪了。只是，研究尘土的科学才刚发展不久，科学家还不知道冰河制造了多少今日的尘土，也不知道一百万年以前它们到底制造了多少尘土。

沙漠中的干盐湖（或称干荒盆）也制造出许多尘土。光是在美国西部的沙漠，就有一百多座干盐湖。当最后一次冰河时期结束，这些湖的水源消失了，湖中的水分也逐渐蒸发殆尽。从飞机上俯瞰，湖底高盐量的干土看起来就像一条一条浅白色的平坦疤痕，而在高盐分的干土底下，却是古老河流冲积留下的深厚淤泥。

有些干盐湖里的尘土紧紧黏附在湖底。太空梭有时候降落在其中一座干盐湖——加州莫哈韦沙漠（Mojave Desert）[①]从前的罗杰湖（Rogers Lake）。即使太空梭的降落造成罗杰湖底部如同保护膜的表面干土破裂，每年冬天的降雨也会让裂缝重新合起。至于那些表面干土较松散的干盐湖，则会释放出过去河流冲积下来的大量尘土。这些尘土可以在现代造成严重的破坏。

在罗杰湖北方130公里处是欧文斯湖（Owens Lake），这里可能是美国最可怕的沙尘污染来源。20世纪20年代，为了解决洛杉矶严重的缺水问题，这座面积285平方公里的湖被蓄意抽干。当这座湖最后一滴水也没了，风从湖底带走的沙尘量令人无法置信：估计每年约有40万～900万吨的沙尘随风飘荡。你可以想象将一袋5磅（约2.3公斤）重的面粉撒到空气中的景象，再想象一整年内每分钟都有300袋面粉撒到空气中，便可以感受到这个数量是多么庞大。居住在湖畔的基勒镇居民，必须跟他们所称的"基勒雾"

----

① 美国加州南部的荒漠，总面积约57000平方公里，范围涵盖部分内华达州、亚利桑那州和犹他州。——译者注

（Keeler fog）惨淡地共生共存。基勒雾是带有盐分的沙尘，能渗透当地的房子。1995年，基勒镇的空气品质创下当年最糟糕的纪录：空气中含有超过美国安全标准值23倍的尘土。到了1998年，洛杉矶政府当局才同意在广大的欧文斯湖上铺沙砾、注入水源并栽种植被。

面积更大的湖制造出的尘土就更多了。广大的咸海（Aral Sea）因为引水灌溉导致面积缩小，裸露出的海底淤泥少了防风的保护层。粗略估计，咸海每年的沙尘产量高达一亿五千万吨，多到令人瞠目结舌。此外，咸海的沙尘掺杂了大量的农用杀虫剂，更添加了一份"现代风味"。

这些矿物尘土让空中飞舞的颗粒更加多彩多姿。岩石的矿物质和金属颗粒中，又加入上千种从海盐颗粒到玻璃质火山灰等自然尘埃。见今事所以知往事，在窃蛋龙生存的年代，地表也不断经历风化、侵蚀等作用，恐龙的头顶上也一定飘浮着各式各样的颗粒碎屑。

在窃蛋龙的年代，全世界空气里的沙尘不管比今天多还是少，它都一直在那里。即使只有蒙古的岩石和珊瑚礁化石的粉末，空气中还是有大量的沙尘。沙尘就跟雨水一样规律循环：风刮起地面的沙尘，橘粉红色的沙尘混合物充斥在空气中几分钟，甚至几天，直到风消散了为止。

就是像这样的沙尘暴，杀死了当时生活在乌哈托喀的恐龙吗？假如"地质怪人"的假设是对的，沙尘暴真的害死了恐龙——不过是间接的。

现在，短暂卷入沙尘暴通常只会造成不便，不至于让人丢掉性命。不过，沙尘暴的突袭也不只是让你打喷嚏而已。中亚和阿拉伯地区的居民会为酿成不幸的狂风取特别的名字，假如你对这些狂风造成的严重沙尘暴毫不知情，或许会觉得这些名字听起来还挺罗曼蒂克的：汉辛（khamsin）、哈尔玛塔（harmattan）、哈布伯（haboob）、阿法奈特（afghanet）和雪摩儿（shamal）。

漫天狂潮

飞沙的物理作用不是要弄脏涂了防晒油的脸颊，也不是要让鼻孔和耳道中充满鼻屎耳垢。假如你曾经赤脚漫步在夏日的沙滩上，你就会知道沙滩比空气热多了。当沙子飞到空气中，就变成传导热量的辐射体，将热量传到空气及其周围的动物和人类中。还有，沙尘飞扬产生的静电，被认为会导致难受的头痛症状。由于沙子的传热作用，沙尘暴会导致动植物脱水，而且降雨概率会因为空气中沙尘量的增加而降低，使地面缺少冷却降温的机会，从而使情况更加恶化。除了动物受苦之外，沙尘暴也能撕裂树叶、堵塞机器——甚至造成飞机失事。

2000年1月，沙尘暴造成肯尼亚航空一架喷射机坠入海中，机上人员全部罹难。这架喷射机曾飞经西非南部尼日利亚的首都拉各斯（Lagos），但根据当地新闻报道，当时机场因为沙尘侵袭而关闭。这架从西非科特迪瓦首都阿比让起飞的喷射机，在当晚稍后坠毁。有沙尘专家推测，也许是因为沙尘堵塞导致飞机引擎内部紊乱，引擎发动困难而失事。

从光明面来看，完全成熟的沙尘暴很少见，尘卷①还比较容易形成。尘卷就像小型龙卷风，形成于炙热地面上的薄空气受热膨胀，上升经过冷空气，造成气流开始旋转。快速上升的热空气，将

---

① 沙漠里午后出现小而短暂的旋风。——译者注

沙尘——以及更格卢鼠（kangaroo rat)[①]卷入空中。

更格卢鼠是测量沙尘暴向上气流速率的有效单位。1947年，一位研究人员在其学术著作中提到，沙尘的上升气流有时会连带卷起无辜的小生物，这种情形时有所闻。因此这位研究人员测量了一只更格卢鼠从高塔上自由落体的速率，借此推测若要卷起一只更格卢鼠，上升气流的速率至少要达到每小时40公里。他更进一步观察到，实验里的更格卢鼠被无礼的举动激怒了，但是全身毫发无伤。既然在加州的莫哈韦沙漠一天可以产生数千个小型沙尘暴，更格卢鼠可能也已经演化出防摔的身体构造了。

虽然地面上的尘卷宽度只有几米，但还是能刮起大量的沙尘。要是遇到尘土丰厚的地方，尘卷的胃口可是无止境的。一份关于尘卷的学术文献曾列举了一个实例：一座尘卷盘旋在建筑工地的一堆沙丘上方，刮起愈来愈多的沙尘，逐渐达到每小时一立方码（0.76立方米）的规模。过了四个小时，工作人员认为应该在沙丘上停放一部推土机来阻止材料继续耗损。

完全成熟的沙尘暴难以成形，但一旦形成后便无人能够阻挡。世界上沙尘丰富的地区，大量的沙尘暴就像阿尔卑斯山脉上惯有的暴风雪一样。在阿尔卑斯山脉上有暴风雪季，在沙漠里也有沙尘季。例如在埃及，每年12月便开始持续五个月的沙尘季；在沙乌地阿拉伯，春天是沙尘季。在亚利桑那州，每年5～9月，在沙尘多到出名的十号州际公路上，驾驶人都得将广播转到预告沙尘暴的频道，随时注意从路旁沙漠中卷出的黄棕色沙墙。亚利桑那州的沙尘暴每年平均造成40起以上的交通事故、20起以上的伤害

[①] 栖息在北美干旱和荒漠地区的小型啮齿类动物，大头、大眼、短前肢、长后肢，行走时齐足跳跃。——译者注

　　　　　　　　　　　　　　　　奇妙的尘埃

事故，以及1~2起的死亡事故。

尽管亚利桑那州中南部的凤凰城每年被沙尘暴袭击15次，但很快就会过去。伊朗东部的锡斯坦盆地（Seistan Basin）是沙尘暴最频繁的地区之一。最具代表性的记录是，有一年共有80天，大型的沙尘暴造成能见度都降低到一公里。每一年，大约都有40场沙尘暴拜访中亚的土库曼斯坦（Turkmenistan）、乌兹别克斯坦（Uzbekistan）和塔吉克斯坦（Tajikistan），而造访这三地的沙尘暴来自卡拉库姆沙漠（Karakum）和克孜勒库姆沙漠（Kyzylkum）[①]。中国广大的塔克拉玛干沙漠一年大约产生30场沙尘暴，巴基斯坦、阿富汗和伊朗境内与沙漠的连接处也一样。这只是平均数，这个数目很容易受到天气和气候的影响而大幅改变。20世纪70年代初期，撒哈拉沙漠的过渡地带萨赫勒（Sahel）[②]经历严重干旱，导致比平常高出五倍的沙尘暴侵袭苏丹。

对于7500万年以前的窃蛋龙来说，沙尘暴可能是日常生活的一部分。也许一个春日午后，新形成的暖锋与一道冷锋发生强烈碰撞，一场沙尘暴便横扫古老的戈壁，暴风雪般的飞沙击打在沙漠表面，扬起了地面的尘埃。甚至在地面上翻滚的石屑颗粒也会抖落沙尘。数百米高的沙尘暴，较重的沙粒在下面，尘埃高高卷起，像一片紧靠地面的橘红色雷暴云顶，如巨浪波涛滚滚向前。

假如风势强劲，戈壁的沙尘也许会被一举带到高处——高到需要花上一个礼拜的时间才能降落在美国北部；假如风势中规中矩，

---

① 土库曼斯坦、乌兹别克斯坦和塔吉克斯坦三地皆为苏联的一部分。卡拉库姆沙漠为中亚大沙漠区，占据土库曼斯坦大约70%的面积，名称原意为"黑沙"。克孜勒库姆沙漠为哈萨克斯坦和乌兹别克斯坦境内的沙漠，名称原意为"红沙"。——译者注
② 为非洲自塞内加尔向东延伸的半干旱地区，是北面干旱的撒哈拉沙漠和南面潮湿的大草原之间的过渡地带。——译者注

吹走的沙尘也许会降落在中国的黄土高原。不管风的力道如何，风一瞬间就消失了，留下尘埃高悬在戈壁明朗的天空中。

沙尘暴疑云

有一个存在已久的理论认为，某些远古戈壁的恐龙也许死于特别猛烈的沙尘暴。尽管卢珀与丁格斯不再相信乌哈托喀的动物是直接被沙尘暴活埋的，但这个理论在别的地方也许行得通。

一支由俄罗斯人与波兰人组成的研究团队所驾驶的吉普车，缓缓在乌哈托喀北部行驶了几天，从砂岩中挖掘出蒙古最出名"搏斗中的恐龙"化石。两只主角在变成化石之前，肉食性的迅猛龙正将又长又弯的爪子深深掐入猪模猪样、长着鹰钩鼻的原角龙体内。

戴维·法斯托夫斯基（David Fastovsky）是罗德岛大学的地质学家，他从事沉积岩层的分析，寻找远古环境的线索。他用一把细齿梳子测量完"搏斗中的恐龙"埋藏地附近的砂岩后，找到了飞沙组成的地层。因此他确信沙尘暴可以致命，就跟现在一样。

在尘盆（Dust Bowl）干旱时期[①]，数百万美国人民面临残酷无情的"黑风暴"，不得不抛弃家园。根据报道，数以千计的牛与兔群因为窒息和吃下沾染太多泥尘的青草而死亡。此外也有关于居民在外遇到黑风暴窒息而死的零星报道。而有更多人因为染上"尘肺炎"而生病或死亡，患者必须马上接受急救才会痊愈。在1998年，中国西部的沙漠地带发生了一场巨大的沙尘暴，至少造成12人罹

---

① 数十年的滥垦导致中美大草原缺乏植被覆盖，旱季来临让原本肥沃的土壤化为尘土，1931～1939年，美国中部与加拿大境内连续发生多起沙尘暴，沙尘像巨大的黑云席卷而来，受灾范围包括得州、阿肯色州、俄克拉何马州以及大草原周边地区。——译者注

难，不过新闻报道并未说明罹难者是死于沙尘导致的交通意外，还是其他不幸事故。

单单只有飞沙，就够令人难受的。对于每一个蒙古男儿来说，赤条条地站在强风卷起的沙砾中，忍受皮破血流的痛苦，是严肃的成年礼仪式。飞沙可以导致受伤流血、迷失方向，以及脱水死亡。

"沙尘暴可以轻易撂倒两只巨大的恐龙，活埋它们。"法斯托夫斯基肯定地说，"这种事一瞬间就发生了。"

1997年由卢珀与丁格斯领队的探险队，在乌哈托喀驻扎地遇到的小型沙尘暴也隐含杀意。强风刮起碎石路面上的沙粒与尘埃，就像一道黄色的奇幻风暴滚滚向前，咻咻地在卡车与帐篷间横冲直撞。飞沙像蜜蜂般蛰在皮肤上，卷进眯起的双眼里，飞进耳道深处，进入身体的内部。就算帐篷没有因为标桩滑动而被风卷起飞滚过沙漠，最后也会被埋在一堆橘红色的沙丘中。法斯托夫斯基曾经亲身体验过。

"这个经验让我相信，假如我是一只在沙尘暴中打架的恐龙，我会觉得非常悲哀。"他低声轻笑。

但是，卢珀与丁格斯相信，在乌哈托喀一定还有一个共犯。在山谷壁旁辛苦工作之后，这两个人找到了一段可以证明卢珀理论的地层。

这块山壁全是红色的，完全没有层次。仔细观察发现里头含有大小沙粒，甚至还有小石砾，全部都混杂在一起。在层次分明、含有恐龙足迹的浅色砂岩里，化石遗骸的含量相当稀少；但是在填充于古老沙丘间隙、成分混乱的深色砂岩中，却充满化石遗骸。

就是这样的岩层差异令丁格斯开始怀疑，乌哈托喀当地的生物并非死于沙尘暴。丁格斯态度轻松地解释，根据那个沙尘暴理论，当时老实的窃蛋龙正好趴在巢中孵卵，恰好沙尘暴来临将它活埋。实在没办法找出可以一瞬间在地面倾倒数吨沙的其他合理方式。

"早期有人争论这些沉积物也许是湖底的沉淀物，但是似乎不太可能。"丁格斯说。戴着太阳眼镜的他，皱起眉头。"是河流吗？通常河流有足够的动力可以移动恐龙遗骸。但沙尘暴是少数几种可以快速掩埋完整尸体，而不让遗骸支离破碎的方法之一。"

就连卢珀这位沙尘专家，对这古老的谋杀情节也感到棘手。"戴维质疑这个沙尘暴理论的理由之一是，沙尘暴其实只会倾倒几米高的沙子。"丁格斯露出牙齿，微微一笑。他觉得有趣的原因是窃蛋龙与原角龙是类型相似的恐龙，站起来肩及一米高。它们拥有长而有力的腿，以及恐怖的爪子。有这样的骨骼结构，窃蛋龙不可能因为一些沙子刮到巢中就倒地死亡。更何况，上述这几种恐龙跟其他也在相同地层中出现的恐龙相比，还算是比较弱势的族群呢。当"地质怪人"想得越多，他们和一起挖掘恐龙遗骸的伙伴们，就越觉得沙尘暴的理论有问题。

卢珀轻叩着这片红色的山壁，逆风提高他的嗓门说："我想，这层没有结构的地层是沉积物移动的结果。也许是发生沙崩了。"

现场重建

在7500万年前的某个春天，突然一阵狂风侵袭戈壁，黄沙卷起，朝古老的石灰岩沉积物（碳酸钙）扑过去。一道稀薄的灰白粉末飞到空中，在巨大的沙丘上飞舞，其中伴随着几片春天的嫩叶。

就在当日或几天之后，一片飘过的云降下雨滴，当雨滴重重压过天空中的飞尘，在空中徘徊不去的石灰岩粉末也顺道附着上去。石灰岩粉末开始溶解在雨滴中。

雨水滴滴答答掉入沙丘陡峭的表面，溶解的石灰岩也进入累积近250米高的沙丘中。大太阳底下，雨滴中大部分的水分会快速蒸发，但在沙粒间还是有一道极为细小的水流带着溶解的石灰岩流动。当水流逐渐没入距沙丘表面一米深的地方，石灰岩在温暖、平滑的沙粒表面再次凝固。

就这样，更多的雨滴会将更多的石灰岩带入沙丘，在沙丘表面之下，一层薄薄的石灰岩慢慢形成了。就好像是有人堆起一堆沙丘，然后在上头盖一层塑料布，接着又在塑料布上堆了一米高的沙子。沙丘里的石灰岩层就像这块塑料布。但是，沙子与沙子之间要紧密融合，需要上百年的时间。

"甚至是数千年的时间。"卢珀说，"不过那是积极的假设，确切的时间必须依沙子传递的速率而定。假如有丰富的钙质来源，速度就会更快一些。"

当石灰岩层在沙丘之中凝固，上面的沙子却因为雨滴带来的物质而开始改变。雨滴所投下的不溶于水的沙尘碎屑，最后会干燥黏附在沙粒上。每一颗沙粒的表面会逐渐包裹一层黏土。光阴荏苒，时间漫长，窃蛋龙未曾注意到，在这座沙丘里发展出一层滑滑的石灰岩层，上头则是一堆笨重的细型大理岩颗粒——沙粒裹着平滑的黏土外衣。

假如沙丘被狂风吹散于沙漠之中，所有的事就不会发生了。当沙粒之间发生碰撞，会打破石灰岩层，而裹在沙子外头的黏土也会脱落。能够推动沙丘的强风，就能将沙尘吹走。但是这时的戈壁安静祥和，似乎是安居乐业的好时机。在沙丘间的山谷里，雨水聚积的池塘上波光粼粼。沙丘上因为有沙尘带来的矿物质为养分而长出植物，植物细小的枝干减缓了风势，根部固定了漂流不定的沙粒。植物也引来动物，恐龙、陆龟、蜥蜴、迷你的哺乳类始祖以及鸟类都在附近定居下来。

卢珀假设，有一天，在古老的乌哈托喀真的下起一场大雨，此时不用管被雨水冲刷下来的尘埃，因为雨水本身就可以犯下恶行。

最后一次雨势磅礴，虽然在沙丘陡峭表面下的石灰岩层含有许多细小孔洞，雨水可以通过这些孔洞慢慢流进沙丘内部，然而经年累月长成的石灰岩层阻挡了更多的空隙，于是大部分的雨水冲刷到石灰岩层时便滞留在沙子与石灰岩之间。雨水形成的细流不断从沙丘流下，在石灰岩表面留下细微的痕迹，但是，雨水还是排得不够快。

重力长久以来让沙丘的表面下滑，但是就好像一个小孩在操场玩干燥的滑梯，滑到一半屁股却粘住了，滑不下来。沙子也会抵抗重力的拉力。而现在，雨水提供了润滑剂，250米高的沙丘表面轰然下滑，无数裹着黏土外衣的小大理岩一起滚了下来。就像一场雪崩，沙丘精致的分层被破坏了，一齐朝底部滚落。山崩的速度可以跟人奔跑的速度一样快，潮湿的沙丘崩毁速度可能更快。当沙尘泥浆呈扇形冲刷到沙漠表面，地面上的大小岩石和动植物一律被活埋。

沙崩的力道随着距离变大而逐渐减弱，泥浆冲向坐在巢上的"大妈妈"。它并没有注意到流沙隆隆作响或发出异声。此刻它还在优哉地稍微起身，抖抖背上的雨水，正准备重新趴下孵卵。下一刻，千斤重的流沙劈头盖脸地压在它身上。不过此时流沙的冲力已经不足以将它冲离巢穴，它身体的重量将它固定在原地——维持了百万年的时间。

在沙崩发生后的几个月，虫子也许钻到被活埋的动物尸体中饱餐一顿，然后裹着黏土的细小沙粒逐渐填满骨骸间的空隙。即使是体形只有老鼠大小的哺乳类始祖，细小耳骨里也会填满沙粒。

　　　　　　　　　　　奇妙的尘埃

形成化石的过程相当漫长：雨水持续将溶解的矿物质冲刷出来，当尸体骨头慢慢分解置换，每一个分子都被一个矿物分子所取代。平静地经过了万古年后，浅色的沙尘转变成白色的骨头化石。黏土中的铁质也渗入一些骨头中转变成锈红色，形成褐紫红色的骨头化石。

　　如果说骨头变成化石需要好几千年的时间，那么可能在这段时间，地面上会发生一连串席卷整个地区的气候变化。气候也许会变冷，沙丘也许会挣脱植物的束缚，动物也许会迁徙到更翠绿的地带，乌哈托喀也许有一段时间会变成鬼城。然后，又会降下一场大雨，植物重新生长，动物又被吸引回来……也许每隔一百万年就会旧事重演。卢珀是这样推测的。

　　站在刺骨的寒风里，卢珀拖着靴子走路，扬起一阵尘埃。一片黄色的薄云朝北飘去，山壁顶端明朗了起来。薄云飘到帐篷驻扎地的上方，继续向前移动。

第五章

腾腾上升的烟云

在第一章中，我们快速浏览了全世界朝上飞升的微粒。其中，海洋贡献了大量的盐巴颗粒。盐粒一开始以水滴的形式脱离海洋表面，然后在空中形成小小的结晶；具有玻璃质外壳的硅藻大量从干涸的湖底流失；黑煤灰从森林大火产生的缕缕黑烟中冉冉上升，连同细菌、病毒、霉菌、花粉和昆虫遗骸等烧焦的生物残骸，一起飞进天空；企鹅，甚至是平凡无奇的树木，也会排放大量的化学物质到空气中。除了这些天然的微粒之外，人类的工业活动也在制造大量微粒，有时候这些微粒会危害生命。在世界各地，微粒所组成的薄烟持续上升。不过在天然的微粒中，很少有像火山喷发出来的浓烟如此富戏剧性又数量惊人。

1997年，加勒比海的蒙特塞拉特（Montserrat）[①]岛上，掩映在丛林中的活火山开始产生剧烈震动。全世界的火山学家一听到消息，全都整装待发，无视于居住在岛上的摇滚巨星和工业巨子正迅速搬离他们在美丽山丘上的度假别墅，也不管岛上的农民随时都可

---

① 加勒比海小安的列斯群岛的一个岛屿，为英国属地。——译者注

能因火山爆发而葬身在翠绿的田野中，火山学家们就是想亲眼观察火山灰飞扬的情况。

6月25日，从周围的小农村以及平静祥和的首都普利茅斯（Plymouth）远眺，隐约可见原本翠绿宁静的苏弗里耶尔活火山（Soufrière Hills volcano）爆发了。一团熔化的岩浆，在地壳中经历一段漫长又缓慢的旅程，终于在山顶上挤出一道裂缝。当熔岩挤出裂缝，里头的气体会因为压力骤减而突然膨胀成气泡，从熔岩里分离出来，一颗颗爆破的气泡将热岩浆炸成细小的火山灰与浮石①泡沫，射进空气中。当空气无法承受更多的火山灰，火山灰就会像倾盆大雨般降落在火山的两翼。火山继续喷发出华氏上千度的气体，以每小时160公里的速度冲下山丘。

在火山与蔚蓝的海洋之间是翠绿的田野，在田野工作的农民，在火山灰飞快到达之前根本没有时间思考，更遑论逃离。沸腾的火山灰会迅速掩埋他们以及宁静的农田瓦舍，火山灰所触及的东西全都会陷入一片火海。当火山爆发停止，只有尖塔顶和石造的糖作坊塔楼矗立在一片死灰之中。而山顶上只剩下一缕灰烟（由火山灰和气体组成）袅袅上升。

隔年的春天，蒙特塞拉特火山观望台竣工，其前身原是岛上北端一间雅致的灰泥房屋。世界各地的科学家和研究生轮流来这里居住，以一个月或更久的时间采集火山灰样本，然后回到各自的国家。

来自英格兰东北约克郡的海利·杜菲尔（Hayley Duffell）是一位典型的火山学研究生。她身材修长，将一头又黑又厚的头发在

---

① 一种气孔极多的泡沫状火山玻璃，为火成碎屑岩。喷发的一瞬间，其中的蒸气突然得到释放，使整个熔岩块膨胀成泡沫，随后立即凝固，因冷却得太快而来不及结晶。——译者注

脑后扎成实用的马尾辫，带着机灵古怪的笑容，在自我介绍时说自己是"灰姑娘"（Dust Girl）。她一整天的例行工作是，先到观望台，进入地震仪室，和同事一起检查山上是否有火山爆发的征兆。如果发现没有，她就会穿上笨重的橘色连身帆布装，然后搭上一部等待中的卡车。在火山观望台担任值月工作的资深学者戴维·派尔（David Pyle）在英国剑桥大学教授火山学。他发动车子，要起程去回收火山灰匣——为了收集落尘而特意放置的雨量计。

"嗯，里头有一些是桌子的抽屉。"杜菲尔哼了一声说。在车子往南方朝禁区前进的同时，她摇起窗子阻挡车子行驶时扬起的细小灰尘。禁区里全是空无一物的大楼、旅馆和农舍。通过禁区检查哨岗时，她和派尔戴上油漆匠的面具，并向守卫挥手致意。卡车车轮深陷在泥灰中，在布满火山灰的泥路上挤出两道轮胎痕。尽管窗子紧闭，白垩①质的粉末仍然穿透进入卡车的驾驶室。在村庄的后面，有两具牛腐烂的尸体躺在布满火山灰的高尔夫球场上。

"我回家后会再重新上驾校的。"当卡车颠簸行驶着，派尔满怀歉意地说。他的眼睛炯炯有神，五官英俊，而且彬彬有礼，非常有英国绅士的风范。

杜菲尔瞥了他一眼说："麻烦把你的大拇指移开方向盘。假如方向盘打旋的话，你的拇指就保不住了。你该知道的就是这些。这是强化课程。"

杜菲尔的第一个火山灰匣是一个倒在旅馆附近的小型橱柜抽屉。

"他们不会介意的。"杜菲尔说，偷望一眼这座被抛弃的财产，从充满沙砾的客房看出去，正是蔚蓝的海洋。"任务结束后，我们

---

① 灰白色软土质的石灰岩，例如粉笔、蜡笔的粉末便属于白垩质的粉末。——译者注

就会归还它。"空气中飘来硫黄的味道，从"灰姑娘"的肩膀上远望，火山高高地矗立在那儿。整座山现在看起来是一片水泥色，上头一些烧焦的树干，看起来就像是男人没有刮干净的胡楂。一缕混合着尘埃和气体的白烟，持续地从锯齿状的火山口冒出，飘过废墟般的普利茅斯，朝海洋飞去。派尔拿着这只抽屉和一支干净的油漆刷，轻轻地将里头的尘埃扫到一个角落。

"小心这个洞。"杜菲尔出声警告，并赶紧拿一个塑料袋来接住掉落的尘埃。这个火山灰匣是今天几个完好无损的匣子之一。下一个是一只油漆罐，但已经被扔到草坪中的一堆柴上头。"该死的破坏狂！"杜菲尔忍不住发牢骚，把原本用来放置罐子的基座扶正。下一个匣子则被一头棕色的母牛踢翻了。"灰姑娘"对着这头怒目而视的流浪动物做着带有威胁意味的手势。再下一个是一只塑料水桶，已经被倒置在一座山丘顶上，那儿是游客聚集了一个礼拜等待日食奇观的地点。"有人坐在上面过，"杜菲尔尖叫一声说，"这些烂游客！"

最后一站是观望台的第一个家，原本是另一座热带皇宫，现在则因为太靠近火山而被视为危险地带。杜菲尔走过草坪时，步伐扬起了一些尘埃。皇宫冷冰冰的墙砖，因为风刮来的沙砾摩擦而发出刺耳的声音，池塘边缘长满了青苔，上头覆盖了深色的火山灰。在一座露台上，杜菲尔从尘埃计数器上读出一个数字，这个小金属盒日日夜夜坐在一张草坪躺椅上，通过一条管子朝外呼吸空气，计算通过电子肺的微粒数目。当火山平静下来之后，计算所得的数字也减少了。

在尘埃漫布的时候，杜菲尔曾经把缩小版的尘埃计数器夹在实验者的身上，看他们一天吸入多少灰尘。即使是现在，岛上园丁在割草时的身影也常常消失在一团灰白色的尘埃中。

从地质学的角度来说，火山灰就像细微的玻璃粉末，量大时会让身处其中的人很不舒服。它会刮伤玻璃眼镜，让人看出去总是雾茫茫一片，吸进鼻孔会导致流鼻血，也会让发质变硬，纠结成一团稻草般、令人绝望的乱发。"在蒙特塞拉特，"曾经有人听一位学生抱怨说，"每天都让我没'发'度。"尘埃会进入家中，黏附在杂志、盘子上，甚至是电脑精巧的内部。在尘埃中加一点水——露水就行了，里头的硫就会转变成酸，让房子和车子的油漆剥落。现在还住在岛上的少数几个人，每天早上都用水管接水冲洗身体，洗掉前一天晚上稀稀落落掉在身上的尘埃。

但最令人忧心的是，不知道这些尘埃会对肺部组织产生什么影响？方石英[①]是一种结晶矿物，形成于火山内部被热气烘烤的岩石中。当岩石在火山爆发中破碎，岩石中的结晶会粉碎成体积细小到可以进入呼吸道的粉尘。吸入过多这种尘埃就可能罹患硅肺病——一种矿坑工人常罹患的严重疾病。杜菲尔将蒙特塞拉特的尘埃样本送回英格兰进行分析，分析的结果是，尘埃中没有发现那么多方石英，空气中的尘埃也没有，不足以在蒙特塞拉特导致流行性硅肺病。

但是，这只是污浊的火山灰故事中晶莹透亮的一小部分。苏弗里耶尔活火山是个小型火山。在1998年的爆发逐渐结束后，科学家推测这座火山只吐出可以装满15万节车厢的火山灰，排成一列也只能从东北部的纽约排到中西部科罗拉多州首府丹佛。这样一座虚弱的火山，无法将火山灰喷到很高的地方，所以蒙特塞拉特的火山灰应该没有飞过邻近的小岛。然而，有一座更大的火山可以将火山灰喷得更高，速度更快。

---

① 分为低温方石英和高温方石英。在火成岩中，低温方石英通常是极为细小的晶质块体，或纤维状或柱状球粒的晶体。——译者注

当派尔的任期结束，美国地质调查所（United States Geological Survey, USGS）的地质学家里克·霍布利特（Rick Hoblitt）来到蒙特塞拉特接任资深学者的职位。霍布利特的外形是不折不扣的地质学家：唇边蓄了令人印象深刻的小胡子，脚上穿着登山皮靴——在他死后可能需要一组外科医生才能把靴子从他的脚上摘除。这位足迹踏遍全世界的火山专家，被任命观测西雅图的圣海伦斯火山（Mount Saint Helens），以及菲律宾的皮纳图博火山（Mount Pinatubo）。

　　"在小型的火山爆发中，火山灰最多只会顺风飘送20～30公里，"霍布利特说，"即使是大型的火山爆发，也只有一小部分的火山灰可以飘送到更远的距离。"但是这一小部分却可以在空气中飘荡浮流几天几夜，甚至是好几年。每一年大约会有一次，某处的火山爆发冲力足够强，将火山灰和气体吹过对流层，进入平流层。对流层是大气层最低的几公里范围，这一段气层的气流混乱、充满湿气，且天气变化多端。但是在对流层上面的平流层则干燥又平静，尘埃可以在那儿循环几天、几周，甚至是几年，然后再慢慢翻滚下降回到气流混乱的对流层。

　　华盛顿州的圣海伦斯火山就像霍布利特的自家后院。1980年，圣海伦斯火山爆发时就达到这样的威力。在这场灾难里喷发的火山灰，比蒙特塞拉特的苏弗里耶尔活火山喷发的量多出大约50倍，其中大部分的火山灰很快就降落到地面，美国有十个州因此蒙尘。但是在火山爆发的15分钟，有一管巨大的蒸气柱带着火山灰轰然冲进24公里高的大气中，进入平流层。平流层中干燥且风势强劲的气流，载着来自圣海伦斯火山的灰烬，在三天之内横跨美国，两周之内环绕世界。

　　不过，跟菲律宾的皮纳图博火山相比，圣海伦斯火山算是有礼貌又有节制的了。1991年6月，皮纳图博火山这座庞然大物喷发出约4立方公里的尘埃，火山浓烟蹿到35公里高，穿过分布在平流层中、就像三明治夹馅的臭氧层。人造卫星追踪皮纳图博火山的火山灰，发现它环绕了整个地球好几圈。

沙尘袭击

在天空中，即使只是一阵中型的沙尘风，也足以对飞机造成毁灭性的伤害。1998年，在蒙特塞拉特火山观望台的地震仪室的桌子正上方挂着一张纸条，上头写着当地飞航管制局的电话号码，那是当地火山喷出浓烟时，火山学家必须立刻拨打通知的几个重要号码之一。

苏弗里耶尔活火山所喷出的每一小口气，就像雪花一样白，许许多多含有火山灰的白云飘过天空。1998年，当荷兰航空KLM867班机的飞行员飞越崎岖不平、山顶积雪的阿拉斯加塔尔基特纳山脉（Talkeetna Mountain）上空时，遇到一片白云。当时他们并不觉得有什么异样，也没有理由怀疑这片挡在飞航路中的薄云是来自240公里之外的堡垒火山（Redoubt Volcano）。他们继续朝向计划降落的阿拉斯加安克雷奇国际机场前进。

在飞机飞进云层后，驾驶舱变得莫名昏暗，火花像萤火虫般扑打在挡风玻璃上。当沙尘和一股腐臭的蛋腥味穿进飞机里，机长试图急速上升回到干净的气层。但是为时已晚，愈来愈多的空气灌入引擎，带来更多沙尘，而这些沙尘在十小时前从火山喷发出来时还是液体。这个事例警告我们，地球上每样东西都有熔点。所以当沙尘卷进炽热的飞机引擎中，它们再度熔化并且堵住了引擎。它们一个接一个堵塞在引擎中，然后导致引擎燃烧，许多飞行仪器也停止工作了。

于是，这架飞机从7600米的高空开始下降，朝群山俯冲，飞行员一次次尝试重新启动引擎。在充满硫黄味的黑暗机舱中，乘客们吓得鸦雀无声。就在距离山顶只剩几千米高时，两部引擎又开始运转了，飞机终于恢复平衡。不过，事情并没有就这样结束。由于挡风玻璃受到沙尘的严重撞击，在安克雷奇国际机场降落的过程又让大家虚惊一场。在事后的维修中，机师从引擎机油、油压机油、供给水箱、地毯和乘客坐垫中，找到来自堡垒火山的火山灰。修理这架飞机一共花了两个月，更换了四部全新引擎，共花费八千万美元。

KLM867班机的故事一点也不稀奇。两天后，同样一片火山云向南漂流到五千公里之外的得州。在那儿，它造成727班机的一部引擎堵塞，也造成海军DC-9受到严重的沙尘袭击。全世界每年平均有五架喷射机会遭遇一次沙尘危机。火山灰造成的对飞行安全的威胁会因为几项因素而更加危险：首先是黑暗，火山灰形成的云朵在白天看起来就像普通的白云，到了夜晚却看不见它们的踪影；第二，目前全球发布沙尘警报的网络还不完整；第三，即使当地有警报系统警告飞行员，还是会常常遇到从远方火山所喷发的火山灰，悄无声息地飘到这个地区；最后一项因素是火山灰很难追踪，它顺风飘移的速度很快，每五分钟或十分钟便会改变方向。结果，即使是知名的火山大爆发也可能让远方的飞行员不知不觉身受其害。皮纳图博火山的大量火山灰，就因为不巧遇到一场台风，被吹得又广又远，在三天之内共导致20架飞机受害，造成一亿美元的损失。

第二种火山灰不影响飞机安全，却让地球冷到发抖。在皮纳图博火山爆发之后，地球温度明显下降，原因并不是玻璃质的火山灰遮蔽住阳光，而是因为围绕在地球周围细小的硫化物将阳光反射回太空。

菲律宾群岛和蒙特塞拉特一样，恰好坐落在中洋脊上。事实上，整个太平洋下的地壳相当不稳定。板块之间熔融的岩浆让这个地区有"火圈"（Ring of Fire）之称。

1991年6月，一个巨大的熔岩泡泡从菲律宾群岛露出地面。从皮纳图博火山涌出的岩浆释放出硫气体，一股无法掩盖的腐蛋恶臭充斥在空气之中。6月15日，一道伴随两千吨二氧化硫的热灰柱终于从火山口冲向天空。就硫气体量来说，这次是20世纪规模最大的喷发。其中约有一半的气体，很快就在空气中胶结成细小的颗粒。

当热灰柱穿过对流层时，炽热的气体冷却了。到了寒冷的平流层，气体分子开始凝结。经过1991年整个夏天，硫气体分子慢慢凝聚成一颗颗微粒。当平流层中出现水分，这些微粒就会靠近水分子，变成液态。当平流层中完全没有水分，硫分子组成的微粒会变成干燥的颗粒。然而平流层中永远没有足够的水蒸气可以形成降雨，所以这些微粒会随着疾风继续徘徊在平流层中。到了1992年初，全世界多数地区的大气中都盘旋着一层薄薄的硫颗粒。

这些大气中的硫颗粒很快就凝聚生长到足以反射大量的阳光，使得被反射回宇宙的光线比平常多出5%以上。于是全球气温下降，冬天变得更加寒冷，尤其是中东地区。而夏天的气温也降低了，尤其在北美地区。在冷却效应（chilling effect）之下，全球的平均温度比正常低了约四分之三摄氏度。

这些硫颗粒袖里还有乾坤。它们让地球温度下降的同时，也为大气层加温，导致全球的风向改变。这是因为它们加速了大气层中的臭氧分解，导致更多具破坏性的短波紫外线进入地球。也许美丽的夕阳就是这么来的：火山灰形成的颗粒层对不同波长的可见光形成各种反射，在向晚的天空留下万紫千红的绚烂色彩。

　　　　　　　　　　　　　　奇妙的尘埃

当硫颗粒继续聚集长大，最后也会因为太重而无法在平流层中游荡。皮纳图博火山爆发后的二至三年，硫颗粒开始下降到对流层中，在那儿和其他尘埃结合在一起，然后很快借助降雨回到地面。因此，到了1993年，全球的温度恢复正常，虽然有些皮纳图博的硫颗粒仍继续在对流层里游荡了四年。

随后，一片由二氧化硫组成的新鲜云朵会取代皮纳图博火山的灰烬和硫颗粒。每一年，全球的火山会冒出或喷发将近一千万吨的二氧化硫。皮纳图博火山显然贡献了非常多的硫，它在一天之内就喷出这个数值两倍的量。蒙特塞拉特火山比较特别，发作了许多个月也只喷出一百万吨的二氧化硫。

除了造成飞机安全事故与导致全球温度下降以外，地球机制之所以能顺利运作，火山灰也扮演了重要角色。或许，假如地球的天空中没有硫，生命会演化出利用纯净雨水的生长机制；然而奇怪的是，生物与生俱来便能利用因硫而带有微酸性的雨水。

企鹅微粒

火山喷出大量的灰烬到空气中，而海洋则是更加捉摸不定的尘埃制造者。虽然海洋喷发的粒子造成空气中咸咸的怪味一点也不足为奇，但也别因此就被蒙骗了。下面这个事实挑战你的想象极限：空气中也许有30亿吨的微粒来自全世界的海洋——这个数量甚至比沙漠沙尘还要多。

强劲的海风吹皱了海洋表面，形成浪花，而滔滔白浪其实就是一堆白色泡泡。当这些泡泡破裂，小颗粒的咸水便飞到空气中。当水分蒸发掉，细小的盐粒结晶便随风飘散。

南半球海洋的空气闻起来特别咸，国家海洋与大气总署

（National Oceanic and Atmospheric Administration，NOAA）的研究员帕特里夏·奎因（Patricia Quinn）说："那儿几乎没有大片陆地，因为没有陆地屏障，风可以四处流动。"

因为飘荡在空气中的盐粒结晶就跟尘埃一样，通常相当大，飞行不多久就掉回海面。因此海边乡镇的空气通常咸味浓厚，但是过了大陆中部，空气的咸度就会变淡。例如，洛杉矶的空气是咸的，但其中只有最小的盐粒结晶能飞到芝加哥和纳什维尔。"小颗粒可以飘浮几天，"奎因说，"其中一些结晶颗粒可以进入对流层，旅行到远方。"此刻在我们头顶的高处，也许就飘浮着一小撮海盐。

假如海盐中有淡淡的硫黄味呢？那么便是海盐曾受到另一种海洋尘埃的污染了。直到1972年，科学家还不能确定空气中的硫粒子来自何方。他们知道火山偶尔会喷出大量的硫气体，而沼泽与泥塘也会贡献一部分，但是这些散发硫黄臭味的地方所制造的硫，数量还不及所有被雨水冲刷下来的硫。

大气科学家詹姆斯·洛夫洛克（James Lovelock）搭船漫游在大海上，寻找浮游生物的踪迹。在一次浮游生物大繁殖后，他发现海水中漂浮着硫。浮游植物（希腊文意为"植物中的流浪汉"）是单细胞生物，利用阳光生长和繁殖。它们的形态多样，从如同一串蓝绿色的珍珠，到嵌在饰有花边盔甲中的单细胞，以及看起来像微小玻璃饰品的硅藻。单单估计硅藻种属的变异就高达一百万种。基于某些尚未厘清的原因，一些种类的浮游植物以一种称为二甲基硫醚丙酸（DMSP）的化学分子携带硫。

浮游植物总是存在于海洋中，但只有当洋流将底部营养丰富的海水带到表面，才会大量繁殖。当浮游生物的族群量大增，海水将被无数的小生命染成奶绿色、奶棕色，甚至是奶红色。

而且，第二波的大繁殖立刻接踵而来：浮游动物（"动物中

　　　　　　　　　　奇妙的尘埃

的流浪汉"）因摄食浮游植物而大量繁衍。当这些掠食者狼吞虎咽地吃下浮游植物，它们似乎将DMSP分解成硫酸二甲酯，通称为DMS。在浮游动物的摄食过程中，DMS大量进入海水里。浮游植物繁殖到鼎盛的一天或两天之后，DMS在海水中的浓度也达到顶点。因为浮游植物依赖阳光，所以所有的过程都发生在海平面下几米的深处，这也是当一切杯盘狼藉后，DMS留下的地方。

接着，当浪花的泡沫在刮风的海平面破碎，盐分和DMS气体将被释放到大气中。在大气的高处，DMS和其他气体混合，其中一些凝结成颗粒。科学家现在知道浮游生物提供大气丰富的硫——也许一年有50万吨。

然而要在现场捕捉到这么隐晦的微粒制造过程并不容易，有时候在空气中发现微粒的新来源只能凭靠运气。夏威夷大学的海洋学家巴里·许贝特（Barry Huebert），说起话来轻声细语，脸上带着温暖的笑容。他回想起有一次偶然碰到"企鹅微粒"的经历。他当时搭乘一架载有科学感应器的飞机，去采集位于澳洲东南方塔斯马尼亚岛（Tasmania）与南极洲之间干净的海洋空气样本。当飞机经过荒凉的麦夸里群岛（Macquarie Island），许贝特戴的耳机突然发出声音，一位同事从一堆乱七八糟的仪器之间问道："嘿！我们刚刚是经过都市吗？刚刚的氨指数飙得很高！"

就在同时，一部计算微粒的仪器疯狂地运作起来，记录着一团非常非常小的颗粒——真的只有像一大团原子般小。当飞机继续前进，这些颗粒嗖嗖地掠过飞机，计数器上的数目持续增加。这些凝结成小水滴的氨是从哪儿来的呢？通常它们会来自人类或动物的呼吸、粪便，以及发馊的食物，但是位于南极洲北方1600公里、塔斯马尼亚岛南方1600公里的麦夸里群岛，却是人迹罕至之处。

"是企鹅，"许贝特回想起来，暗自发笑，"我们当时并不知道企鹅栖息地所发出的氨臭味可以让在里头工作的研究员窒息，也没有察觉到当动物学家走在这堆排泄物上，都穿着高高的橡皮靴。"

意外飞过企鹅大便正在发酵的地区，许贝特和他的朋友捕捉到气体转变成颗粒的神奇过程。似乎太阳底下的每一样东西真的都会变成微粒盘绕在你的头顶上。从浮游生物的液体、海盐，到企鹅大便，这些东西除了使空气产生异味，还具有其他的特殊意义。但是地球的每一个角落都会贡献尘埃，而其中一些还是活生生的生命。

空气中的小生命

埃丝特尔·莱韦廷（Estelle Levetin）是塔尔萨大学（University of Tulsa）的"空气生物学家"，研究向上飞升的沙尘雨，但是对象既不是矿物，也不是单纯的化学物质，而是植物。它们是利用空气在地球表面传播、移动的小生命。"它们主要分成两大类，"她说，"霉菌和花粉。"每一大类包含数十万种、甚至百万种独特的变异形态。"然后也有细菌、病毒。我也捕捉过水藻和硅藻，以及昆虫的残肢，像是翅膀、毛发，有时候甚至是一整只脚。"她爽朗地说，"捕到昆虫的残骸是家常便饭。"

霉菌也通称为真菌类，在地球上大部分潮湿的地方都有它们的踪影。以树叶为例，树木分泌许多营养物质到树叶中，真菌在树叶表面罗织了一层细微的菌丝网络，责无旁贷地将树叶分解干净。真菌在繁殖的时候会产生一团孢子，并将孢子释放到空气中。假如霉菌学家或真菌学家有一天要订出世界上100万种真菌，莱韦廷预估其中的95万种会利用风来传送孢子。"有些真菌是被动传送的，"她说，"当风吹拂过树叶或土壤，某些真菌的孢子就会顺势离开菌体，进入空气中随风飘送。"其他无法被动传送孢子的真菌，则是主动将孢子射进空气中。"这个过程需要湿气，所以通常发生在露水多的清晨，"莱韦廷说，"真菌的繁殖构造吸收了水分而膨胀，因此产生压力，这股压力能将孢子弹出去。你可能常听人们说：'雨后的空气最清新。'但事实上空气里充满了孢子。下过雨后，成千上万的孢子充斥在空气中。"

莱韦廷说，因为有不少人对花粉过敏，因此有许多机构会测量空气中的花粉浓度。但是要侦测一个人是否对真菌孢子过敏则困难得多。结果，尽管有两项压倒性的事实存在，这一群特别的"空中生物"还是很遗憾地被忽略了。第一个是，有时我们吸入的空气中，每立方英尺（约边长30厘米的立方体）含有五千颗真菌孢子。其次，许多孢子非常微小——比花粉还小，小到可以进入你的肺部。

"这就好像在吸入一道浓雾，"莱韦廷说，"从来没人告诉我，空中的浮游生物量有多少，"她觉得不可思议，"现在这是我教学的一个重点，学生必须完成蘑菇、灰蕈（puffballs）和檐状菌（bracket fungi）的样本收集的作业。他们也必须培养五种霉菌。他们只要走在校园中，朝着空气挥舞盘子，然后进行培养就行了，很简单。"

尽管如此，花粉仍然是大气生物学的黄金指标。通过昆虫和鸟类传播花粉的植物，通常会制造多刺或表面有凹痕的大花粉，至于借助风来传送的植物花粉，则比较轻且平滑，其雄蕊构造有助于成熟的花粉进入风中，快速飞走。

请千万要注意豚草（ragweed）！细长又丑陋的豚草可以生长在最贫瘠的土壤中——人类的耕作地。在美国，8月是豚草繁殖的季节，这种绿色小花大概只有博爱的植物学家才会珍惜。每天早晨，这些花朵释放出新鲜的花粉。这种看起来其貌不扬的植物可以制造无数的花粉，而且由于这些花粉特别轻巧，可以在空中飞翔数百公里。在塔尔萨，莱韦廷依惯例会捕捉到大量的西洋杉花粉——一种会引起鼻子过敏的知名花粉种类，旅行了650公里进入塔尔萨居民的肺里。事实上，美国太空总署收集宇宙星尘的飞机曾经在平流层收集到花粉，由此可看出这种微粒的行动力有多大。

近年来，空气中的花粉量可能变得更浓了。人类使用土地的方式会制造出更多的花粉，尤其是在西方国家。"从一百年以前，西方国家的花粉量就一直在增加。"美国农业部牧场生态学家丹尼斯·汤普森（Dennis Thompson）说。这是因为牧场经营者为了适应愈来愈多的人口需求，过度饲养所导致的结果。牛看到什么吃什么——几乎是每样东西。"假如你允许的话，这种动物会吃光它们最爱的植物，"汤普森说，"然后，另一种比较不受欢迎的植物，就会占据原先的地方。"这种入侵的植物通常是一年生的植物，而不是根部在冬天也会存活的多年生植物。

"假如植物是一年生的，每年就需要有很多种子来繁衍后代。"汤普森说，"所以它得制造很多花粉，像一枝黄花（Goldenrod）、豚草等都是。"汤普森提议，假如牧场放牛的时间刚好配合杂草的生长期，破坏花粉的制造过程，便可以让花粉产量下降。牧场主人应该试着用这个方法来控制花粉量。

然而即使牧场主人真的配合，也不见得有很大的帮助，因为全球气候变迁也许是花粉产量背后更强悍的推手。美国农业部最近在一座注入过量二氧化碳（主要的温室气体）的温室里进行种植豚草的实验，发现豚草在这座温室中制造出了更多的花粉。这个机构的研究人员怀疑，一个世纪以来，全世界的豚草花粉量增加了一倍。如果空气中二氧化碳的比例持续增加，下个世纪的豚草花粉量会更多。

空气中究竟有多少吨真菌孢子和花粉？没有人知道。但是目前已经知道，另一种植物微粒每年都贡献好几亿吨。这些微粒所含的化学物质，让里根总统的部分内阁成员将环保的矛头指向天然的灌木林。的确，假如这些来自森林或草地的化学物质是从工厂排放出来的，便可以名正言顺称之为污染物。但是科学家至今还不确定，为什么里根口中的"杀手树木"会排放出异戊二烯（isoprene）、萜烯（terpene）、酒精和甲醛。

"异戊二烯主要是由落叶林释放出来的。"华盛顿州立大学化学家布雷恩·兰姆（Brian Lamb）说，"只有在白天时，落叶林才会释放异戊二烯，所以这也许是一种对温度压力改变的反应。萜烯主要由针叶树排放，也许也是受到温度的影响。己醇——你知道刚割好的草坪常会冒出这种味道，也许是植物受伤后的一种反应机制。"

不管这些化学物质为什么被释放，造成的效果都一样：全世界的植物都在释放各式各样的化学分子进入空气中。这些气体中只有一小部分会真正在空气中凝结成小水滴，或黏附在其他尘埃上，其中松木、柑橘和薄荷的独特气味最有可能在空气中形成固体颗粒累积起来。田纳西州东部的大烟山（Great Smoky Mountain）并不是因为着火而冒烟。烟雾中的某些成分事实上是污染物，但大部分的烟雾却是树林的杰作。如果说撒哈拉沙漠每4秒可以制造出一节车厢的沙子，那么全世界的植物每8～24秒可以释放出一节车厢的化学粒子。

真的有所谓的杀手树木吗？更中肯的做法，也许是将树木分泌的微粒，与火山灰及其他天然微粒一视同仁。一方面，这些树木分泌出上述的种种微粒是无法避免的过程；再者，地球上的物种或许已经发展出运用这些微粒的巧妙方法。令兰姆和他的同事更感兴趣的是，种种如干洗、造船、电镀等人类活动制造大量相似的空气微粒，会产生什么样的后果。

御风飞行

一些在空中传播的"生物大气微粒"（bioaerosols）是有生命（可能正死去）的东西。在空中飘荡的硅藻，由于体形轻巧，并未占据空中植物微粒相当大的比例，但是当这些具有玻璃质外壳的海藻真的跑进大气中，有趣的问题就来了。一来，它们似乎在挑战远行微粒的体积极限；二来，它们有时候似乎别有目的。

纽约州水牛城大学的物理教授迈克尔·拉姆（Michael Ram）从南极洲与格陵兰冰柱里取出了硅藻细微组织。深厚的冰河保存了密密麻麻的完整微层，每一层代表一年。困在每一层里的可能是闪闪发亮的沙漠沙粒、宇宙星尘、火山灰、花粉、昆虫遗骸，以及硅藻。拉姆首先融化掉一点冰，然后将剩下的沉积物放在显微镜下，便可以观察到硅藻格外显眼的完美几何形状。沙漠沙粒在显微镜底下看起来就像粉碎的岩石，而硅藻看起来则像精巧的药盒，或是形状相同的碎片。

大部分的硅藻在溪流、池塘、湖泊和海洋中度过短暂的一生。当它们死亡之后，细小的外壳便沉到水底。拉姆说，最理想的硅藻颗粒来源是干燥季节的浅水湖底，因为干涸的边缘沉积物有机会接触到风。在非洲和美国西部地区都有理想的地点。

拉姆原先倾向利用他找到的硅藻来追踪冰河样本里的沙尘与硅藻来源：假如代表某一世纪的冰层中充满北美的硅藻，而代表下一世纪的冰层中却包含非洲的硅藻，他便可以推论当时主要的风向有所改变，由此找出气候变迁的蛛丝马迹。但是，拉姆所发现的硅藻身份不明，大部分看起来都很像，因此在硅藻鉴定方面更权威的科学家们还在进行努力调查。

拉姆的硅藻还有另一个更让人伤脑筋的问题。通常科学家不认为只比毛发的几百分之一宽大很多的东西，能飞行长远的距离，但拉姆却观察到一两百微米宽——整整两根头发宽度的"巨型"碟状物。"这些硅藻虽然大，不过有很大的表面积，而且很轻，"拉姆用他埃及人特有的重音推测，"它们就像飞盘一样，非常容易受气流影响。"

冰河中的硅藻体积也与吹起它们的风力有关。通过研究一块冰雹的中心显示，风势异常强劲时，体积异常巨大的硅藻，以及其他的小昆虫、小鸟甚至陆龟，都会一起被卷入暴风云中，并裹上一层冰壳，然后成为冰雹降落地面。看来要卷起一块大的硅藻，并没有想象中那么难。

至于第三个谜团，是四百年前居住在格陵兰冰河顶部的一种硅藻族群。一般来说，活着的硅藻会被吹到融化的冰河边缘，在那儿繁衍生长，这种情况很常见。但拉姆所发现的这支族群的祖先，却是在掉进小水坑前尽其所能地飞到岛的中心，而且这位先驱者仍然保持着良好的形状，开始繁殖新的一代。

"通常，我们很清楚硅藻死后会随风飘荡，"拉姆说，"它们大部分是破裂、残缺不全的遗骸。但是当我们看到这些硅藻时，就像看到一个家庭——同样种类，同样大小，每项特征都一模一样。它们的体积告诉你，它们度过了相同的岁月。所以，过去一定曾有硅藻生长在这里。是吧？"

是的，在冰河的顶部发现一群长得一模一样的硅藻，从科学上来说是不能证明什么，但却可以推测，有些硅藻已经将驾驭风的能力演化到极致。

当然，硅藻并不是第一群随风飘送的完整生命体，也不是最大的。即使是在地球上环境最严酷干燥的荒漠——南极洲的麦克默多干河谷——也有生命存在，其中的"顶层掠食者"就算是以细菌为食的线虫了。在温暖的日子里，这些肉眼几乎看不见的南极帝王，就在覆盖着泥土的浅水滩中到处巡视。这些帝王般的线虫究竟是如何到达荒凉的干河谷的呢？它们似乎是搭风的便车来的。曾有一位学者推测，在最后一次冰河时期，南极洲的生物都灭绝了，许多现在生长在南极洲的小生物，一定是在冰河撤退后，从别的陆块乘风而来，至于这些"乘客"的体形限制则尚未详加研究。

人们对病毒和细菌的可能飞行局限性有比较多的了解。幸运的是，这些危险的病菌在散播到远处之前就会干燥死亡。"它们很容易进入昏睡状况。"马里兰大学国际安全研究中心的武器控制专家米尔顿·莱滕伯格（Milton Leitenberg）说，"不只是受到紫外线和氧气破坏，它们也会因脱水而死亡，且可能只发生在一分钟甚至几秒钟之内。不过，炭疽是一个例外。"

炭疽是一种土壤中常见的杆菌，能形成坚硬的芽孢四处散播。在自然状况下，与染病动物有直接接触的人类才会受到炭疽的威胁。但是在人为利用下，炭疽成为军事武器：含有炭疽杆菌的生化炸弹被投向敌军。不过，只有靠近的人才会受到感染。1979年，俄罗斯境内的一株炭疽杆菌释放出一团芽孢，导致附近96人受到感染，其中三分之二的人死亡。在顺风传播的50公里之遥，孢子团经过稀释，只有羊和牛生病。即使是这种顽固的病菌，在阳光下曝晒几周或几个月后，也会变成一堆没有生命的飘浮残骸。

更不符常规的也许是一种真正生活在空气中的细菌。奥地利的研究人员最近发现，在阿尔卑斯山捕捉到的云朵中充满了活生生的细菌，显然它们是在空气中繁殖的。在这群细菌居住的云朵里，没有任何可以躲避阳光的地方。科学家冷静地推测，地球上许多地方都有云朵覆盖，这些云朵应该被视为这类细菌的"栖息地"。

愈来愈多的医学专家开始研究居住在空气中的生物以及无生物，对人类肺部所产生的影响。正如我们将在下一章看到的，由于全球的哮喘发病率快速攀升，针对空气传播的研究更受瞩目。

这时，莱韦廷说，许多科学家甚至没听过"大气生物学"这个名词，但这是个潜力很大的领域，莱韦廷不会寂寞太久的。

渡鸦的交易品

假如年轻的科学家渴望在一个比大气生物学还要冷门的领域扬名立万，那他就应该知道，大气生物学家忽略了一些世界上最有趣的尘埃制造者。

例如地衣这种真菌与藻类共生形成的生物，是通过慢慢吸收寄生岩石中的养分来维持生命的。地衣纤维状的菌丝侵入岩石的内部，分泌酸性物质，溶解出矿物质。当岩石的质地变得愈来愈脆弱，碎屑便一块一块剥落下来。地衣除了使用"化学武器"，也用尽全身的力量粉碎岩石。菌丝挤进裂缝之中，干燥的时候收缩，潮湿的时候膨胀，就与盐粒和冰晶将岩石裂缝撑开的原理一样。

某些细菌和真菌甚至会"吃"岩石，这是比较没有附加价值的过程。地衣和微生物合作，就像农民般进入新鲜的岩石内部，收割所需的矿物质，慢慢将岩石四分五裂，留给其他生物使用。

不过，最出名的尘埃制造者或许是恐龙的后代——鸟类。全世界鸟类所制造的尘埃有多少，确切数字仍属未知，需要有人去研究。不过，根据美国地质调查所研究人员的惨痛教训，这个数字大到足以搞砸一个实验。

20世纪80年代，当这些科学家在美国西部设下一排"尘埃陷阱"，他们以为一切已经考虑周全。当时，他们希望测量从天空掉落的尘埃数量。他们把用来盛装尘埃的特富龙（teflon）邦迪蛋糕烤盘安装在柱子顶端，并涂成黑色以加速雨水的蒸发。烤盘里另外铺上一层大理岩薄板，保护降落的尘埃不被强风刮走。

然而这些研究员却没有想到，这些设置在树木稀疏地带的尘埃陷阱，正好是鸟类绝佳的栖息地。他们也没想到"胃石"——鸟类吞食的小沙砾，用来磨碎胃里的食物——在磨碎食物的过程中，也会慢慢将自己磨成粉末，通过肠道排出。结果，鸟类排泄的"沉淀物"干扰了蛋糕烤盘里的实验结果：胃石粉末的制造速率，比正常尘埃的累积速率高上2～3倍。

"还不只这些，"美国地质调查所在丹佛专门研究鸟类尘埃的专家马里斯·瑞喜斯（Marith Reheis）说，"我相信渡鸦懂得交易。它们取走我的小石砾，然后留下其他东西作为交换。它们往往会留下跟石砾一样大小的岩石。不过我也收到过一对精致的礼物：一颗干掉的蜥蜴头和一截更格卢鼠的尾巴……呵，应有尽有！"于是，后来的实验增加了阻挡鸟类的设施。

纵火成瘾

天空中原本就布满大自然的尘埃——沙漠尘埃、火山灰、海盐、树木的分泌物、生物的断肢残骸与硅藻等，同时天空也是一个充满人造沙尘的地方。

火苗是天空中黑烟的来源。很久很久以前，灵长类爬下树木，开始用力敲打岩石以制造火花，火苗熄灭后剩下一堆灰烬，岩石彼此用力撞击也会产生粉末。在南非，翻滚的岩石迸出火花，引燃一场草原大火，仍然是司空见惯的事。自从人类学会敲石取火，就懂得利用火来控制动植物供作己用。现在，人类是制造火苗余烬的头号来源。

在巴拿马共和国的巴拿马市，史密森热带研究中心的古植物学家多洛雷丝·皮佩尔诺（Dolores Piperno）专事研究远古的纵火行为。她是一位态度庄重的女士，留着短棕发，有一副坚毅的下巴。皮佩尔诺利用湖底一层层完好的烂泥巴，重建远古的环境。而且，她一点也不像环保人士一样对古印第安人抱持着浪漫情怀。

"他们是技巧高超的猎人兼采集者，"她说的是一万一千年前居住在中美洲及南美洲的古老祖先。"他们知道如何用火，来到这个地区之后就开始生火。"

砰的一声，她将笨重的证据放在实验台上。那是一块冷冰冰的烂泥，被塑料布和胶带裹成圆桶形。裹在层层外衣底下的是可以解开远古谜题的尘土——"植物硅酸体"（phytolith，亦称植石），字面的意思是"植物石头"。许多植物在叶片、果皮和种子外壳的细胞中制造细微的石头，可能是为了让毛毛虫之类的生物嚼食起来就像在吃玻璃碎片，借此阻止这类生物的掠食。当麦片麸皮刮过你的喉咙，皮佩尔诺说，那正是硅酸体造成的不适效果。

植物硅酸体具有五花八门的外形，从简化的蝴蝶到花朵，再到哑铃、高尔夫球、玉米仁，甚至是弯皱的意大利千层面等。许多硅酸体的大小为头发十分之一宽左右，但有些"千层面"可以是那大小的十倍，这对正在咀嚼的昆虫来说，一定就像在吃玻璃窗一样开胃。而且每一块小石头都带有独特的讯息，因为每一种形状都是由不同的植物制造的。植物硅酸体在微小有机物的周围形成，所以能根据放射性碳来测年。此外，当它们被火燃烧时会变成黑色。

因此，当皮佩尔诺从古代烂泥中分离出植物硅酸体，她可以清楚描绘出古代人民如何改变远古的土质。远在一万一千年以前，泥淖中充满了树木和灌木丛等森林植物的硅酸体，然后开始慢慢减少。到了大约四千年前，泥淖中完全找不到那些森林植物的硅酸体——因为森林全被居民移平了。

那么，古代人民的居住地究竟发生了什么事？当森林后退，空地植物的硅酸体——莎草（sedge）和农作物进驻到这个地方。而且，通常这些硅酸体呈现黑色。皮佩尔诺说，四千年以前，这种农作物（现在已知是谷类）的硅酸体就固定出现在土壤中。被压扁的谷类硅酸体的数量与体积大小均持续成长，反映了作物被驯化的过程。从这些新的尘埃来研判，皮佩尔诺说，当时农业已经遍布全世界。而且为了清理耕地并将养分留在土壤中，这些农民每隔几年就会放火烧地。

然后，在消失了几百年之后，森林硅酸体突然又回到五百年前的泥淖之中。"当时西班牙入侵中美洲"，皮佩尔诺带着怜悯的笑容说，"这些放火烧地的农民都遭到屠杀了"。

然而，放火烧地的习俗仍然存在于温带以及热带的农业中。从非洲大草原到南美洲的森林，农民为了清理农田、牧场、新开发的道路以及乡镇，会习惯性纵火烧田。

究竟有多少绿色植物燃烧产生的气体和烟灰进入空气中？这个问题仍存争议，因为科学家还在研究这个课题。例如，非洲大草原上的大火非常炽热，短时间就将草原燃烧干净。然而，在湿厚的森林中，火苗的温度较低，会因此产生更多的烟雾以及更复杂的化学分子，包裹着煤灰颗粒。再者，亚洲每年燃烧约一亿一千八百万吨的粪肥用来烹饪或取暖，燃烧粪肥也会产生浓浓的黑烟。

关于烟产量，一般推测认为，燃烧一平方英里（约2.6平方公里）的土地，每小时可以制造一吨半的烟灰颗粒。不过也有人认为速率可能是每小时20吨。不管是哪一种推测，数量都很惊人。从太空中看地球，浓烟显而易见，看起来就像喷射机拖曳过的痕迹，在数百公里的土地和海洋上曳入天空。

热带地区之外的植物对于人类频繁的燃烧行为没有防御能力。研究用火行为的历史学家斯蒂芬·派恩（Stephen Pyne）称纵火行为是"不知悔改的上瘾"，许多美国农民坚持在播下新种之前，必须依照古老的方法来清理前一年收割后留下的残株。后来由于对人类健康的疑虑，警告的声浪愈来愈高，最后终于在这个世纪开始减少放火烧地的行为。

另一项令人吃惊的烟灰来源是最北方的森林。加拿大和俄罗斯境内的森林占了全世界森林总量的五分之一。跟热带地区一样，许多北方的森林大火是人为纵火——在加拿大约占一半。而发生在遥远干燥森林的火灾往往不知原因。

在加拿大，或许在俄罗斯也一样，几乎所有的火灾都是"树冠火灾"。这种火灾的火焰温度很高，从土壤燃烧到树冠，比起只是在地面上延烧的火苗，能产生更多的浓烟，蹿到更高的空中。在特别干燥的一年，火灾甚至可以烧到森林底层一米深的地方，产生特别浓的烟雾。由于气候改变似乎让北方地区的气温急速上升，这些森林有可能变得更干燥，燃烧产生更大量的烟雾。

美国太空总署估计，草原大火、焚田与森林大火等天然或人为火灾，造成每年约1～12个得州般大的土地燃烧，摧毁20亿～110亿吨的植物，产生数百万吨的烟灰到空气中。假如火苗的热度将烟灰吹到对流层，烟灰可以传送到很远的地方。例如，来自墨西哥的浓烟曾经呛到北达科他州、威斯康星州和佛罗里达州的居民。加拿大的火灾浓烟则常常传到新英格兰甚至到路易斯安那州。

尽管受到严重的人为影响，森林和草原大火所产生的烟灰，仍然是天然的煤灰与有机物质。从第一株植物燃烧开始，一堆一堆煤灰就这样诞生了。

然而，战争引起的火灾，所产生的却不是自然的尘埃。当萨达姆·侯赛因（Saddam Hussein）的军队从科威特撤退时，纵火焚烧613座油井的行为引发了战争道德上的争议。除了损失大量原油以外，火灾也制造出无数的煤灰和其他化学物质。一朵黑云在科威特降下黑雨，后来还殃及邻近的国家。当火势蔓延，掩盖在浓烟下的地区，温度下降了十摄氏度之多。

猛烈的森林大火与恶意的战争火灾，都是戏剧性的火灾。但即使是我们每天为了民生起居而点燃的小火也在制造烟雾。每当我们点燃一根火柴、烧烤一块汉堡肉、生起一团营火，都在制造更多浓烟到空气中。

污浊上路

火是人类肮脏历史的开端。不过现在，没有什么会比一辆车更能代表我们试图把环境弄得更脏的努力。汽车排放的浓烟来自燃烧的汽油或柴油。燃烧化石燃料并不是一种有益健康的活动。化石燃料含有复杂的化合物，需要相当高的温度才能完全燃烧，因此卡车和汽车排气管中排出的是大量只被部分燃烧的化石燃料。

长形的托运或送货卡车、工程或农耕机械车、公交车与火车所使用的柴油引擎尤其肮脏。城市的空气往往因为这些未燃烧完全的燃料而呈现污浊的灰蓝色，而这些煤灰粘在窗帘上就像黑色的炭粉。依美国环境保护署（Environmental Protection Agency，EPA）的估计，一部旧柴油卡车一年可以制造8吨煤灰和浓烟。即使是一部轻型柴油引擎，也比一部普通汽油引擎多释放出30~100倍的颗粒。

不管是汽油或柴油，排出的粒子中心是碳核块。不过柴油的煤灰掺杂着数百种其他的副产品。愈来愈多的医学研究人员担心这些微粒会导致癌症和心肺疾病。

汽油引擎制造的污染也许比较少，但它们的数量远比柴油引擎多。单单在美国，它们就释放出超过一百万吨有害健康的空气污染物，从水银到苯和砷都有。虽然绝大部分是闷热的气体，但它们可以凝结在刚出炉的煤灰以及空气中的其他尘埃身上，形成小小的有毒炸弹。

所有的引擎都会排放出硫和氮。就像火山排放的一些硫会凝结成水滴，来自汽车引擎的硫也一样。在美国，汽车、卡车和其他不上路的运载工具每年会排放一百万吨硫到空气中——大约是全世界火山排放量的十分之一。汽车也是美国氮气主要的来源。

虽然排气管排放废气的罪证确凿，但是仔细看看你的汽车底下，当汽车轮胎逐渐磨损，这些轮胎橡胶到哪里去了？在行进的汽车后面，都有一片细微的橡胶颗粒所形成的隐形烟雾。美国环保署只计算橡胶颗粒中最小的碎片——宽度少于毛发十分之一的微粒，发现汽车每年排放两万五千吨这样大小的橡胶颗粒到空气中。这个数量相当于将两百万个轮胎磨成粉末。

汽车轮胎与地面间的摩擦力，提供了汽车前进的力量。轮胎与刹车垫之间的摩擦力，提供了停止的阻力。在美国，踩刹车所制造的尘埃，比轮胎磨损所造成的尘埃更多：每年空气中大约有三万五千吨的刹车垫尘埃。除了旧式的石棉以外，刹车垫的材质五花八门，所产生的尘埃也愈来愈缤纷多样，可能包含金属或陶瓷、炭、合成纤维和玻璃纤维。

从一段距离以外观察卡车和汽车，尤其是当它们行驶在泥土路上，你会看到另一种巨大的沙尘来源。注意看行驶在美国西部干燥公路上的车辆，首先会看到一团沙尘翻滚。虽然沙尘路代表乡村的淳朴景色，但是愈来愈多的空气污染研究专家指责它们。它们是巨大的沙尘来源，每年环保署会记录美国沙尘的数十种来源，包括火车、飞机、野火、炉灶、矿坑、水泥业等，这些来源每年共制造3300万吨的沙尘。其中，沙尘路的产量占了三分之一。

过去，对付沙尘路最常用的方法是铺上用过的机油残渣。这个方法目前在发展中国家仍然使用，听起来会让人联想到埃克森石油公司的瓦尔迪兹号油轮事件①。但是最熟悉肮脏机油路缺点的，莫过于过去密苏里州时代海滩（Times Beach）的居民，时代海滩位于圣路易西南方三十多公里处。

1970～1972年，一位承包商将受到二噁英（一种相当危险的致癌物质）污染的某药厂废弃物，加入他平常用来铺路的机油中，用于铺柏油路的工程里。这些遭受污染的混合物被大量用在时代海滩尚未铺砌的街道和停车场。十年后，环保署发现时代海滩的路面、路肩和壕沟含有大量的二噁英，当地的居民于是被撤离，并获得补偿。居民的房屋拆除，受污染的道路挖起，并被送到特别兴建用来处理危险废弃物的焚化炉。回顾过去，或许道路上有一点灰尘也不是那么糟。后来，密苏里州迅速立法禁止使用机油残渣铺路。

当时代变迁，铺路竞赛愈来愈普及，但是每铺设一公里的路就要花掉大约30万美元，引起那些需要付钱修路的城镇居民反感。例如，亚利桑那州马里科帕县（Maricopa County）是沙尘满布的凤凰城的家乡，有1100多公里的公路尚未铺砌。就算这些公路明天就铺

---

① 埃克森石油公司的瓦尔迪兹号油轮于1989年3月24日在阿拉斯加威廉王子湾外海触礁，1100万加仑的原油外漏，导致海洋污染，对该地的生态环境造成了严重影响。——译者注

　　　　　　　　　　　　　奇妙的尘埃

好，还有5000公里的私人沙尘路会继续制造尘埃。而且即使全部的路都铺好了，也无法避免汽车扬起沙尘。在美国，铺好的路每年会制造250万吨的沙尘。

所有的煤灰和硫粒子、刹车垫和轮胎碎屑，以及纯粹的泥土颗粒，全是汽车与卡车带给空气的诅咒。一位台湾的大气科学家陈正平（Jen-Ping Chen）证明，即使一部汽车本身没有制造任何尘埃，还是会严重影响空气中的尘埃组成：汽车引擎会让被吸进的沙尘严重变质。

陈正平说，在炽热的引擎中尘埃会变成蒸气。当这些蒸气离开排气管，便再度凝结成容易被人类吸入肺部的微粒。这有点类似割草机轧过一只玻璃瓶的状况：原本普通的垃圾变成一团危险碎片。

陈正平的研究说明这些新的微粒如何以迅雷不及掩耳的速度在一辆汽车的后方成形。他测量汽车排气管后方10厘米处空气中的颗粒浓度，发现每一立方厘米的空气含有约12000颗粒子。而且，当废气来到排气管后方40厘米处，每一立方厘米空气所含的颗粒数暴增超过36万颗的变质微粒。陈正平说，在潮湿的空气中，这些颗粒也会潮湿，甚至变成液体；在干燥的空气中，汽车废气很快就变得跟沙尘一样干燥。不管是哪一种形态，这些一再循环的颗粒都非常细小，而且很容易吸进肺部。

即使是电力车，也在间接制造污染空气的尘埃。事实上，任何通过电线连接到标准输电网的电器用品都在制造化石燃料的灰尘。当你启动咖啡机煮咖啡时，化石燃料在远方某处燃烧着，只要化石燃料一燃烧，灰尘就无可避免。

煤炭是最脏的燃料——但是富有的国家大量使用煤炭。高达90%的人造硫粒子来自北半球的工业国家。目前在天空中，这些工业产生的硫粒子比天然的硫粒子还要多，大约是二比一。而这群天空中的浪民让酸雨从原本天然所需，转变为造成地球上许多地方腐蚀的原因。燃烧煤炭也制造出大量的氧化氮气体，煤炭的浓烟富含有毒的水银和其他金属。此外，从燃烧的煤炭中释放出的具有放射性的镭和钍，也曾拿来和核能发电厂的废弃物做比较。

我们所做的每件事只要与燃烧化石燃料有关，就会产生尘埃。当飞机掠过天空，会喷洒出一道尘埃轨迹，与快速凝结的气体一起制造出更多颗粒。当轮船在航行时排出浓烟，会留下一道不知为何在空中徘徊数天而不去的浓烟轨迹。岩石符合它们在大自然中崇高的地位，喷出高级的蓝宝石碎屑——氧化铝的产物，进入空气中。

人类工业制造的尘埃加入自然微粒的行列，开始了生命的旅程。

第六章

风中尘埃无国界

1998年4月，位于博塞尔市（Bothell）的华盛顿大学环境科学教授丹·贾菲（Dan Jaffe）抬头望着天空，忖度着发生了什么事。"那天是晴朗的蓝天，"他回忆道，"或者说，你会预期那天是蓝天。"因为前一天暴风雨才刚过去，天空应该很干净才是。"但是我却看到混浊、如洗过泛白的天空，我第一个念头是某处有火山爆发了。"

并非偶然，贾菲有一部收集空气样本的机器在奇卡峰（Cheeka Peak）顶运转，奇卡峰是华盛顿州延伸进入太平洋的地方。他希望机器可以记录一个古老故事：亚洲将自己出口到美洲。他还没办法预料这个特别的篇章会有多宏伟。

沙尘搭乘看不见的气流遨游于世界各地。它们是地球上非常重要的一部分，若没有沙尘，地球上的雨和雪将会非常稀少。科学家试图记录这些隐晦的空中沙尘途径，然而人为因素造成的沙尘却让他们感到头疼。空中的沙尘变得更加危险，而且可以毫无障碍地流动在各国之间。

向东飘移的沙流

当贾菲安放在奇卡峰的机器捕捉到许多亚洲尘埃的一年后，贾菲准备了一架装备齐全的小飞机，上面安装了抽风的机器，定期穿梭在太平洋上空，寻找更多的沙尘来源。

"北半球哪里的空气最干净？"贾菲开着他沾满烂泥的白色丰田汽车，在前往西雅图北边一座小机场的途中问我。他朝华盛顿州的天空挥手，"我们认为可能是这里。干净的程度大约是每一立方厘米里有一百个颗粒。"然而，"透过仪器，我们观察到一层薄雾，已经四天了。"他说。他停好车，从后座一堆小孩的玩具中取出他的背包。"它们肯定是从亚洲来的。"

飞行员马克·霍肖尔（Mark Hoshor）和贾菲的一位研究生鲍勃·科切鲁特（Bob Kotchenruther）已经在飞机棚等候了。科切鲁特金发碧眼且气色红润，正忙着用一部鸡尾酒冰块研磨机磨碎化学冰（chemical ice）。飞机里的12个座位已经被一排排边缘锐利的仪器所取代，其中一些已经在嗡嗡作响，为一天的工作热身。其中一部负责从储气柜中预先吸入氧气，确保不受地面尘埃的污染。

开飞机的霍肖尔有一头深色头发，个性沉默寡言。他爬进飞机的后方，侧身走过电脑荧幕与仪器间的小走道，匍匐在低矮的天花板下。他向我指示一个安全装置——装在塑料袋里的充气式救生艇。科切鲁特拖着脚步走过通道，挤进仪器间的一个座位。并不热衷于飞行的贾菲在飞机起飞时朝机外挥手道别，这架小飞机嗡嗡滑进轨道，飞向曾经以清新空气闻名的皮吉特湾（Puget Sound）。

当飞机飞上天空，科切鲁特的电脑荧幕立刻开始计算外面数百万看不见的尘埃，随着颗粒的数量增减，画出锯齿状的线条。电脑用最新的语言，转述一则地球上最古老的故事：关于躁动不安的岩石的故事。

在亚洲，春天时风势强劲，刮过干燥的陆地，造成频繁的沙尘暴。1998年4月，气象学家推测当年的风势会特别猛烈。当月15日的清晨，在蒙古与中国北部广大的沙漠与黄土区域，冷风速率也许已达到每小时70公里，而风势只要这个速率的三分之一就足以吹起沙尘。15日正午，北京的天空突然暗了下来，天空降下一阵混杂着沙漠黄土的泥雨，把街道和车辆都弄脏了。这样的情况一点也不意外，当过度耕作的黄土变成荒漠，天降黄雨或"泥淖雨"的情况愈来愈普遍。过去，这样大型的沙尘暴每隔七八年会侵袭亚洲一次，现在却每年都有。2000年春天，北京发生了数十起小型的泥淖雨。

黄雨只是冲刷了沙尘暴过后残留在天空的一小部分尘埃。由人造卫星从太空拍摄的照片来看，剩下来的尘埃形成一道咖啡色的平滑河流，持续向东飘移，穿过地球蓝白色的表面。它横越太平洋，在破碎消失前轻巧地触及英属哥伦比亚。在这道咖啡色的河流之后，另一场沙尘暴正在酝酿成形。

4月19日，另一场猛烈的狂风从戈壁伸出魔爪。漫天黄沙里，当地的能见度降到只有50米。美国有线电视新闻网（CNN）报道，这场朝东掠夺的沙尘暴，在中国造成12人以及将近九千头牛死亡，约一千人无家可归。4月21日，这条新沙流的前端已经涌入太平洋上空。

沙流中无数的沙粒进入了它们生命故事的全新篇章，其中一些来自坐立不定的沙丘，它们在沙丘里已经翻滚了好几百万年。有些沙尘是从戈壁恐龙的埋藏墓园中释放出来的，有些则来自干枯溪流河床的石砾碎屑，而这些石砾碎屑更早之前是从原始的高山上翻滚下来的。

但是这条沙流并不是纯粹的岩石碎屑。风只凭体积大小来分类。当一阵风呼啸吹过沙漠，会刮起每一样吹得起的东西：骆驼和马的骨骸、惨白化石的碎屑、牧人头上各色丝绸帽的纤维、野生洋葱干枯的碎屑、多节树枝的营火灰烬、骆驼毛绳索的碎屑、遗留在山路上供奉一堆神圣岩石的黄色茶盒的纤维，也许其中还包括成吉思汗本人的骨灰。

当这阵风接着呼啸过中国的工厂与城市，还会洗剥下空气中厚厚污染层的一小部分。硫粒子、柴油煤灰、污染气体与有毒的金属粒子，一起随风上升加入沙流的行列。

沙尘笼罩

不只是中国，整个亚洲经济共同体都笼罩在污浊的空气中。从新加坡到泰国、韩国到中国的经济都在向上成长，这些发展中国家对化石燃料的需求量大增。所以曼谷的浪漫风情常常覆盖在一层令人泪水汪汪、喉咙窒息的脏空气帷幔中。香港港口的船只进港时要穿越一片深褐色的烟雾，有时候因为能见度低于1.6公里而需要依赖雾角[①]。中国因为人口众多，化石燃料的需求更大，造成更严重的污染，而且可以预见，未来的情况会变得更糟糕。

中国主要使用煤炭作为燃料，而且是用烟煤。烟煤燃烧时会产生非常浓烈的烟雾，释放出煤灰、放射性物质和有毒气体的混合物，外加硫这个额外津贴。北京的附近没有沙漠，但是空气中的沙尘却比美国多出许多倍。"北京雾"愈来愈频繁，而这些污染性的

---

① 浓雾中发出响声用来警告船只的工具。——译者注

薄雾有时候浓到足以导致交通意外。

煤炭让中国的工业之火日益茁壮，也让环境变得更糟。整个中国的人民使用炉灶取暖，烹煮三餐，因此即使是小村庄也笼罩在一层烟灰薄雾中。通常一天中会出现两次空气污染的高峰：第一次在早餐时间，第二次在晚餐时间。现在中国也开始引导人们使用更干净的能源。不过对这么大的国家来说，这就像要让一部巨无霸坦克转弯一样：无法在短期内做到。

除了烟煤，庞大的中国也使用富含煤灰的柴油燃料，焚烧农田的传统更制造出许多浓烟；而工厂的副产物，例如水银和铅等有毒的微粒，一般只会花一点点经费做特殊处理。

科学家预测，亚洲的空气污染每年将增长4%。遮光率在20年内会增加两倍。一些观察家预测：十年之内亚洲的风会开始制造规律、测量得到的地平面臭氧，吹向美国的西海岸，而臭氧是烟雾的主要成分。

不过，让我们暂且忘掉从中国出口的脏空气。当这些尘埃在大气中稀释之前，中国的人民呼吸到的都是这些气体。在中国，每14个人中就有一人因为吸入受污染的空气而死亡。中国孩童死因排行第一的是因为吸入脏空气而导致的肺炎。整体来说，每年有一百万中国人因为吸入脏空气而死亡，这就相当于每年都有一个缅因州的人口死于空气污染。

中国的沙尘灾害还导致整个国家的农作物生产量下降，这是意料之外的副作用。由美国太空总署赞助的研究最近发现，由于到处弥漫的沙尘遮蔽了阳光，大部分中国农业耕地的收获量下降5%；在煤烟覆盖下，食物产量也许会缩减30%。这个发现牵涉所有情况相同的农田，包括印度、非洲以及美国东海岸。

此外，在1998年，中国工业制造的污染物与沙漠沙尘混合在一起，朝太平洋西北方飞了过去。

尘埃猎人

霍肖尔将吸收尘埃样本的飞机驶向西方。他与飞航管制人员讨论着飞行路线。在飞机离开地面之前就已经遇到了一个问题。

"据我所知，"贾菲说，"军方拥有最多的沿海领空。有时候他们会让我们使用，但今天军方说我们不能太靠近海岸线。"他做了一个鬼脸，然后重新思考。"事实上，事情进行得不错。今天有些东风，带给我们一些北美的污染空气。希望当我们飞得更远时，这些风会转向更北方和西北方。"这样可以带来亚洲的尘埃。

因此，霍肖尔和科切鲁特出发前往远方那片被准许使用的领空。当飞机上升到冰冻的奥林匹克半岛上空，那里的尘埃即使用肉眼也看得见。在遥远的西北方，一层淡淡的黑带——淡到像是水彩轻轻刷过一般——沿着地球的弧线延伸。黑带的北边看起来颜色更深，西边则更像黄棕色。

"天然的浮质不太会吸光，"科切鲁特坐在电脑前说，"污染物的颜色更黑，从深色推断它们可能是人为的——也或许是'生物总量燃烧'（biomass burning）。"这是一个关于燃烧的科学术语。

当飞机嗡嗡向前飞，电脑曲线图上的线条不断弹跳，一条蓝线记录臭氧颗粒，另一条黄线记录细微的颗粒团。

天空中总是有一些污染物。空气中会悬浮少量的铅，因为岩石中含有铅，且岩石会风化碎裂而四处飘扬；空气中少量的水银和氡也以同样的方式存在；镉、铊、铟从火山口漏出；硒从海洋破裂的泡沫上升。硅、铝、钙和铁大量充斥在空气中，因为这些是岩石的主要成分。即使是全世界最干净的空气，每一立方厘米中也许都含有近一百种不同的颗粒。不过，在西雅图的西边，黄线随时弹跳在基准线之上，这表示人类在天然空气里加料了。

霍肖尔花了一个小时到达目的领空，远方水彩淡墨般的黑带仍然飘荡在地平线之上。霍肖尔将飞机开向领空的底层，从三百米高的云层缝隙中下降，电脑曲线图上的黄线跃得更高，比正常的背景值高出数倍。

"在这种高度不可能是海盐。"科切鲁特说，"冷空气滞留在海洋表面，热空气上升，没有混合的迹象。"他的仪器无法即时辨识粒子。这些颗粒的确实特性要通过资料分析才能得知。

在距离白浪滔滔的太平洋仅三百米高的地方，霍肖尔稳定机身并将方向指向亚洲，一段"停格"（leg）开始了。飞机飞得又平又直，收集了20分钟的空气样本。科切鲁特快速地操作仪器。当停格完毕，霍肖尔将飞机驶向六百米高的地方，调转回华盛顿州的方向，然后再飞一次。

在第四次停格时，在位于1.6公里以上的蔚蓝高空中，黄色的颗粒线从一开始就跳动起来。风向如贾菲所预期的从西北方吹来。尽管空气看起来很干净，飞机还是在一层沙尘之中，在接近停格结束时，黄线停在干净空气标准值约30倍处。

科切鲁特不表态地耸耸肩。要等到进行资料分析，空气样本的过往历史被重新建构时，我们才会知道这些空气到底是由蒙古的沙尘，还是阿拉斯加的火山硫，或是浮游生物繁殖时凝结的气体所组成。科切鲁特已经分析了好几个礼拜，令人伤心的是，除了侦测器上的黄色锯齿形线演出了这出戏的高潮，其他乏善可陈。

在飞机上，科切鲁特与霍肖尔之间交谈的内容转移到鲸鱼、匍匐在底下海洋的细小运货船，以及美好的飞行经验上。长时间的工作，头戴式耳机把头都夹疼了，膀胱都胀满了。科切鲁特吞了一份三明治，霍肖尔吃了几片饼干，电脑继续算呀算。

"我不懂，马克。"科切鲁特说，研究着电脑提供的飞行航程，"在最后一次停格时有些小波动，不像你平常看到的直线。"

"因为70节^①风速。"霍肖尔抱怨说，"在这一次的停格中也会有弯曲。"

下午两三点，飞机终于转向东方返回遥远的大陆。科切鲁特在他的座位上叹了一口气。"我想我会带这个救生艇回家，"他说，用手指戳戳装着救生艇的塑料袋，"不知道这样对事情有没有帮助。"

贾菲最后下结论说，那些黄色停格是寻常的当地颗粒，也许是伴随着周期性的风吹过北美。在五周的航行中，飞机上的仪器至少每周会捕捉到一次来自亚洲的尘埃。

空中河流

1998年4月，沙尘和污染物的气流蜿蜒盘绕冲出亚洲，以低海拔飞行在海面上。飞机一般是在海拔10～12公里飞越太平洋，在云层的上方飞行，而这条沙流最高只有海拔3公里的高度。当沙流朝东而去，沙尘和气体开始产生作用，制造出成分复杂的新沙尘。

燃烧化石燃料所产生的气体，例如硫和氮，很快就凝结成小水滴，然后野心勃勃地彼此混合形成只有毛发1%宽的微粒。假如水蒸气不足，空气干燥，这些微粒也许会形成固体。不过天空中通常会有足够的液体让微粒保持潮湿的状态。

---

① 每小时行进的海里数。70节相当于每小时130公里。——译者注

　　　　　　　　　　　　　　奇妙的尘埃

这些污染微粒部分会和其他尘埃合并。氧化氮气体喜欢和沙漠沙尘在一块；硫粒子欣然地和煤灰结合，而且也会吸引水蒸气，溶解产生细微的硫酸液体。

来自各方的颗粒彼此结合，形成复杂的大颗粒。从燃烧煤炭产生的水银，到汽车引擎产生的炭，以及喷洒农田的杀虫剂，来自污染层的每样东西都在找个伴，或找一千个伴。黏附在它们身上的烟灰颗粒和所有污染物，各自与特性相符的颗粒结合，成长为更大的颗粒。

新颗粒的成长终究会受阻。早在污染微粒成长到沙漠沙粒的大小之前，它们就失去彼此结合的能力。一方面因体积变大且速度太慢，而无法制造更多的颗粒合并，另一方面也因还太小而无法降落到太平洋上，于是它们不断在空气中累积，朝西雅图的方向飞滚过去。

当然，这不是第一次有沙流蜿蜒经过太平洋。这种事以前就发生过了，因为亚洲也有沙漠。但是这一次的沙流是那么宽大又颜色鲜明，让人们注意到它的存在。气象学家道格拉斯·韦斯特法尔（Douglas Westphal）对沙尘的空中传送印象深刻。他分析过它的途径，在加州蒙特雷的海军研究实验室写了一个电脑程式来重新建构沙尘暴及其经过地表的途径。

"我认为我们平常就不断遭受沙尘的轰炸，"他这样下结论。个性一本正经的韦斯特法尔身材瘦弱，戴着一副有框眼镜。他说他错失了整个事件。"我没看到它，"他焦躁地说，"哦，假如你那时往天空看，你会看到它。我猜我那时正在看书。"

当韦斯特法尔将注意力转移到跟1998年4月一样将沙尘吹得又快又远的尘暴设定条件，他发现一个相当简单的原理。在沙流的南方靠近夏威夷一带，有一个高压系统让大气朝顺时针方向转动，像个巨大的齿轮。在沙流的北方则有一个低压系统，设下了第二个齿轮朝反方向转动。沙流夹在两个齿轮之间被吸了进去。在韦斯特法尔的电脑程序影像中，当第二道沙流经过太平洋，北方的齿轮变得非常明显。

当沙尘暴开始，鲜黄色的沙云呼啸在戈壁上空。隔天，一条人舌般的沙流在俄罗斯上方拱起，延伸过太平洋。第三天沙流伸直了，正朝着华盛顿州北方飞奔过去。然后，下一波新的沙流又在戈壁成形，为逐渐干涸的沙流重新注入活力，不过这一次盘成螺旋状的沙尘在北太平洋成形。两天后，不规则延伸的旋转云离开阿拉斯加，经过奇卡峰的上空。接下来五天，细瘦的沙流几乎流过美国每一个州。

科学家因为发现了这条古老的沙流而感到相当兴奋，但是韦斯特法尔承认，他们仍然没有掌握到谜题的全貌。他说，一些未知的大气现象曾经将沙尘带到可以搭载疾风的高处。同样令人困惑的是，沙尘会从不同的高度到达北美。

"一些到达南加州的沙尘位于对流层的中段或底部，"韦斯特法尔说，"但是犹他州的沙尘位于8公里（5英里）的高处，那里冷到可以让大气中的蒸汽凝结。"在那里，降雨应该会将沙尘带到地面。"这真令人费解，"韦斯特法尔下结论说，"我们无法解释为什么那些沙尘还待在高空。"

虽然确切的沙尘传送过程还是深奥难解，韦斯特法尔认为当气流齿轮存在，亚洲春天的沙尘就会定期往太平洋传送。如果不是这样，沙流会因为沙尘降落到海面而在半途逐渐枯竭。或者它们会跑到更南端，朝夏威夷而去，在那里亚洲沙尘定期盘旋在天上，不会再回头了。

亚洲快递

就在第一股沙流汹涌离开戈壁的四天后，它的浪头卷到了西雅图，其中一些沙尘在长途旅行中掉落到海面上。当第一波沙浪忽隐忽现地卷到奥林匹克半岛，它的位置太高，贾菲安放在奇卡峰顶海拔460米高的仪器无法接收到。再过一天后，沙尘彼此结合成更大的颗粒，沉淀下降，当再次朝西移动时通过了仪器。

当第二波来自戈壁的沙尘再次注入原已快要枯竭的沙流，沙尘继续卷进北美。这些自由自在的沙粒日复一日地拜访北美的海岸，从英属哥伦比亚延续到南加州。在太平洋上转动齿轮彼此竞赛的风止息了，它们带着乘载的沙粒、气体和金属的小颗粒、杀虫剂、煤灰到城市街头、翠绿山谷和冰封的山顶旅行。

当沙尘风吹过地面，表示它已经来报到了。1998年4月26日，西海岸所有侦测沙尘的仪器发现第二波更强大的沙尘到来。在华盛顿州与俄勒冈州，沙尘量突然达到联邦政府设定的安全量的三分之二。在加拿大温哥华，空气中的沙尘量变成原先的两倍。所有海岸城市的遭遇都一样，沙尘侦测器计算出的沙尘浓度原本只会出现在空气污染严重的大都市。

"那年在西雅图，我们度过了最糟的日子。"贾菲回想说。对于漫不经心的观察者来说，盘旋在地面的亚洲沙尘太稀疏而不容易观察到。这也是为什么科学家要用仪器侦测：如果你看得到空气中的沙尘，表示你正在呼吸的沙尘量是相当恐怖的。但贾菲不是漫不经心的观察者，他在骑脚踏车上班的途中，注意到1.6公里宽的华盛顿湖湖面能见度相当低。

盘旋在头顶的沙尘引起更多恐慌。加州、华盛顿州以及英属哥伦比亚省的居民开始议论当地乳白色的诡异天空，航行在西海岸的飞行员也报道它，贾菲则做了记录。这个怪异现象现在被怀疑是定期传送到西北太平洋的沙尘所造成的，这股沙流现在被称为"亚洲快递"（Asian Express）。

对贾菲而言，"亚洲快递"证实了他的仪器在一年前就一直悄悄透露的讯息。1997年春天，贾菲开始侦测吹过太平洋、经过奇卡峰的春风。仪器记录了一阵阵吹送过来的脏空气。当研究团队即时追踪空气来源，他们发现主流的风势暂时转向，传送污染空气到达北美。但是有时候来到北美的脏空气无法追踪来源。确切地说，在第一年的观测中至少有七天的脏空气是从西方来的。

贾菲和其他人过去一直认为，来到华盛顿州的太平洋空气是北半球最干净的空气之一。毕竟，即使是一团肮脏至极的亚洲空气，到达美国之前也有一个礼拜或更多时间在途经海洋时被稀释干净。

但是，1997年奇卡峰上嗡嗡叫的仪器暗示污染物的测量值大增，这让贾菲的眉毛兴奋地跳动。他在笔记中写道：污染物的新鲜程度令人惊讶。假如它们真的来自亚洲，那么在路途上受到了很少稀释。

贾菲坐在他位于华盛顿大学的办公室里，思考着活跃全球的尘埃网络。墙壁上的日历特别记载了苏斯博士（Dr. Seuss）①的童话故事《罗拉克斯》（*The Lorax*），它描述了有关砍伐树木造成的危机。贾菲教授环境科学，他知道砍树造成的影响只有在树木倒下时才会开始。破坏环境的后果，在一开始时微小，但影响却很深远。

"我们认为这对于大陆之间彼此冲击的大略轮廓很重要，"他小心翼翼地说，"这些沙尘会伴随着降雨降落在某些地方，"他补充说明时，手指在膝盖上拧来拧去。"在3月里几乎都是水银，"他

---

① 美国儿童读物作家兼插画家，《罗拉克斯》是他1971年的作品。——译者注

再补充，扬起眉毛，"那个会进入食物链里。"他的手指更加焦躁不安了。

"这不是亚洲如何污染美国的问题，"他继续说，"我们将自己的污染物运离大西洋，途中经过欧洲。没有人可以独善其身。每个人的垃圾最后都会到某个地方去。"

但亚洲是沙尘和污染物的重要来源，而且产量快速增长。1999年，贾菲在飞机上测量到的臭氧量（如果出现的位置靠近地表，人们吸入后会造成肺部伤害），浓到刚好符合联邦政府制定的合法量（环保署对臭氧量更严格的最新限制，最近陷入官方的公文旅行中）。贾菲记录下这些高高飞在美国人头顶上的亚洲臭氧，这也许只是短暂的污染现象，不会长期存在：真的违反政府规定的限制量，臭氧必须维持八小时的高浓度。不过这为我们提供了重要的线索，研究空中的古老沙流是如何演变的。

落归异乡

1998年4月，"亚洲快递"带来一条像小瀑布般的沙流到太平洋沿岸各州。但是那时天空上方还有一条逐渐干涸的沙流。爱达荷州、犹他州和得州等当地媒体相继报道了牛奶色的怪异天空。后来，这些沙尘被稀释到看不见了，也许肉眼真的看不见，但是不代表它们已经消失无踪，这些沙尘准备要制造一些降雨。

1998年5月初，愈来愈稀薄的沙尘帷幕渗透到美国中西部，它飘过温暖的地表，也许是艾奥瓦州刚收割过潮湿的玉米田。在同一时刻，强烈的阳光将农田里的水分蒸发到空中，水蒸气每上升一公里，温度便降低大约五度。水蒸气很快就可以凝结了，但是，要凝结在什么东西上面呢？

思考这个问题的史蒂夫·沃伦（Steve Warren）是西雅图华盛顿大学的大气科学家。在花朵盛开的后院中的野餐桌旁，身段柔软的他弯腰趴在一本黄色的笔记簿上，写下一连串精巧的数字，描述悬浮的水蒸气受到的试验和最后的胜利。

他说，首先的问题是两个水分子彼此很难产生联结。在它们完全融合前，它们就是无法手牵手在一起。一般认为当相对湿度达到100%时便会形成雨或雾，但这只会在云里有丰富微粒提供水蒸气作为凝结核心时才会发生。大气科学家称这些微粒为"凝结核"。

"若没有凝结核，要形成雨滴需要300%的湿度。"沃伦说。假如你漫步在浓密的云朵中，水蒸气会马上凝结在你的身上而使你立刻全身湿透。

对升入空中的水蒸气而言，微小的硫粒子是最佳的选择之一。对一个水分子来说，一颗硫粒子（科学家称之为"硫酸盐浮质"）并不小。沃伦的笔端轻轻弹出一串数字。"一颗小小的硫酸盐凝结核有大约十万个原子，"他说，嘴角微微上扬，"大一点的核含有一亿个原子。"

悬浮在艾奥瓦玉米田高处的硫粒子突然发现自己置身在一团上升的水蒸气之间，同样的命运将发生在所有亚洲云团里的硫粒子：几分钟之内，每一颗硫粒子被数百万个凝结在身上的水分子淹没。在每一滴成长的雨滴中，硫粒子溶解了。沃伦潦草地写下一个方程式，他说，当一滴水滴是毛发的十分之一宽，所包含的水分比原本的核心重达一百万倍。而水蒸气也会淹没沙尘中丰富的煤灰颗粒、细菌、真菌孢子、金属粒子、化石碎片颗粒和海盐颗粒。

几分钟之前，上升的水蒸气是看不见的，现在，成长中的水滴却四处散射阳光，形成一朵白云出现在天空之中。当水分子凝结在新发现的沙尘颗粒上，便会释放一阵热气到空气中。所以即使是形成细小的水滴，它们释放的热气也能让新鲜的云朵上升到更高处。只有当云朵的温度降到与周围空气相同，上升运动才会停止。

假如云朵周围的空气干燥而阳光强烈，以亚洲尘埃为核心形成的水滴只会存在很短暂的时间，水分子会再度蒸发，消失得无影无踪，留下原先的硫粒子核心，一切从头开始。换言之，云朵会蒸发殆尽。这种命运可以从喷射机飞过所留下的名为"凝结尾迹"的稀薄云朵上轻易观察到。当飞机引擎排放出来的潮湿热气遇到外面的冷空气，便会形成凝结尾迹。水蒸气凝结在引擎排放的煤灰与硫粒子身上，然后结成冰晶。当沉重的冰晶从高处降落，水分被释放到干燥的空气中，最后只剩原先的凝结核。大部分天然形成的云朵也有相同的命运——只有少数的寿命长到能制造出滴滴答答的降雨。

然而，这一朵艾奥瓦州的云却存留在天空中，随着风缓缓朝东方飘去。云中的水滴开始互相凝聚。在水蒸气与硫粒子碰撞了一小时后，一些雨滴已成长到足以降落的大小。于是，来自亚洲的尘埃落脚在北美的土地上。

小肯尼迪的悲剧

那么，"亚洲快递"里的沙漠尘埃后来怎么样了呢？在这个例子里，这些沙尘遇到降雨时会连带被冲洗下来。这种天公"大扫除"的行为，让飘浮在高空中色彩缤纷的微粒回归地面，而且每一滴降雨都会吸附大量的沙尘。一场戈壁沙尘暴顺风处的黄雨便是这么来的。在德文中相似的沙尘雨称作"红雨"、在加拿大北极称作"棕雨"、在斯堪的纳维亚半岛（北欧）称作"黄雪"。若不是随后跟着真菌的大量繁殖，下雨真的能让空气变干净。

假如"亚洲快递"是在一个更高、更冷的海拔，跟跄地经过水蒸气，那也是沙漠尘埃吸引水蒸气，而不是硫粒子。温暖的水蒸气倾向于凝结在可溶于水的核心身上。但是假如这些小水滴后来被带到更高、更冷的空中，直到遇到坚硬的东西才会结冰。大半冲击地表的降雨一开始是以冰晶的姿态降落，冰里包裹着一颗沙漠尘埃。通常在高处冷空气里形成的卷云里充满冰晶，但是位置较低的层云里也有冰晶，高大耸立的雷雨云里也有。

"云里的水滴并不容易结冰，"沃伦说，"你可以强迫它在负四十度结冰。"但是只要给它一些坚硬的东西黏附，零下几度就能结冰了。在黄色的笔记簿上，沃伦画了一桶水，然后在水桶的边缘画了一粒冰晶。"桶里的水是从边缘开始结冰的。"他画了一滴水滴，中心冷冻了一粒沙尘。这一次，第一颗冰晶从沙粒边缘开始凝结。

假如"亚洲快递"在遇到水蒸气前降落在靠近地表的地方，它仍然会形成水滴。靠近地表的云叫做雾，但实际上二者本质相同：各式各样的沙尘包裹在水滴里。

而且，假如"亚洲快递"里的硫粒子相当多，又曾经大摇大摆地经过城镇，形成的云雾也许会危害生命。1952年冬天，一阵最著名的"杀手雾"形成了。当一层暖空气像盖子一样缓缓笼罩在英国伦敦的上空，冷空气被困在地表。当时富含硫的烟煤是伦敦常用的燃料，由于没有风将烟雾吹散，煤炭产生的烟灰和硫就累积在这层盖子下。又湿又冷的空气凝结在飘浮的硫粒子上面，一层浓雾让城市的能见度降到只有几米。有四千人因为吸进这种酸性液体而死亡。

即使是在高空形成的脏雾也会致命。约瑟夫·普罗斯佩罗（Joseph Prospero）是迈阿密大学研究沙尘经验老到的科学家，通常将精力放在研究撒哈拉沙漠的沙尘到加勒比海的迁徙。但是，当从科德角①吹来的浓雾被指责与小约翰·肯尼迪（John F. Kennedy Jr.）的死有关时，普罗斯佩罗觉得自己有义务指出受到严重污染的沙流是如何影响现代气候的。

"所有的新闻报道当晚都在讨论这场雾，以及热气和湿度的影响，"在7月中的坠机意外发生后，普罗斯佩罗告诉《迈阿密先锋报》（*Miami Herald*）的记者，"但是在东部各州，雾几乎都是由非常高浓度的污染物颗粒形成的。"

普罗斯佩罗说，1999年7月16日，有一道非常浓密的硫污染物从煤炭火力发电的中西部往东飘。空气污染侦测器和卫星资料支持这个说法。当这道污染物飘过科德角出海，水蒸气凝结在硫粒子之上形成一层厚重的小水滴。当小肯尼迪进入这一层浓雾中，他根本无法辨识方向。

"我们一般倾向于从丧失美感的观点看待能见度降低的状况，"普罗斯佩罗告诉《迈阿密先锋报》。"但是小肯尼迪的悲剧提醒我们另一个代价：污染能置人于死地。"

空气污染与天然尘埃共处一室确定了一个事实——世界各地的降雨都具有地方特色：充满烟灰的中西部顺风处，降雨带来硫酸、硝酸和水银。森林大火顺风处的降雨带来煤灰和焦油之类的化学物质。农场顺风处的降雨也许充满泥土、真菌、花粉和杀虫剂。在广大亚洲沙漠与城市的顺风处，充满污染物的沙漠尘埃降落在太平洋西北沿岸和更远的中部地区。

---

① 位于美国麻省南部巴恩斯特布尔县的钩状半岛。——译者注

来自撒哈拉

　　"亚洲快递"是属于这个时代的沙流，虽然古老，但直到最近才被发现。借助它，科学家验证了沙尘及污染物可怕的行动力。然而，还有其他的沙尘途径遍布全球。科学家在二十年前已经标记出其中一些非常明显的途径，然而还有一些隐晦的路径尚未发现。近代工业化学物质的加入，加快了寻找这些模糊路径的脚步。

　　撒哈拉沙层（Saharan Dust Layer）太过巨大而无法忽略。一个半世纪以前，美洲水手有时候会谈论到降落在船只上的沙尘，当时船只距离非洲西侧海岸有数千公里之遥。不过，直到几十年前，美洲的大西洋侧才发现来自非洲的沙尘。20世纪60年代晚期，在加勒比海的巴巴多斯岛上，一群科学家在峭壁顶端的高塔挂起成串的单丝网，希望捕捉到掉落的宇宙星尘。

　　"一开始，我们注意到既然细小的地球沙尘能横越5000公里的大西洋，团队成员认为这个地点很适合收集宇宙星尘。"1967年，这群尘埃猎人在一本科学期刊里这么说。然而，这些研究员马上了解到"大量捕捉到的红棕色尘埃"并不是宇宙星尘，而推测是附近珊瑚礁的微粒。他们试着用盐酸溶解这些颗粒，不过，他们最后确认，捕捉到的原来是撒哈拉沙漠的沙尘。

　　出乎意料地，这些沙尘猎人也捕捉到许多杂质。他们捕捉到"可卡因颗粒"——一种从燃烧原油的船只上排放出的大型、多孔炭颗粒；他们捕获大量的硅藻，海水或淡水的种类都有；他们收集到数量令人叹为观止的菌丝（真菌的纤维部分）；此外，他们还捕捉到白色、橘色和黄色"看起来像蜡的团状物"，尽管竭尽所能分析化学成分也无法得知其来源。

随风迁徙的撒哈拉沙尘，很快就变成一小群科学家相当感兴趣的题目。太空人开始报道可以从太空观察到的大型沙尘暴。"在非洲沙漠，你看到的沙尘前端就好像一条舌头。"前太空人以及太空照片纪念册《轨道》（*Orbit*）的共同编辑杰伊·阿普特（Jay Apt）回想说。"我曾看过它们深入大西洋。撒哈拉的沙尘看起来有点偏橘色，而蒙古的沙尘偏土黄色。"经过四次太空航行，阿普特只看过几次大型的沙尘暴，但是他捕捉到无数次小型、跟新泽西州差不多大小的沙尘暴盘旋在地球上空的景象。

除了太空人，地球上的沙尘学者也开始追踪撒哈拉巨型沙尘暴的落脚处。仔细调查后发现，撒哈拉沙尘会降落在欧洲，也会飘过迈阿密和加勒比海的众多岛屿，甚至还出现在南美洲。1993年，科学家建立了一套沙尘侦测仪器的网络，追踪到一股朝西至得州、朝北远至缅因州的撒哈拉沙尘。

6月19日，这一波沙尘首先来到加勒比海东边美属维尔京群岛，突然之间，在维尔京群岛上的一部沙尘侦测器（大约70部坐落在美国国家公园的沙尘侦测器的其中一部），虽处于唯一被水环绕的地点，却变成收集到最多沙尘的机器。

6月23日，这股沙浪朝北推进，拂过佛罗里达南部的一部侦测器。6月26日，这股沙浪在亚拉巴马州、密西西比州和路易斯安那州上岸。6月30日，它几乎覆盖整个得州，并朝北涌向伊利诺伊州。之后一周这股沙浪向东北滑动，直到满满覆盖整个东海滨。

当沙流第一次出现在美属维尔京群岛的14天后，最浓厚的沙团徘徊在北卡罗来纳州、田纳西州、肯塔基州和弗吉尼亚州。其中较薄的沙尘仍然浓密得令人吃惊，持续移动通过尘盆各州和美国中西部。当沙尘逐渐环绕流出不在监测范围的大西洋，便逐渐消散了。

为了确定沙尘侦测器侦测到的不是同时发生的当地沙尘暴，科学家进一步分析沙尘样本，确认沙尘的来源。每一座主要沙漠都有独特的地质特性。一座沙漠的地质成分中也许含有大量的钙，另一座沙漠也许因为富含磷而独树一帜。所以当沙尘在1993年6月降落，科学家再次确认所有从东岸收集到的沙尘，其化学性质皆符合美属维尔京群岛上捕捉到的沙尘，才消除了疑虑。

如果说"亚洲快递"是太平洋沿岸美国各州的起床号，1993年的撒哈拉沙层对东海岸各州也具有同样意义。那年夏天，东岸的沙漠沙尘简直让西岸各州"望尘莫及"。

而且，就像1998年的"亚洲快递"，1993年的撒哈拉沙层带来的沙尘浓度严重超越联邦政府所制定的合法沙尘量限制。如果在撒哈拉沙浪卷进来之前，新奥尔良（在路易斯安那州）、杰克逊（密西西比州首府）、小石城（阿肯色州首府）及纳什维尔（田纳西州首府）已经是蒙尘的城市，新加入的沙漠沙尘将使它们进一步成为违规的地区。

现在，科学家知道撒哈拉沙尘是定期的访客。一个夏天平均会造访美国东岸三次，每次大约为期十天，而且仅在佛罗里达州，逐年夏天都有更多小型的沙浪袭击。现在，每当撒哈拉沙尘入侵，波多黎各①的美国国家气象局就会发布空气质量警报。

撒哈拉沙漠的沙尘并不全往西边飞。冬天时，撒哈拉沙层横扫南方，直扑加勒比海海域以及南美洲。冬天的沙浪席卷亚马孙盆地，而不是涌向美国东部。

不过，这只包含向西飞行的撒哈拉沙尘。据统计，每年还有一亿吨的沙尘飞到阿拉伯海域，百万吨以上的沙尘朝北经过地中海和欧洲。朝北飞的撒哈拉沙尘，最后会变成灰橘色的雪从天空飘

---

① 美国属地，位于佛罗里达州东南约1600公里处。——译者注

落，降落在北欧。在斯堪的纳维亚半岛的一次沙尘分析中，大约含有五万吨沙尘，主要成分是沾满锈铁的石英。这些沙尘旅行了超过六千公里，最后以雪花的形式降落在瑞典和芬兰北部。在向北前进的漫长旅程中，原本干净的撒哈拉沙尘吸附了具有毒性的人造污染物，一并降落到斯堪的纳维亚半岛的土壤中。

甚至，美国的干燥区域也可以引发令人瞩目的沙流。来自莫哈韦沙漠的沙尘在加州近海形成沙流。在尘盆事件的那几年，美国沙漠的沙尘有时候会大量降落在大西洋。甚至在20世纪70年代，一连串发生在科罗拉多州、得州和新墨西哥州的沙尘形成一道沙流，朝东通过佐治亚州进入海洋。距海岸将近有1600公里的百慕大岛屿，也许也感觉到尘埃稀稀落落地降落在身上了。

澳洲大部分地区是荒漠，虽然年代古老且几乎不剩什么砂砾，每年仍然有沙尘朝东飞到太平洋。阿拉伯沙漠的沙尘则稀稀落落地喷撒到印度洋上。全世界干燥地区的沙尘各有各的阳关道。

所有在天空流动的沙流都年代久远，值得尊敬。在无以计数的好久好久以前，它们搬动了无数吨的沙漠尘埃和动植物的小颗粒。它们忠诚地尽着制造雨雪的义务。

但是它们现在变了。它们的数量因为一件事情而增加。从20世纪60年代起便开始侦测撒哈拉沙层的迈阿密大学沙尘学者普罗斯佩罗证实，非洲的干旱和土地滥用，为风打开一大片新的裸土。他说，25年前干旱开始后，撒哈拉沙层就变得特别厚。

中国沙漠也在到处散布沙尘。20世纪50年代，中国北方牧人因集体化的政治声浪而停止了游牧生活。从此牛群羊群年复一年地践踏、放牧在同一块土地上，高达四分之三的中国牧场地表遭到永久破坏，变得更容易侵蚀也更加贫瘠。此外，农业深深伤害了中国的黄土高原。这些日子以来，每一平方米的黄土高原，每年散发约10公斤古老的沙漠尘埃，遭破坏最严重的地区则每一平方米散发将近30公斤的沙尘。每年黄河会带走15亿吨的黄土，而风更是吹走了无数黄土。

即使是在尘盆事件的教训之后，美国还是继续让黄土在空中飞扬。1996年，发生在堪萨斯州一场威力强大的风暴，据估计每一英亩土地吹走了650吨的土壤——相当于每平方米150公斤。

当沙流的流量愈来愈大，成分也变得更多元。它们纳入工业尘埃的支流，有毒性的金属、有毒的杀虫剂、有毒的气体以及其他一些有毒的污染物，现在都和沙漠沙尘一起去旅行。这些沙流在它们还只是天然尘土时，从不承认国界的存在，现在当然也不会。

全球一体

医学专家愈来愈恐惧这些灰尘，因为它们每年仅在美国就造成数千人死亡。所以假如有一天，傍晚六点的路况报道开始播报包含花粉数量估计的沙尘预测和雷雨警报，也不用觉得太吃惊。

科学家已经写好"沙尘模式"的电脑程序，类似气象学家用来预测天气的电脑程序。位于博尔德（Boulder）的美国国家大气研究中心的物理学家比尔·科林斯（Bill Collins），曾经利用其中一个预测程序，帮助同事定位印度洋上的沙尘云。当研究团队搜寻沙漠沙尘和污染物时，科林斯能利用系统预测印度和东南亚的沙尘出现的位置。

"它很好用，"科林斯快乐地说，"它确实能定位从印度来的大型烟云。"

电脑程序的背景资料是每一个国家需要用掉的化石燃料量，科林斯说。这些信息可用来预测每个国家所释放的尘埃和气体量。利用这些推测值，电脑就能预测当这些化学物质被排到海洋上空之后会如何转变。这样的信息也伴随着天气预测。有了这些辅助，科林斯不仅可以预测这团烟雾将到哪里，还可以预测其中含有哪些尘埃和气体。只是到目前为止，沙尘预测还无法针对一座城市，甚至是一个州来进行。

"我曾想过，"科林斯说，"要把它应用在健康议题上也是可以的，但是我们将目标放在国际冲突上，亚洲国家的废弃物对气候有严重的冲击。"

是的，虽然美国的高度发展代表它是排放化石燃料废气的最大国，但现在制造污染的冠军宝座恐怕不保。因为发展中国家迎头赶上，它们燃烧产生的废弃物领先全球。跟中国一样令人瞩目的是同样拥有众多人口的印度，也达到了制造沙尘的最大量。印度排放的空气污染物是过去数十年的三倍。而最近几年，冬天开始有酸性的烟雾密布在印度和巴基斯坦。

依定义上来说，发展中国家都是贫穷的国家，富国批评它们用掉一部分事实上是富国自己正在狼吞虎咽的能源与原物料，是非常没格调的事。科学必须超越政治范畴，专心致力于事实所造成的影响。

"这并不是西方人要去恐吓亚洲，"科林斯很快地提醒道，"这些国家需要知道正在发生什么事，因为它们也是其中的一分子。"

看起来，世界各国都需要正视四处流浪的沙尘所带来的问题，这些问题会变得愈来愈明显。未来，对于沙尘的预测也会愈来愈难解。

1998年4月底，从中国呼啸而出的"亚洲快递"，在5月初经过美国中部时一分为二。天空逐渐晴朗，但没有维持很久。圣路易华盛顿大学空气污染冲击及趋势分析研究中心的鲁道夫·胡萨尔

（Rudolf Husar）快速架设了一个网站，让科学家可以在上面讨论亚洲尘埃。5月9日，胡萨尔写下这段观察感言：

　　1998年5月9日，整个北美真是"空气糟糕日"。亚洲尘埃的帷幕已经到达加拿大温哥华的北方。更多的亚洲烟雾到达太平洋沿岸。墨西哥尤卡坦（Yucatán）和危地马拉的大火持续延烧，浓烟厚雾飘到美国西南部。来自加拿大落基山脉东部森林大火的烟雾也覆盖了大部分的加拿大东岸。现在到底还有什么邻我之分呢？

第七章
冰河与尘埃

　　两万年前，广大且充满沙砾的冰河口阴森森地逼近蒙大拿州北部。而同样冰冷的冰河口也往南到达伊利诺伊州，并覆盖五大湖与北美东北部。当时地球的温度降到了最低点。雪花和冰雹似乎永无止境地从天而降，北方厚重的冰帽缓慢地蹑足到南方。加拿大完全被白雪覆盖，格陵兰则变成雪白的小山丘。

　　这是个冷飕飕的时代，但不是地球末日。因为海平面下降，穿着皮裘的人类往返于现今的俄罗斯和阿拉斯加之间，践踏出一条泥泞小路。各种动物游荡在冰墙以南的广大土地上。猛犸象、乳齿象、巨大洞熊、巨大的地面树懒和剑齿虎，漫步于今天美国的领域之上。

　　冰原下湍急的融化雪水充满了加拿大和美国北部已成粉末的基岩。雪水将运载的货物倾倒在宽广平坦的河道旁沙洲上。每一次起风，就有更多的冰河尘埃飞离布满沙砾的冰河外洗平原。

　　两万年前，沙尘浓厚。尽管厚重的冰河是整个冰河时期最庞大的产物，它们也被某种东西迅速击退。

南极冰芯

皮埃尔·比斯开（Pierre Biscaye）站在位于纽约市哈得孙河旁哥伦比亚大学拉蒙特—多尔蒂地球观测站（Lamont-Doherty Earth Observatory）的冷藏室里，这里只有-29℃，一股凉意持续从他的指尖传来，足以让笔中的墨水冻结。"我常常待在这里，在这里唯一的好处就是可以自己一个人静静思考。"比斯开哈哈大笑着说。他是一个高大魁梧的男人，有灰色的胡子、棕色的头发和一双锐利的蓝眼睛。他打完壁球后直接来工作，不知为何没穿袜子。

当他从一个将一段裤腿缝起一端做成的袋子里拿出一把杀猪刀，两股白气从他的鼻孔里喷了出来。他将刀锋对着一根晶莹剔透的冰柱磨锯，碎屑纷飞，带来一段记载在沙尘中关于全球气候变迁的过往历史。

当飞在高处的沙尘终于降落在地面上，通常会和降落处的土壤或海洋沉积物混合在一块。但是当尘埃降落在冰河上，它们就像书本中的压花一样：白雪年复一年堆积在上头，盖过之前掉落的尘埃。随时都有最新的降雪压在上一次的积雪之上。

比斯开将一根600厘米长的南极冰芯岩心，举到夹板工作台上一盏绿光灯旁，"看到这些层次了吗？"他问。在强光下，这些层次是模糊的条纹，大约2.5厘米厚。对比斯开来说，它们是堆积在冰河博物馆里的一册册珍贵资料。

排列在冷藏室墙边的长形硬纸箱，装有更多用塑料袋套着的冰块。这些圆柱状物是从南极洲和格陵兰岛的大冰原上钻凿出来的。之后，每一根圆柱都会被削掉外面受污染的部分，然后运到比斯开温暖的实验室说出隐藏的秘密。

　　　　　　　　　　奇妙的尘埃

虽然比斯开和他的同事已经学习到如何从一层层的冰页中读出弦外之音，但是其中出现的大断层，还是会阻碍他们了解过去地球气候的运作过程。当全球的温度持续上升，科学家彼此竞争着，看谁能找出让水银柱持续膨胀的背后原因。其中，沙尘成为重大嫌疑犯，因为科学家发现在冰河时期，空气中的沙尘量有时会变得比往常浓厚10倍、甚至50倍。事实上，就在最后一次冰河时期结束之前，沙尘突然覆盖全球。科学家不认为这只是巧合，他们想知道沙尘在冰河时期结束这一事件中所扮演的确切角色。

冰中微粒

从冰河中解读到的一个非常清楚的讯息是：地球的气候原本就飘忽不定。根据困在冰河里的沙尘和气体显示，气候总在变迁。不是变暖，就是变冷。一年又一年，这样的变迁也许会暂时被圣婴现象（El Niño，又称厄尔尼诺现象）、反圣婴现象（La Niña，又称拉尼娜现象）、一次皮纳图博火山爆发或其他短暂出场的插曲所掩盖。但是数十载、数世纪过去了，世界的温度持续在变动。

综观来看，我们现在所处的温和气候是不正常的。在大部分的中生代恐龙年代里，地球相当湿热。当窃蛋龙在戈壁沙漠灭绝时（约6500万年以前），全球温度比现在的平均温度高出6～8℃。

到了250万年以前，地球进入周期性的冰河时期，期间被短暂的温暖时期打断，结果造成冰帽间歇性地前进或后退。冰河统治了大部分的时间，以每次为时一万年温暖的"间冰期"作为间隔。我们现在处于所谓的全新世间冰期，目前应该已经进入末期。然而，温度似乎没有准备骤降的趋势。

每个阶段都一样，假如全新世又持续数千年，没有气象学家会觉得惊讶，因为气候的改变总是飘忽不定。每个阶段也都不一样，在最近一次温暖期，人类的工业活动已经对地球大气造成了巨大的改变。

根据被困在同一根冰柱里的"化石空气"中所保存的微粒，科学家可以观察到工业活动让大气中的二氧化碳比过去增加了大约30%。化石燃料或动植物燃烧氧化时，甚至只是平静地腐烂发酵，都会产生二氧化碳进入空气中。问题是，二氧化碳飘浮在空气中，不会凝结到尘埃身上并借助降雨落回地面。它们会持续累积在大气层中，捕捉原本会反射回宇宙中的热气。

在过去一百年间，地球的平均温度大约上升了0.56℃。也许这听起来只是很微小的改变，但是反方向同样幅度的变动却导致了1450～1890年的"小冰河期"。这场相较之下幅度较小的全球气温下降，导致欧洲河流结冰，冰河朝南前进，降雨降雪的模式改变。小幅度的气温变动却造成全球巨大的冲击。

二氧化碳不是唯一可以任意控制温度的要素。每一样飘浮在空气中的东西都会影响地球接收阳光。例如，一颗飘浮的花粉也许会吸收一些热量，一只蜘蛛的脚也许会反射一些阳光，而飘浮的真菌吸引水蒸气制造云朵的能力究竟有多强呢？10亿吨或30亿吨的飞沙会造成什么样的效果？空气中充满各种沙尘，但是要确定每一种沙尘对气候的影响，却是尚待继续研究的工作。

电脑程序综合了风、阳光、云以及其他影响温度的因素，来模拟地球飘忽不定的气候。其中一些参数，像是二氧化碳气体，会让温度上升；而会反射阳光的积雪，则是"负"的参数，会让温度下降。输入的信息愈多，电脑程序便能模拟得愈好。但是对于许多种类的尘埃，我们却还没有掌握足够详细的信息。

"撰写气候电脑程序的人知道，（沙漠的）沙尘是很重要的，"

比斯开说，"但是在地球的热平衡中，这是目前所知最少的参数。"他紧皱着眉头补充说，"他们甚至连沙尘发生的前兆为何都不清楚。"

比斯开不是写程序的人。他是做"基础实验"的科学家。他手上关于沙尘的工作可以为过去建立一幅素描图，而他的观察能帮助电脑工程师建立更真实预测未来的程序。

比斯开锁上冷藏室，走到全世界最大的泥巴收藏区。钻头可以凿出冰原的冰芯样本，也可以从海床拉起一管淤泥。部分是出于拉蒙特—多尔蒂的创立者——莫里斯·尤因（Maurice Ewing）对地球科学的狂热，这个机构拥有数量惊人的泥巴。整个洞穴般的房间充满黏土的陈腐味。干燥、破裂的泥柱躺在金属架上的薄盒子里，大部分的泥巴因为残留有海藻而呈现灰白色。如果尾接尾地躺好，这些泥柱可以延伸超过18公里。其中许多泥柱还没被分析：它们是一本本尚未被展阅的书，但是它们代表着世界上每一座主要海洋的历史地图。比斯开离开这栋建筑，带我过街回到他的办公室。他说他的尘土生涯从海底烂泥开始，但是现在，他相信冰河可以告诉他更多故事。

他打开办公室的门，在眼前展开的是在天窗底下挂满的小盆栽、数十张他的全家福照片和图画、一堆卷放的地图、一组裹在印度制造的床罩中的老旧扶手椅和一只戴着1970年制造的眼镜的毛绒玩具虎头。他伸手经过一堆钉在墙上的鸟类翅膀标本（他强调这些都来自在路上被车撞死的鸟类），轻轻叩着一幅世界地图。

他说，南美洲沿岸的海底深处，沙漠沙尘当然会沉落在这里，但是陆地上的河流也会将沉积物携带到海底的山谷中，而深海洋流沿着大陆而行，将所有沉落的沙尘搅和在一起。

"撒哈拉沙尘带着一种特别的锶的同位素讯号。但是如果你在海底山谷寻找它们，你得在一大堆东西里面找。"他轻叩着地图上海底山谷的位置，"山谷里的确有撒哈拉沙尘，但是你看不到。"

"言归正传，除了通过大气，陆地上的尘埃没有其他方法可以进入冰芯里。"所以为了了解是什么力量改变了气候，比斯开开始研究被困在冰河里的尘埃。冰河一直在透露一个事实，尽管这个事实的意义还不明确，但却可能事关重大：在冰河时期空气里飘浮着比现在更多的尘埃。

在比斯开办公室外的布告栏中，沙尘的展示资料这样介绍：额外的沙尘仅仅是寒冷气候带来的副作用吗？或者事实上，这些多余的沙尘带来了一连串影响深远的全球增温现象？

谜题的答案还未从冰河身上浮现，不过一些有趣的理论推测，过去巨浪似的沙尘是造成冰河消退的主要原因。

弦外之音

除了二氧化碳，还有某些东西也会影响温度，迪安·赫格（Dean Hegg）这样说。赫格身材修长，讲话轻声细语，有着一头花白的头发。他是西雅图华盛顿大学的大气科学家，专门分析单一种类气体或尘埃如何影响温度。

"我们遇到的大问题是，电脑模式显示二氧化碳会造成气候大幅改变——比我们实际上看到的幅度更大，"赫格若有所思地说，"不过假如程序设定中多了浮质，会得到更符合实际状况的结果。"所以是所有的尘埃同心协力让气温下降的吗？

气候学家有时候会从吸收的太阳能瓦特数来谈论地球表面积。假如你把地球表面都看成同样的颜色与材质，每一平方米的表面会吸收240瓦特的能量——足以让一盏小型的枝形吊灯发亮。我们之所以不会被阳光烧焦，是因为这些能量会被自然反射回宇宙，尤其是在黑夜中。地球有取有舍，因此将能量维持在平衡状态。至少向来都是如此。

现在，人类的工业活动产生多余的二氧化碳、甲烷和其他气体副产物，捕捉了一些原本应该被反射回宇宙的热，使得全球气温向上提升。当电脑工程师将这些人类制造的气体参数加到虚拟的地球上，电脑预测地球每一百年会增加1~3℃。

但是，正如同赫格所说，这样的速率并不会呈现在温度计上。虽然地球表面变得更加温暖了，增加的速率并不会像电脑程序推测得那么猛烈。目前，电脑工程师慢慢将到手的微粒资料加入程序，试图找出他们忽略的"冷却剂"。

赫格想找出其中最有影响力的微粒。他探索过硫粒子、树木黏液、沙漠沙尘，以及司空见惯的水蒸气。

"单纯的水蒸气也许是强大的推手，"赫格大胆提出这个论点，"而我们知道硫酸盐浮质（也就是硫粒子）相当重要，因为它在空气中含量很多。然后，有很多大气中的浮质是有机物——人为的或树木分泌的，这些有机物扮演推手的角色在过去是被低估的。"

"还有就是（沙漠的）沙尘。它们非常浓厚。而且，许多人觉得我们低估了沙尘在大气中的占有量。"

然而，即使科学家知道一颗煤灰或沙尘是否会让气候变暖或变冷，他们仍旧缺乏每一种空中微粒的详细数量资料。因此赫格和其他科学家只能猜测每一种微粒对气候造成的整体冲击。

沙尘的把戏

现在，让我们来看看以科学家目前所知的，一些天然的微粒如何影响地球。然后再来看人类所做的贡献。

飘浮的沙漠尘埃最明显的把戏便是干扰阳光。2000年3月，一片如巨大怪兽般的沙尘云朵离开撒哈拉沙漠，盘旋在大西洋上。虽然人造卫星捕捉到的影像大得令人瞠目结舌，但最显著的特色还是它与昏暗的大西洋形成明显对比的金黄色。这是一句老生常谈的典型经验：深色吸光，浅色反光。在这个例子里，每一束反射的阳光都代表地球流失的热量。所以说，沙漠沙尘具有天然的降温效果吗？

别太早下定论。沙尘的确比地球上大部分地方，包括黑暗的海洋、森林和高山，更容易反射阳光。但是相较于雪或云，甚至是一些颜色更浅的沙漠，撒哈拉的沙尘实际上颜色比较深。因此，当一片飞沙散布在非常容易反射阳光的冰、云或某些沙漠上，它们实际上会降低阳光被反射回宇宙的量。此外，当沙漠尘埃飞过天空，它们也吸收掉一些阳光。所以，沙尘同时也是天然的暖气。这就是为什么很难对一些微粒下定义，因为有太多因素同时起作用了。经过通盘考虑，气候与微粒专家艾娜·蒂根（Ina Tegen）下结论说，沙漠沙尘最实际的效用便是将热从地球表面转移到大气中。

至于其他来自大自然的微粒呢？每一种都与阳光有着独特的关系。赫格分析过大西洋上方的空气，列出空中粒子拦截阳光的能力顺序。小水滴拦截的最多，第二名则是富含碳的有机微粒，那些是由火烧、工业制造及树木释放出来的油脂化合物。再来则是干燥的硫粒子。

然而，这项研究只解释了全球其中一块——大西洋上的沙尘。也有研究人员提出海盐在远洋具有最大的影响力，而沙漠沙尘对整个北大西洋的影响力最大。蒂根利用电脑程序推估微粒对气候的影响，提出了一个说法。他认为就全世界来说，硫粒子、沙尘和含碳丰富的粒子干扰阳光的程度是一样的。

但遮蔽阳光只是微粒的第一个把戏。空气中的天然微粒还会借着改变云朵的数量，间接影响气候。

回想一下，水蒸气若没有微粒可供附着，便很难产生凝结。所以假如天空中的微粒稀少，盘旋在地球上反射阳光的云朵也会变少；假如天空中有更多的微粒，覆盖地球的云朵也会更加浓密。

云通常覆盖地球表面的一半，它们的存在让地球自然反射阳光的量增加了一倍。而这代表着许多热量被反射回宇宙。因此，云是重要的"负面推手"，让气候冷却。

然而让气候学家继续苦恼的是，云也可以是"正面推手"。曾在冷到牙齿咯咯打战的北方过冬的人都知道，乌云密布的夜晚是好天气的预兆：头顶上浓云密布能减少地球上的热量反射回宇宙。

云朵来了又去，形成又消散，微粒是其中一个因素。天空中如果没有足够的微粒，水蒸气将会处于尴尬的位置；但是空气中的微粒如果太多，水蒸气会被太多颗粒分散而无法长成足够大的雨滴。在一片微粒密布的云朵中，水蒸气也许是一朵正常云朵的两倍多，但是每一滴雨滴将只有正常大小的一半。

这种差异造成的后果是不堪设想的。一颗专门观察热带地区云朵的美国太空总署人造卫星显示，热带地区经常发生的森林大火所产生的煤灰——黑色的含炭微粒——能有效抑制降雨的发生。1998年，当这颗人造卫星观察飘浮经过印度尼西亚加里曼丹岛（Kalimantan）的云朵时，它捕捉到这些充满烟雾的云朵与正常云朵之间惊人的差异。

在正常的云里，要形成一滴重量足够掉落地面的雨滴，必须有约一百万颗微小水滴凝结在一起才行。在一团微粒特别多的云朵中，水分被分散在众多微粒上，因此需要更多微小水滴才足以结合形成一滴有用的雨滴。这使得微粒特别多的云朵需要更长的时间才能形成降雨。太空总署的卫星清楚显示：经过加里曼丹岛空气干净区域的云朵降雨不受影响，但是经过黑烟漫布地区的云朵却无法降雨。

火山制造丰富的硫粒子，是形成云朵的重要核心，也似乎能抑制降雨。一项有关台湾降雨的研究发现，当邻近火山通过上风带来细微尘埃，岛上的降雨量便减少了。

充满微粒的云朵对气候还会造成其他影响。在这种云朵中，体积更小、数量更多的小水滴比平常的水滴更具反射性，能将更多阳光反射回宇宙。这样却造成地球的温度下降。其中的不同点有时候用肉眼就观察得出来：一朵云看起来特别洁白，很可能是因为其中充满非常微小的水滴。而一朵充满微粒的云朵会一直徘徊在天空，长期影响地球气候。白天，它反射更多阳光；夜晚，它捕捉更多热量。

因此，天然的微粒有许多方式干扰地球温度。比斯开和其他微粒侦探所面临的挑战，是要找出证据证明，在最后一次冰河时期，各条沙流中漫游着哪些种类的微粒。

身世比对

比斯开说，第一步，是确定掉落在冰河上的微粒最初的来源。比斯开用大头钉钉了一小袋沙尘在布告栏上。这袋沙尘比面粉还细，呈现出金粉红色。上面标记着"围场（Weichang），中国"。旁边挂的第二袋则装着内布拉斯加州尤斯蒂斯（Eustis）的灰棕色沙尘。这些沙尘并不是从冰芯中取出来的。要从冰河中得到这么多量——用大拇指和食指捻起的一小撮——需要破坏很多很多的冰芯。这些袋子里装的是现代的沙尘，从地表刮下来的。在每一座沙漠和冰河外洗平原上的沙尘，都具有独一无二的矿物特征，而比斯开的目标是要搜集世界上每一种主要的岩石尘埃。

"我花了很多时间才得到这些样本，"他说，"我已经搜集了几百种。要是有朋友跟我说：'我要去西伯利亚。'我就会说：'带些塑料袋去吧！'"

当他从珍贵的冰芯中取出宝贵的沙尘，就可以拿来跟搜集到的样本比对。这也是为何比斯开和他的同事可以将格陵兰岛上的沙尘来源定在最后一次冰河时期。

他引领我到冰河之书被翻阅的房间中。在那儿，他刚刚化掉一块古老的格陵兰冰河冰块。工作台上有一个看起来像大型压力锅的金属罐，盖子是玻璃做的，中心似乎是空的。比斯开拿起一只手电筒，关掉头顶上的灯，显示金属罐并不是空的。在手电筒的光照下，可以看到一块塑料板被固定在金属罐里。塑料板上有一点点沙尘，量少得可怜。事实上，一口呼在冰冷的玻璃窗上的气息都比这还多。

当古老的冰块一个分子接一个分子升华，并被另一个分离的容器吸走，尘埃留了下来。比斯开不能只是融掉冰块，取出尘埃。因为其中的一些尘埃——例如石膏、方解石——可溶于水中，随水流走，而那些都是形成尘埃身份的重要方面。这一点点粉末也许是两公斤多的冰芯所留下的产物，但这只够比斯开所需量的四分之一。

"这是研究冰芯的缺点，"他说，"毕竟量就是很少嘛！你得拼命工作得到每一粒沙尘来完成研究。在每个步骤你都得拼命保住每一颗沙子。每放到一个容器中，沙尘就会粘一些在上面，包括特富龙。当我清理完一个容器，用保鲜膜裹住手指再轻轻擦拭容器一遍，总会发现还是有沙子留在容器里。"

为了避免实验室里空气中原本就存在的尘埃污染古老的沙尘，比斯开在一个覆盖在玻璃箱内的工作台中操作他的样本。无尘无菌的空气从箱中吹出，手从一个洞口伸进去，这道风吹过手，将任何进入工作台的尘埃吹到外头去。为了证明工作台的干净，比斯开从洞口塞进一部掌上型颗粒计数器，计算每立方英尺（约边长30厘米的立方体）内的颗粒数目：荧幕始终定格在红色的零上面。他在工作台外面的实验室里重复一遍实验——这是一间相当干净的实验室，孤立在哈得孙河旁的树林中。比斯开在荧幕数字跳升超过一万后，关掉了机器。

在这间实验室里，比斯开从格陵兰岛的冰河上分离出处于最后一次冰河时期鼎盛期（23000～26000年前）的尘埃。这些尘埃具有显著、决定性的特征。在一份图表上，大高峰代表矿物质含量丰富，小高峰代表矿物质含量稀少。格陵兰的沙尘在图表左边有一堆又黑又密的高峰，右边有两个又宽又高的高峰。

回到乱七八糟的办公室，比斯开爬到一张椅子上，从档案柜的顶端拿起一个地球仪。将北极朝上，他指着西伯利亚——广大的亚洲沙漠的北方地区。

"电脑程序说格陵兰的沙尘来自东亚的广大地区，主要是西伯利亚北方，"他皱起眉头，"好吧，也许对电脑程序来说，这样的推测最简单。"他继续说，用手指头戳着西伯利亚："但是我不认为沙尘来自那里。"他还不能排除西伯利亚的原因是，他还没完成来自那个区域的新样本分析。

但是格陵兰尘埃自己高声提议另一个来源：它们的成分中明显缺乏一种叫蒙脱石（smectite）的矿物。比斯开注意到这一点，便马上翻阅手边的沙尘资料，寻找特性吻合的样本。

除了西伯利亚，降落在格陵兰的沙尘，撒哈拉沙漠也有份。毕

　　　　　　　　　　　　奇妙的尘埃

竟，撒哈拉沙漠是世界上最大的沙尘来源，而现今它也以有时染黄芬兰，甚至北极圈以北的斯瓦尔巴群岛（Svalbard）[1]的白雪而闻名。格陵兰岛并没有被撒哈拉沙尘掠过。不过撒哈拉沙尘分析显示含有大量的蒙脱石，因此这些沙尘并非来自撒哈拉沙漠。

覆盖在美国中西部丰富的黄土也被指控是格陵兰的沙尘来源。不过比斯开注意到中西部的黄土含有大量的蒙脱石，因此也排除了北美的沙尘。

莫非沙尘来自阿拉斯加的冰河外洗平原上的冰碛石？比斯开发现阿拉斯加的沙尘具备与格陵兰沙尘不一样的同位素，如锶、钕和铅，并据此发现这两种沙尘样本的母岩年纪不同。来自乌克兰的样本也有类似情况。

比斯开拿出一份格陵兰沙尘Z形曲线图的打印资料，在那面叠上一份印在透明塑料片上的中国黄土高原沙尘Z形曲线图，这是来自戈壁与塔克拉玛干沙漠滚滚沙尘的曲线图。

"瞧！"他说。

虽然并非一模一样，但是最粗的高峰和低峰都吻合，跟格陵兰沙尘一样，亚洲沙尘也有蒙脱石低峰。这些沙尘也拥有相似的锶、铅和钕等同位素特征。

"看起来像个候选人，"他说。他并不肯定这就是最后的答案。再转一次地球仪，他的指关节叩着亚洲西部。"当我们第一次发表这个，总有人问：'你比对过，唔，塔吉克斯坦的沙尘样本吗？'嗯，没有，"他说，"我们以前没有任何塔吉克斯坦的样本。但是现在我们有样本了。而且，我们也有西伯利亚的样本。"

---

[1] 挪威王国的群岛，由九个大岛组成。——译者注

风的影响

沙尘也可以告诉比斯开冰河时期风的秘密。当比斯开从格陵兰最上层的雪花取样——现代的雪——他可以发现亚洲沙尘的特征。但是含量不多，而且平均颗粒都很小。

如今，比斯开解释说，典型的亚洲沙尘暴开始在太平洋上消退，距离格陵兰有几千公里之遥。大部分沙尘降落到海洋中，只剩下最小、最轻的粉尘继续飘移，经过北美到达格陵兰。这就是为什么在格陵兰发现的现代亚洲沙尘都这么细小。不过在最后一次冰河时期的格陵兰冰层中，比斯开发现数量3～10倍的亚洲尘埃，而且其中一些颗粒比今天的亚洲沙尘还要大。

许多气候专家认为在冰河时期的风势更加强劲，因此一般人会直觉认为力道更大的风就能吹起更多的沙漠尘埃，将颗粒更大的沙粒吹得更远。冰里的第二种沙尘也支持这种想法：冰芯里的海盐量与沙尘量一同起伏。这也是有道理的：风势愈大，海洋表面的白浪就愈多，造成更多泡泡破裂，也就有更多海盐进入空气中。

然而，另有一派学者宣称，冰河时期沙尘增多是因为沙漠扩张而不是风势强劲。当地球气温愈低，海洋与湖水蒸发就愈慢，雨水更加稀少，因此沙漠成长，产生更多沙尘。一项电脑程序显示，全球降雨量减半会导致空气中的尘埃量比现今多十倍。

不过，比斯开发现的沙尘比较可能是强风带来的。格陵兰的冰芯显示，在冰河的全盛时期沙尘量增加了3～10倍。如果你假设风势并没有比今日的强大，比斯开分析说，那将需要3～10倍的沙漠来产生额外的沙尘。他说，这样大量的沙漠扩张，表示数量更多和种类不同的岩石遭到风化侵蚀，这样亚洲沙尘的矿物特征也会产生改变。事情是这样吗？

不是的，比斯开说。在他曾经研究的三千年冰层中，不管里面的沙尘变厚或变薄，其特征始终维持不变。有一种经年累月沉积在北方大陆岩石的矿物，在这冰河时期的确呈现较多的数量。当比斯开考虑到这一点，他认为在冰河时期亚洲尘埃是慢慢朝北而来的。他的结论是，或许当时的沙漠曾经漂移，但强劲的风才是更重要的因素。

所以，虽然不能下定论，但你可以这样假设：沙尘在冰河时期至少以两种方式在起作用。沙尘可能从比今日范围更加广大的沙漠扬起，而通过比今日更强劲的风飘得更远。那么，是冰河时期额外的沙尘让冰河消融从而导致冰河时期结束的吗？

珍贵的冰芯

为了取得其他的沙尘证据，比斯开将目标转向南极洲的冰河。那里的冰河更难解读，因为每一年的降雪大量减少，导致冰层间的分界愈来愈不明显。降落的沙尘量也愈来愈稀疏。但是，格陵兰岛的冰河最底部的年龄也只有大约一万年，南极洲的冰河却可能覆盖了50万年的全球历史：包含四个完整的冰河时期与其间温暖的间冰期。

在冰天雪地里收集冰芯并不是一件容易的事。在格陵兰，需要在冰河顶端的简陋木屋里待上好几个月。冰芯被仔细地从地底取出、标记、浸泡在纯水中，最后会包裹在塑料袋中保存——因为冰芯没办法马上运走。

"你从非常深的地方将冰芯取出，"比斯开说，"这样的过程会释放无穷的压力，所以当你试着切割它，它可能会碎裂。它可能在钻洞拖出时一不小心就粉碎了。"所以在冰芯取出的第一年会先将它放在地面休息,慢慢适应新的压力环境。然后这些圆柱状的冰芯会被送到丹佛的国家冰芯岩心实验中心,依长度切成四份,分发给研究人员。

从亚洲的热带冰河回收冰芯会更冒险,因为要用牦牛来载运珍贵的冰芯。不过南极洲因为地处偏远,从那里取得冰芯的困难度才真是难望项背。最知名的地点是南极洲东部的冰河、最靠近澳洲的那一边。就像格陵兰冰河里的沙尘一样,南极洲东部冰河里的尘埃也因为经过冰河的鼎盛时期而数量倍增——多至十倍。而如同为格陵兰冰河尘埃的来源定位,模拟地球气候的电脑程序也试着定出最后一次冰河时期降落在南极洲东部的尘埃来源。比斯开说,这个程序向来偏好认为澳洲是尘埃来源。

跟北半球相比,南半球的沙漠很少。因此澳洲广大、光秃的内陆第一眼看来就像制造尘埃的好地方。南非和南美的沙漠或许也是很不错的来源,但沙漠并非唯一的尘埃制造者。

"安第斯山脉年轻而且富含火山活动,"比斯开说着,再一次敲敲膝盖上的地球仪。南美洲肥胖的尾端边缘围绕着深色的山脉,朝白色的南极洲垂下,"在最后一次冰河的鼎盛时期,这里全都是冰河。"他的手指划过巴塔哥尼亚山脉的顶峰。"雪花堆积造成的压力让积雪形成冰河,冰河从山顶下滑,笨重的身躯磨碎床岩,产生大量的粉屑。在冰河底部的河流的确被这些岩石粉屑堵住。"他的手臂在空中挥舞,伸展的手指就像是想在周围淤泥中找到出路的河流一样。"冰河冲积留下大片平原,当这个地区干涸,便成为绝佳的沙尘发源地。"

第二个值得注意的沙尘发源地,足以和电脑所认定的澳洲较量一番。在一次冰河时期也许会有约五千万立方公里的海水蒸发,露出海底表面，蒸发的水分最后凝结成冰沉积回地表。在最后一次冰河时期，冰河锁住大量的海水，使海平面降低了120米。

现在有一个说法认为，一直浸泡在海水中的沿岸烂泥也许才是真正的沙尘来源。当海水消退，阳光照耀，烂泥会干涸成尘土。冰河成长时，海水倒退，烂泥渐次露出地表，其中一些尘土一定会被吹到空气中。

所以当冰河时期的强风朝南极呼啸而去，有几种沙尘可供选择。假如比斯开想标记出降落在南极的尘埃来源，他必须参考他收集到的沙尘样本。

比斯开和他的同事比对非洲纳米布沙漠（Namib Desert）的沙尘样本，以及南非卡拉哈里（Kalahari）沙漠的黄土样本；他们确认过新西兰的坎特伯雷平原（Canterbury Plains）以及澳洲的大沙沙漠（Great Sandy Desert）黄土。此外，阿根廷东部海岸一度曾露出海面的大陆棚海底烂泥以及更多来自福克兰地区（the Falklands）的烂泥都曾列入考虑名单；他们比对过来自智利最南端陆峡的火地岛（Tierra del Fuego）土壤；他们研究智利巴塔哥尼亚的黄土——而特征符合了。还有一条古老沙流的沙尘特征大致符合。沙尘猎人现在更了解沙尘是如何着陆在冰河上了。

有待证实的学说

戴维·林德（David Rind）捕捉到沙尘的阴暗面，尽管还没有确凿的根据，但他并不羞于讨论自己的观点。身为美国太空总署地球分组的电脑工程师，林德身材瘦削，有着灵动的笑容和深色头发。林德说，气候模拟推测两大尘埃制造者——冰河与亚洲的沙漠——产生的沙尘足以让邻近区域的温度一下子升高5℃。

林德说，当一层沙尘悬荡在空气中，阳光照射在沙尘上。这层热沙阻挡了潮湿空气从地面上升的正常循环过程。没有湿空气上升，就没有降雨；没有降雨，地面会逐渐干涸，而干涸的地面会让气温飙升。

让我们来比较一下。看看你的皮肤，人类的身体结构设计了流汗的机制，就是为了让汗水蒸发时可以带走热而降低体温。地球也利用同样的方式：当水分从地表蒸发，顺道也带走热能。但是当一片土地的"汗水"用完了，温度便会持续上升。

"在最后的分析里，"林德作结，"这对地表暖化的影响比沙尘本身的影响还大。"

林德说，这个效应只会发生在陆地上，而且只在沙尘丰富的地方。不过，冰河附近的沙尘非常丰富，所以当飞扬的沙尘导致附近地区回暖时，冰河也开始融化了。

"当冰河开始融化，湖泊接着诞生。"林德说，"有人认为一切事情会发生是因为湖面会产生波浪。假如冰河的尖端位于湖面上，它会随着波浪上下移动，并因此导致机械性的破碎。"依据这项理论，这种破冰运动会加速冰河的瓦解。

连带提醒一下，这样的情节是由电脑程序快速得来的，这个程序的背景资料比实际上影响气候的庞大自然变因少得多。例如，林德举例，就像是天空尘埃的颜色这样细微的变因，也会导致结果朝截然不同的方向进行：深色的玄武岩碎屑比浅色的花岗岩碎屑更容易吸热。所以这个情节是相当臆测的。

不过那些预期会以悲剧收场的观众也不要失望。另一项针对冰河倒退的解释认为，由移动的冰河磨出的沙尘碎屑最后又回到原地直接进行报复：在这个观点里，随风降落在冰河上的沙尘吸收阳光，让冰河融化瓦解。

西雅图研究冰与大气的学者沃伦不是很认真看待这项理论。"我在二十年前进入大气科学的领域，当时觉得尘埃是世界上最无聊的研究题目，"他笑笑坦言，"但是当我开始研究雪花，我便对尘埃着迷了。"

沃伦说，即使雪花只受到一丁点沙尘的污染，也会增加雪花吸收阳光的量。干净、新鲜的雪花会反射80%的太阳光，肮脏的雪花会吸收更多的太阳光，这项能量会转化成热能，而热与冰是无法相容的仇敌。

沃伦说，每一种尘埃对雪花都有不同的影响，而影响最大的是煤灰。煤灰吸收热能的能力比沙漠沙尘好上50倍，比火山灰好上200倍。但光是火山灰就足以造成显著的影响。他拿出一张华盛顿州奥林波斯山顶蓝冰河的照片，中央一块精致的长方形雪花比周围突出，形状大约是3米×4米。1980年，圣海伦斯的火山灰覆盖在整个冰河上时，沃伦解释，研究人员趁机标记下这块长方形区域，并把其中的火山灰清理干净。接下来的工作便是等待。虽然火山灰帮助雪花融化的能力很弱，但是在两星期内，它便让长方形区域周围的雪花融化降低30厘米。所以沙尘绝对会让雪消失殆尽。

1991年3月初，大量的撒哈拉沙尘降落导致另一项不同领域的科学突破。那一年夏天非常炎热，沙尘导致大量的冰河融化，显露出被埋在冰河底下的人体干尸——"冰人厄茨"（Oetzi）[1]，一位新石器时代的徒步旅人和他的工具已经一起被冰河掩埋超过五千年。

---

[1] 迄今发现最古老且未受破坏的男性人体干尸。1991年由德国旅行者西蒙（Helmut Simon）在意大利与奥地利边界的厄茨塔尔阿尔卑斯山脉（Otztal Alps）的锡米朗（Similaun）冰河中发现。年代测定为公元前3300年，估计年龄25～35岁。他显然是在翻越阿尔卑斯山脉的途中冻死。死时躺在岩石凹洞内，很快被冰川的冰覆盖，因而尸体被完整保存下来。——译者注

研究地球系统的科学家塔玛拉·莱德利（Tamara Ledley）接手沃伦留下的工作——但是使用一种更厉害的沙尘。"我把史蒂夫的工作放到我的电脑中，看看核能爆炸之后会发生什么事？"这位有着深色眼睛的女士笑容满面地说，"假如所有的烟雾都进入大气中，然后其中有一些降落在海冰上，那会怎样？结果会是海冰融化殆尽。"

这只是开始而已。在接下来的十年里，莱德利辛苦地改进电脑程序。"我花了很多时间加入其他变因，"她说，"我加入雪花到冰河里，我加入铅——在冰河里爆裂，我加入与大气的交互作用，我改进计算降雪速率的程序，我加入冰河本身的运动。"

莱德利离开学术圈后，她将棒子交给莱斯大学的学生罗伯特·斯蒂恩（Robert Steen），但还继续担任斯蒂恩的顾问。斯蒂恩将注意力转向冰河时期增生的广大冰原。在模拟的冰河鼎盛时期，他将当时应该正飘浮在空中的沙尘加在冰原上面，而冰原开始融化。

"假如你在冰河上放置黑色的小型石砾，"莱德利解释，"这些石砾会吸收太阳光，然后它们会融掉周围的冰块。沙尘也做同样的事。现在，水分蒸发掉了，但是沙尘待在表面，愈来愈多的沙尘累积在表面，它加速了这个过程。"

足以融化掉1.6公里厚的冰原吗？

"最后的确会这样，"莱德利说，"但是也许这个过程导致冰原开始融化，然后其他的事情接二连三发生。例如，一旦你降低冰原表面，它接触到更温暖的空气，因此融化得更快。所以沙尘可以是一个刺激。"

莱德利总是想完成这项任务，并迫不及待地要看看她的学生能从电脑程序中得出什么结果。当她最后收到资料时，人正外出旅行。她在途中阅读这些资料，"我看到他的图表，我了解我们终于做到了！”她回忆当时的情景，“而当时我人在飞机里——没有人可以跟我分享这份喜悦！”

后来这个学生加入其他研究主题，而莱德利也忙着她的新工作。这份带有恋母情结色彩的论文（沙尘出自冰河，冰河最后却因沙尘而融化）从未完成编修审订，发表于学术期刊。以科学的标准而言，颠覆冰原的沙尘之说只能算是某种谣言，必须在正式发表之后才能算数。但是这项研究的结果显示，一粒小沙尘也能撼动冰山。

浮游生物的角色

这件事就此结束了吗？当然没有。就像我们看到的，空气中的沙尘可以让地球变热，也可以让地球变冷。为什么我们不期待当沙尘降落到地表时会带来更清楚明了的结果呢？是的，当它们降落在冰河上，也许会背叛性地加热冰河，但最近的研究却暗示，当沙尘降落在海洋，也可以间接地让地球温度降低。

海洋里的浮游生物需要的营养物之一是铁。没有充足的铁，这些生物很难大量繁殖。所以缺乏铁就代表缺乏浮游生物——这又代表缺乏含有丰富的硫的DMS（当浮游生物死亡时上升到空气中的化学物质）。这么一来，天然硫粒子盘旋在空中的数量便会减少，缺乏硫粒子会导致云里少数的大雨滴快速降雨，而云朵减少便会造成更多阳光到达地表。因此，浮游生物的死亡最后导致地球气温上升。

现在，让我们加入铁：更多的浮游生物因为营养充足而诞生，表示产生更多的DMS，因此空中的云朵会变多，照射到地面的阳光会减少。因此，大量的浮游生物最后会让地球温度降低。就像投资还有分红一样，繁盛的浮游生物也会将二氧化碳这种温室气体带入大气中。

"你给我半艘油轮的铁，我给你下一个冰河时期。"是已故的约翰·马丁（John Martin）——"铁繁盛理论"（iron fertilization theory）之父下的总结。马丁相信在海中注入铁会让海藻开始大量繁殖，导致天空布满一层反射阳光的白云。

听起来似乎有些牵强，一些关于铁的小型实验认为马丁的理论是对的：在海洋表面拌入铁真的会导致浮游生物大量生长。但是如果没有一油轮的铁与好事的科学家，这种事怎么会自然发生？

许多地球上的岩石富含铁矿。因此，许多天空中飞扬的尘埃里都含有铁，而科学家利用这项特性来推测，从天空自然掉落海面的含铁尘埃是否会导致浮游生物大量生长？

有一个团队将目标锁定东北太平洋，因为那儿的海水缺乏铁。尽管在这样的假设前提下，团队发现那儿的海藻还是会周期性地繁殖。研究人员注意到，许多海藻繁殖集中在夏季数月，投了可能性最大的候选人一票：亚洲尘埃在春天最多。不过卫星影像提供了另一个铁的来源：阿拉斯加的铜河谷。在一张影像图中，一条淡色的冰河沙流像一缕雪茄轻烟飘出铜河谷，掉落在北太平洋上。

沙尘猎人也注意到阿拉斯加布满了喷撒火山灰的活火山。虽然他们没有直接观察到火山灰降落海面成为浮游生物的食物，却注意到先前一项研究认为太平洋海藻的繁殖与菲律宾的皮纳图博火山爆发有关。有火山灰，又有亚洲沙尘，再加上阿拉斯加的冰河粉末，因此沙尘猎人下结论：是空气中大量的尘埃导致太平洋浮游生物的繁盛。

所以，在沙尘漫布的冰河时期，也许营养充足的浮游生物产生更多的硫和洁白的云，导致气温下降。一些浮游生物迷更提议现代的浮游生物繁殖可以自然中止全球暖化。但是在错综复杂的气候系统中，它们对热平衡的确实效用还不是很清楚。例如，尽管科学家证明了富含铁的沙尘与浮游生物繁殖之间的关联，却没有人能确切证明浮游生物繁殖与云朵产生的关联。

这些都是迷人的故事：一大批沙尘让地面温度上升，导致冰河融化；或是沙尘直接掉落在冰上，在上面融出一个洞；也可能是海里浮游生物——气候游戏里的小王牌——在主导着趋势。

但是比斯开——这个领域的其中一位学者——还没看到足够的基础证据可以将理论导向某一方。也许尘埃让冰河破碎，也许它没有。

"我不认为有人可以给个好解释，"比斯开说，在离开冷藏室后仍然甩着手，之前在格陵兰钻冰的日子让他的手永远对低温敏感，"这个问题还没有定论。"

每一个关于沙尘与冰的故事也许都有一些事实根据。这些故事愈快有结局愈好。气候程序学家林德推测，现今空气中的沙尘数量就跟两万年前冰河消退时空气里的沙尘量一样多。

假如是沙尘影响冰河，那一定进行得很快。一个世纪之前冰原统治北方，空气中布满尘埃。下一个世纪气温可能会陡升3～4℃。冰原和沙尘呈现一长一消的局面。

硫粒子与二氧化碳

从气候条件来看，我们生活在不稳定的时代。依据古老冰河判断过去的气候变化，下一个冰河时期应该很快就会到来。但是，目前的温度却相反地向上提升，冰原仍在融化中。

我们已经见识过自然的尘埃如何影响温度，那么，人造尘埃的影响又如何呢？地球的气候系统在人类登场之前就已经像一部古怪难搞的机器，而现在我们又打开潘多拉的盒子，在这神秘的装置中掺一脚：数量惊人的硫粒子和含氮丰富的颗粒、大量的煤灰，以及其他零零星星人类制造或燃烧的东西。我们甚至还加入了更多沙尘。

蒂根推估，现代空气中有一半的沙尘来自过度使用的土地。假如这是真的，那么地球现在的沙尘量是农业社会开始前的两倍。而这些额外的沙尘对现今的气候有什么影响呢？会将我们带向下一个冰河时期吗？或者是将地球熔毁？正如比斯开所说，沙尘是气候机器里的重要环节，但我们还得厘清它是让温度上升还是下降的环节。

并不是每一个人类产生的尘埃都很难估计。气候学家已经掌握了能高度反射阳光的硫粒子。还记得每一平方米的地球表面平均会吸收240瓦特的热量吗？沃伦说，大气中平均承载的硫粒子现在让北半球平均减少一瓦特多的热量。

由于北半球和南半球空气交换相当缓慢，硫粒子在进入工业化相对较少的南半球前，可能就已经随降雨落到地面了。事实上，硫粒子是相当具有影响力的造雨核心，在尚未遍布北半球前就可能已经形成降雨。它们阻断热能的效果可能集中在工业地区顺风地带的"硫酸盐阴影区"。因为这是了解气候系统的重要环节，电脑程序特别预测了三个温度特别低的阴影区。第一个是美国东海岸，这要归因于中西部工业区；第二个在中欧；第三个在中国东部，以及邻近的太平洋地区。虽然硫粒子不像二氧化碳那样平均覆盖全球，它们降温的效果如此惊人，也许会中和掉二氧化碳的暖化作用。这样明显有利的巧合让华盛顿大学的赫格和沃伦在1999年做了一项惊人的预测。

"你可以做这样惊世骇俗的结论：我们已经学到如何制造污染

来避免气候危机。"在一篇新闻稿中，大气化学家罗伯特·卡尔森（Robert Charlson）这样写道。你可以——但是不应该。卡尔森继续写道："不过温室效应一天24小时在全球各地发生作用，而硫浮质的效用只有一天，而且只限于某些地方。"

赫格指出另一个小问题：假如人类明天突然终止所有的污染行为，在一周之内雨和雪会带走空气中所有的硫，但是造成地球暖化的二氧化碳却会在大气中徘徊数十年，甚至数十世纪。

科学家现在也更了解其他工业尘埃的特性。一组气候团队最近分析了一群经过印度洋上空的天然与人造微粒。这个团队认为，是所有的微粒一起让印度洋表面每平方米降低16瓦特——相较于全球平均每平方米吸收240瓦特的热量来说，这是个不小的损失。更重要的是，这个团队确定，在所有空气中的微粒，人类制造的硫粒子、煤灰、火山灰、氮化合物以及有机物质，降温的效果是天然沙尘的两倍。

而这些微粒也带给所处的大气差不多的热量。空气中的煤灰被证明特别会吸热，虽然它只占所有尘埃量的一小部分，大气中热量上升中一半以上的功劳要归于这种特殊的尘埃。而且煤灰至少对一种热带的云朵造成致命的影响：白天印度洋上空一层黑色的尘埃因为吸收足够的热量而改变大气中的湿气流动。结果，当地的"信风积云"（trade cumulus）因无法获得海水的水分补充，也跟着蒸发殆尽，造成阳光下毫无云朵庇荫，科学家称这种现象为"焚云效应"（cloud burning）。

不能降雨的云朵

从云的观点来看，现代人造尘埃形成的薄雾让每天的天空都灰蒙蒙的。而且目前也有影像为证，我们制造的尘埃会改变天气。

丹尼尔·罗森菲尔德（Daniel Rosenfeld）曾经利用美国太空总署的卫星显示加里曼丹、印尼上方的乌云无法降雨。现在，这位以色列科学家把目标转移到遇见人造尘埃的云朵。他发展出一套方法，利用卫星影像来确认受污染的云。

罗森菲尔德首先观察到，印尼上空受到黑烟污染的云朵，与经过空气污染严重的菲律宾马尼拉上空的云朵之间的相似性：它们似乎都不能降雨。下一步，他更仔细观察单一来源的污染物以及附近形成的云朵。他将自己的发现称为"污染轨迹"（pollution tracks）。他的影像显示线条形的云雾散布在工业地带的顺风区。

污染轨迹看起来就像船只驶过留下的雪白浪花轨迹，或是飞机的凝结尾迹，是沿着污染尘埃形成的云朵。而依照罗森菲尔德的影像追踪找到原先的污染源异常顺利：一条轨迹起于一家金属精炼厂，另一条轨迹始于一座火力发电厂附近，第三条是从一家水泥工厂蹿出的，第四条来自一座炼油厂。在土耳其、加拿大与澳洲——罗森菲尔德到处都可以发现一条一条因为污染而产生的云。不过，美国例外。他在美国东北方的大城市里找不到污染轨迹。他解释这是因为污染实在太严重了，这些污染轨迹已聚合成巨大的凝结团。

罗森菲尔德现在怀疑，这些污染轨迹是否会改变我们赖以生存的降雨或降雪形态。他仔细研究区域性的降雨资料，并发现坏消息：跟周围的地区比起来，污染轨迹之下的地区雨量比较稀少。

罗森菲尔德的工作还成为另一项观察的佐证。数年以前，科学家确定美国的天气开始反映一星期的工作时间。研究显示，一整个星期的辛劳工作——驾车、燃烧与制造——在工作日的最后一天累积到最高点。然后，由于天空中充满了硫粒子和其他尘埃，星期六倾向降一些额外的雨。在没有生产力的周末，沙尘又落回地面。所以不要惊讶，从统计学上来看，星期一是一周里雨量最少的一天。工业化所制造的尘埃对天气的确产生了影响。

　　现代人不得不接受这个事实：工业化的污染改变了气候，这让人对已经被遗忘的淳朴生活更加怀念。有一天，沃伦在他的办公室里，从档案柜中翻出一份古老的研究报告，带着笑容递给我。这份学术文章来自无忧无虑的20世纪70年代，内容是描写一架喷射机在空中拖曳出四道黑色的轨迹。作者对于黑色尘埃的吸热能力感到莫名兴奋，因此提议在空中加入含炭尘埃将有助于让全球温度提升到更适合人类居住和作物成长的范围。过去人们感兴趣的美妙边际效应也包含增加降雨量、干扰龙卷风、更凉爽的白天和更温暖的夜晚，以及更早发生的春天融雪。在过去人的眼里，利用沙尘似乎可以达成世界上所有美好的事情。

第八章

沙尘雨，直直落

　　飞上天去的最后一定会落地。为了遵守这个重力规则，每年数十亿吨飞到天空的沙尘最后一定得降落地面，经年累月下来，地球的面貌一定会有所改变。从天而降的沙尘不仅让地面的土壤更加肥沃，也提供海洋和陆地中少数生物赖以维生的粮食。但是，一些落尘却也造成疾病和死亡：它们杀死了加勒比海的珊瑚，它们污染了食物链，它们直接进驻到我们的身体里。

　　捕捉沙尘的猎人为各种可能性做好准备，在陆地上和深海里都布下天罗地网，利用冰钻和成套的化学工具来围捕沙尘。然后，他们要从捕捉到的犯人中分出良莠。

加勒比海的滋养

　　沙尘猎人丹尼尔·穆斯（Daniel Muhs）是美国地质调查所的土壤专家，他察觉到某些加勒比海岛屿上的土壤特性与所处的地质环境不符。数十年来，科学家想要知道为何一些岛屿能同时拥有灰色的基岩和充满生气的红土。穆斯的理论听起来牵强附会，他推测岛屿上的红土是从天而降的。

穆斯解释说，许多加勒比海岛屿是由古老的珊瑚礁骨骸构成的。想想看，巴巴多斯（Barbados）这加勒比海南端蓊郁的绿色天堂。也许一百万年前，珊瑚第一次聚集在这片浅水滩，到处搭建起由碳酸钙构成的居所。珊瑚散布在广大的地区，一代叠置在一代上面。珊瑚所没有预料到的是，整个浅水滩持续以每世纪4.5厘米的速率向上托升。于是，当珊瑚礁最终冒出海平面，一座灰白色的岛屿诞生了。珊瑚礁继续在新生的岛屿周围建造新的堡垒，持续被推出海平面，这样的循环一直持续了几万年。灰白色的岛屿愈来愈大，但是鲜少有树木可以生长在上面。

"珊瑚礁的成分全是碳酸钙，"穆斯说，"钙、碳和氧，都不是植物需要的养分。"

尽管如此，根据欧洲探险家的记录，1627年登陆时，这座杳无人烟的小岛却是一片翠绿。三十年后，农民在巴巴多斯岛上种满甘蔗。而最近则开辟了大型花园，奇花异卉在里面一样生长良好。

巴巴多斯的土壤厚40～90厘米，颜色从橘色到棕色都有。位于古老灰白珊瑚礁上的土壤大部分是"铝硅酸盐"，含有丰富的铝和硅等矿物质，然而珊瑚礁本身几乎是纯粹的石灰岩或方解石。而且，正如穆斯直觉的观察："你不可能从方解石中得到铝。"

会从这个观点来解释岛屿的土壤状况是由于科学家坚信，土壤是由下层的岩石生成的，因此，巴巴多斯的土壤中一定得含有原先珊瑚生长时捕捉到的矿物质。当珊瑚礁被抬升出水面，方解石快速风化，困在珊瑚礁骨骸里的深色矿物质微粒便会被释放出来，累积在古老珊瑚礁的上面，最后形成土壤。理论上应该这样讲没错。

穆斯也这么想，他然后计算出，这样的解释需要大约20米的珊瑚礁风化，才能产生足够的深色土壤。然而岛屿上的化石珊瑚看起来一点都不像是经过风化的模样。

对于这个矛盾点还有另一项解释：加勒比海海域就像前一章提到的蒙特塞拉特一样，布满了火山灰。事实上，在1979年圣文森岛（St. Vincent）附近的一座火山爆发，当时的火山灰喷撒到160公里远之外的巴巴多斯。

然而，穆斯还怀疑另一位沙尘捐赠者。他曾读过一份资料，在20世纪60年代中期，有人试着在巴巴多斯岛上捕捉宇宙星尘——然而在实验中却捕捉到撒哈拉沙漠的沙尘。

其实，科学家早就知道撒哈拉的沙尘可以飞得很远。早在1845年，好奇心强的博物学家达尔文就出版过一系列关于当代落尘的报告；航行至非洲附近某些船只上的船员报告中，可以找到关于落尘非常浓密的记录，导致当时的能见度几乎为零，船只触礁；航行至大西洋的船只上，也有关于落尘粘在船只、甲板与仪器的报告，包括一艘前往南美洲途中的船只也因落尘而变得灰头土脸；达尔文也报告在落尘的显微镜分析中发现好几十种淡水硅藻以及差不多数量的植物硅酸体形式。

但是，要如何证明撒哈拉沙漠的沙尘跟几千里外顺风处岛屿上的肥沃土壤有关联呢？这个问题因为热带气候而变得更加复杂：大量的降雨快速溶解掉沙尘里的某些元素，冲刷到底下的岩石里去，这样的天气改变了沙尘的化学"纹理"。将雨水冲刷后的沙尘与新鲜的撒哈拉沙尘拿来作比较，就像是拿一个人老态龙钟的照片与其年轻力壮时的照片相比：流逝的青春留下足够的线索，能让穆斯认出原来老人和年轻人是同一个人吗？

事实上，还是有迹可循的：穆斯研究土壤里最不可溶的物质，可以从巴巴多斯的土壤样本中找出独一无二的特征——那是撒哈拉沙漠特有的标记。此外，根据土壤底下的珊瑚礁年龄，科学家能推测出，掉落在巴巴多斯的撒哈拉沙尘至少已经有75万年的历史了。

尽管巴巴多斯是加勒比海最南端的岛屿之一，穆斯发现的撒哈拉沙尘也远达佛罗里达群岛（Florida Keys）了[①]。此外，他也测试过牙买加的土壤。牙买加是以音乐、大麻和丰富的铝土矿而闻名的加勒比海中央岛屿，在美国销售的许多易拉罐就是用牙买加的铝土矿做成的。

"铝土矿是一种铝含量非常丰富的黏土，"穆斯说，"这种黏土很容易风化，其中的矿物成分都被雨水冲刷掉了。因为铝是非常难溶于水的矿物质，即使被大雨冲刷也会保留在土壤中。牙买加岛有全世界最重要的几个铝土矿床。"但是，埋在牙买加铝土矿底下的还是珊瑚礁。"铝土矿必须来自含铝丰富的岩石，"穆斯再次强调，"但是那些珊瑚礁石灰岩里并不含铝。"

撒哈拉的沙尘含有许多铝。"我猜测牙买加与海地（Haiti）的铝土矿是比巴巴多斯岛的土壤年代更久的沙尘沉积物。"穆斯说。

下一次，在你砰的一声打开汽水罐时，请想象这样的景况：数十万或甚至数百万年以前，还未被制造成汽水罐的铝到处飞扬，一粒接着一粒地飞出撒哈拉沙漠，横越大西洋来到加勒比海。

"真是不可思议呀！"穆斯赞叹道，"但这是真的。"举杯向天空中不停奔波的撒哈拉沙漠致敬——然后为了卫生起见，记得在瓶口加个盖，因为尘埃一直从天空掉落下来。

沙尘猎人发现撒哈拉沙尘带来的好处，甚至惠及西方的南美洲大陆。虽然南美洲的土壤特征还在采集中，大部分的沙尘学者都认为亚马孙盆地肥沃的土壤来自撒哈拉沙尘。此外，一项夏威夷群岛的土壤分析显示，亚洲沙尘也许占上层土壤的10%～20%。穆斯说，从天而降的沙尘雨对土壤而言是好事一桩。

---

① 在美国佛罗里达州南部，位于墨西哥湾内，岛群呈链状。——译者注

"雨林的降雨量很高，土壤里的养分会迅速被雨水冲刷掉。留在土里的营养素，许多植物本身就已经拥有了。"穆斯解释，"雨林的土壤真的相当贫瘠，所以一座森林为何得以维持长达数百年的时间？很有可能是撒哈拉沙漠的沙尘提供给南美洲的北方土壤大量的营养素。"

穆斯不是第一个注意到沙尘扮演仁慈灌溉者角色的人。大约八千年前，中国农民就震惊于这个事实：他们发现在黄土这种厚积的粉沙里，没有恼人的岩石，上面的植物随便种就随便长，黄土像吸水海绵一样保持湿润肥沃的状态，使农作物得以迅速生长。此外，他们也能在黄土壁里挖掘居住。今日，中国黄土高原的景观是一块块窄窄的梯田，如灯芯绒般围绕在山丘旁。

全世界的农民都曾经利用家附近的粉沙沉积物来种植作物，其中一些沉积物还在持续增长中。每一年，塔克拉玛干沙漠与戈壁沙漠的顺风处（部分的中国北方土地）每平方英里（约2.5平方公里）大约累积50吨的沙尘。每一年，美国沙尘遍布的地区，包括西南部与中央大平原，每平方英里累积5～40吨的各种粉尘。事实上，如果你标出全世界各大洲农业最发达的地方，也将会同时标出落尘最多的地带。美国中西部、阿根廷潘帕斯草原、大部分的欧洲、乌克兰、中亚以及五分之一的中国，这些全部加起来一共生产全球五分之一产量的小麦以及饲养牲畜的谷物和牧草。

所以落尘不只滋养了巴巴多斯的棕榈树和百合花，还养活了我们全部的人。

绝地生命

即使是在南极洲的麦克默多干河谷群，地球上最荒凉的地区之一，掉落的沙尘还是可以引发一些生命的繁衍。在当地冰冻的荒漠上有几座相当大的湖，是在某个温暖时期当海水进入南极洲时所遗留下来的。这些湖从来没有经历过风在水面吹起涟漪的感受，因为湖水的上面是3米或6米厚的冰，在冰层中可以找到细小的沙尘泡泡，泡泡里隔绝了一个宁静的境外世界。

"我曾研究过邦尼湖（Bonney Lake）的湖水，寻找浮游生物和气体。"蒙大拿州立大学生物学家，同时也是沙尘猎人的约翰·普利斯库（John Priscu）说。"当我开始从湖面的冰层中萃取气体时，我发现氧化氮会跟一层沉积物集中在同一个区域。当我更仔细检查，就发现了这些微生物。"这些细菌是悬浮在冰层宇宙中，如一粒沙般大的世界里渺小的居民。

当天空中深色的粉尘掉落在邦尼湖表面的冰层上，它们会吸收阳光。粉尘在冰的表面融出一个洞，向下沉落。隔天，粉尘吸收更多的阳光，钻到更深的地方。它持续下沉，直到离湖底约一半的距离。在离表面约2米深的地方，散布着沙尘团，其中最大的团块有十几厘米长。

某个9月的一天，在夏日的太阳还未融化冻结的湖面之前，普利斯库和同事一起在结冰的邦尼湖面挖了一道沟渠，置入一部相机，拍摄底下冰封的沙尘团世界。照片中，粉沙和粉尘的细丝与团块悬浮在蓝色的冰块里，四周围绕着浓密的银色结冰泡泡。

当普利斯库将含有沙尘团的冰块样本放在显微镜下，他看到了一连串粉尘随着细菌形成的细丝精巧地排列成一条线，看起来就像宇宙里一系列的行星。在更高的倍数下，粉尘上的居民出现了：在大约只有一根毛发宽的灰色世界里，通过化学染色，一个个的亮点浮现出来，染在大部分沙粒上的靛蓝染料标记出活生生的细菌。几条横过颗粒的红色苯胺染料（magenta stain）斑纹显示出集中的叶绿素。再次调高倍数，红色苯胺染料的斑纹影像逐渐融合成精致的链状生命。普利斯库一共发现20种细菌和10种蓝绿藻类。

当夏天来临，阳光逐渐增强，邦尼湖里冰冻的世界复苏了。即使在位于约2米深的冰层里，深色的粉尘还是可以吸收阳光。每一块沙团逐渐温暖周围的冰块，形成极小的水泡。有了水，细菌从冬眠中苏醒过来，继续进行破裂粉尘以及繁殖下一代的工作。"沙团就像沙漠里的绿洲，"普利斯库说，"这些细小的水滴足以维持生命。"过了四个月，阳光愈来愈逼近南极，冰里的生物更加活跃。然后，由于地球自转轴的倾斜效应，南极又进入昼短夜长的冬季，这些细小的沙尘世界再度被冰封起来。

掉落在冰上的粉尘非常多样，因此每一种细菌都能找到属于自己的粮食。例如，在一小截格陵兰冰芯里的部分有机碎屑里，就含有57种不同的有机物质，从树木的碎片、真菌、水藻到其他简单的生命形式都有。在另一截冰芯里，则发现200种真菌以及一团常见的植物病毒。

如果你觉得细菌居然可以生存在2米深的冰块里令人费解，那你该看看生长在邦尼湖里的虫。跟引起普利斯库注意的冰中细菌相较，这些虫显得低调沉默。沃斯托克湖（Lake Vostok）位于南极洲靠澳洲的那一面，体积与安大略湖相当。它就埋在冰河的4公里下。20世纪90年代，有个国际研究团队朝湖底慢慢挖掘了一截冰芯。这些研究人员最初感兴趣的是全球变暖的议题，不过这一截冰芯也用来进行细菌的例行性测试。就在液态湖水上方120米的冰河里，这个团队看到冰芯中的生命大爆发。

"我发现了七种不同的虫。"普利斯库谨慎地说。另一位同事发现更多，并且在实验室培养它们。发现虫的位置在冰河下面一层210米厚、再次结冰的沃斯托克湖湖水中。如果说第一批样本显示出冰里的细菌族群是如何浓密，这表示沃斯托克湖底下是非常忙碌

　　　　　　　　　奇妙的尘埃

的世界。每一升融化的冰中，也许含有约一百万颗细菌的细胞，跟海水比较起来这样的数量算是很稀少，不过从发现的地点来看，细菌的繁殖率却相当引人注目。

沃斯托克湖冰封了大约1500万年，毕竟，冰河爬过湖面。单单是冰河造成的压力就相当于每平方英寸（约6.5平方厘米）有3吨的重量，在这样的压力下似乎不利于生命生长。因此，这些虫是如何到达湖底的？它们又以什么维生呢？

"我认为它们在五十万年前着陆于雪花上面。"普利斯库说，无意间透露了他的研究题材在时间上的持久性。他认为细菌结合到冰河里，而这些特别的虫子刚好处于漂往被冰河掩埋的沃斯托克湖的雪花上。

"它们跟着冰河朝下层和岸边移动，"普利斯库说，"五十万年后它们碰到湖水，因此又复活过来。人类曾经让困在琥珀和永冻层里长达一百万年的细菌重新苏醒，所以这没什么好大惊小怪的。毕竟，冷冻是保存细菌最好的方式。"

普利斯库认为一旦它们复活，它们会以同样长途跋涉来到这里的粉尘为食。普利斯库推测，当沃斯托克湖的湖水慢慢循环，一些水冻结到冰层里，但是循环的湖水也融化了部分的冰河，不断慢慢地释放出长久拘禁在冰层中的细菌，以及作为粮食的粉尘。

可惜的是，要知道这些细菌成功生存的秘密还得等上六到八年，甚至更久的时间。因为为了避免湖水被陆地上的细菌污染，沃斯托克湖的钻探工程目前已经暂停。

海底电梯

就像普利斯库在南极洲发现的冰封世界，一团"海底落尘"

(marine snow)①跟周围荒凉的环境比起来就像肥沃的绿洲。加州大学圣克鲁斯分校的海洋科学家玛丽·西尔弗（Mary Silver）过滤海水收集沙尘和岩屑。

这些航行于远洋的沙尘往往以蝌蚪大小的尾海鞘（larvacean）作为起点，这种生物将自己包裹在半透明胶质做成的"家"中，当作食物的滤网：对尾海鞘来说，海水中太大的颗粒会粘在胶质上，较小的颗粒才能通过滤网。但是过了大约一个月，胶质上就会塞满较大的沙尘颗粒，"当颗粒堵住所有的洞，"西尔弗说，"尾海鞘就会离开这个家。"尾海鞘的家大约是篮球的大小，里面塞满各种东西，从沙漠尘埃到称为桡足类动物（copepods）的甲壳动物，从死亡的浮游动物到硅藻的碎片，就如西尔弗所说的，"装满美味珍馐"。

当尾海鞘的家缓慢沉落前往黝黑的海底，这个家也许会在途中黏附漂浮的软泥和岩屑。一片海底落尘会意外地长成一张豆袋椅（beanbag-chair）的大小。即使是这样的大小，当你将手穿过这片海底落尘也足以摧毁它，破裂的碎片散落在海洋中。

西尔弗观察海底落尘里最小的成分，发现每一个颗粒都是个小小世界。"这些颗粒外围包着有机物质，然后其他物质快速地跟着附着在上面，"她说，"就像一颗有许多东西黏附形成的沙球。"

许多东西会粘在海底落尘上是有原因的：首先，各式各样的海藻聚集在下沉的沙球上，接着构造较复杂的原生生物被海藻吸引而来，然后原生生物再诱来更精巧的多细胞生物，即后生动物类群和肉足动物类群，代表沙球上生命形式的最高阶层。

---

① 从海洋顶层持续掉落到深海的有机碎屑，主要是由死亡的浮游生物、硅藻、海洋生物的排泄物、沙尘、煤灰及其他无机物组成。在下落的过程中，海底落尘的大部分有机成分会被微生物、浮游动物和滤食性动物摄食。——译者注

西尔弗在2公里深的海洋捕捉到带着陷阱的沙球。她发现微生物似乎利用下沉的沙球当作电梯，当沙球下降到适合它们生存的深度时便会离开。因为有些生物可以安然生活在伸手不见五指的深海里，有些生物则需要阳光及少一点的压力。

"深度不同，海底落尘上的生物种类也会跟着改变，它们不是死亡就得跳车，"西尔弗说，"假如不这么做，它们会绝望地迷失在深海。"或是绝望地被其他动物吃掉。即使再下降1.6公里，一粒海底落尘仍是生机盎然的地方：从这么深的海底取得的沙球，上头的原生生物肚子里还是塞满了细菌和更小的原生生物。

海底落尘是一部可以运载沙尘到海底的"电梯"。但是，即使未能困在尾海鞘的胶质里，沙尘还是有机会沉落。不过它们体积太小，需要外力帮助才能下沉。这些沙尘会被微小的杂食性生物吞进肚子里，没有营养价值的沙尘会直接通过消化道，聚集成一颗粪球。尽管这些粪球只有几根毛发宽，也已具备足够的重量向下沉落。在海洋中，每天每平方英尺（约930平方厘米）都有数百颗的沙尘粪球向下沉落。这正是布朗利为掉入海中的宇宙星尘所惋惜的结局：宇宙星尘原本珍贵又闪亮，沉到海底时却成为一颗颗的鱼粪便。西尔弗闻言大笑。

"这才是真正的生命。"她说。

神奇肥料

一些沙尘狂热分子强烈推荐尘土为世界上最神奇的肥料：农民如果没办法栽培出令人满意的作物，可以买一些沙尘播撒在土地上，土质立刻会获得改善。戴维·米勒（David Miller）是俄亥俄州奥柏林学院的植物生理学家及生化学家，他以冷静的态度面对"再矿化作用"（remineralization）———一种为了让土壤肥沃而将沙尘播撒在农田与花园的潮流。

德国是再矿化作用风尚的先导，至今在欧洲仍为人称颂。20世纪70年代，沙尘潮流广为流行，当时约翰·哈梅克（John Hamaker）在《文明的存续》（*The Survival of Civilization*）中大大赞扬这种风潮。"我从未见过这个人，但是我会把他归类为某种狂热分子。"米勒坦承。就像每位出众的狂热分子一样，哈梅克有许多追随者。在网络世界中，再矿化作用的支持者宣称只要将沙尘混进泥土里，蔬菜就会因吸收丰富的矿物质而长得异常硕大，树木也会以飞快的速度长大。甚至有报告指出禽畜被喂食沾满灰尘的青草会长得比平常更肥更壮，或产下蛋黄更大的蛋。这些证据刺激了岩石加工厂的生意，每年生产出一亿至两亿吨用来当作肥料的沙尘。

"有了这些采石场，岩屑一包包地生产出来，"米勒说，"美国农业部开始称这些产品为'优良矿物质'，让名称听起来更吸引人。"农业部甚至在1994年针对再矿化作用召开了一场记者会，试图引起更多人的关注。米勒和其他研究人员进行各种栽种计划，分为加入沙尘的实验组与没加沙尘的对照组，加以比较。

"老实说，我确信沙尘对植物生长有用，但是要实际证明很难。"米勒说，"我手上的这些计划有的已经进行10或11年了，但是还看不到植物里的矿物质成分改变。"但是他也说，其他科学家的实验显示，沙尘对于受到严重破坏的土壤可以提供快速的养分补充。他怀疑这就像中和酸性土壤一样，毕竟这是农民广泛使用石灰粉的目的。在极端贫瘠的土壤中加入新鲜的沙尘可以快速改变矿物质成分，但是否能种出更肥大、更健康的植物就不确定了。

不久以前，米勒观察在堆肥中加入沙尘会产生什么作用。他认为这样会加速细菌分解死亡的植物组织，而虫子也许会将沙尘分解成更细小的植物营养素。

联邦土壤研究员罗恩·科卡克（Ron Korcak）说，美国农业部也试着将沙尘加入堆肥中。但是所得出的结果不一致，而且这样的概念并没有刺激到广大莳花弄草的民众的想象力。"不涂泥灰的石墙……"科卡克大胆提出，他曾经用许多工业的尘埃做过实验，"我认为在一座花园的某个角落放置石墙碎片有很多好处，民众可以把石墙磨碎，变成美化景观的材料。"这样还是没有引起注意。

尽管如此，沙尘的死忠们等不及政府认可的重新检验报告来告诉他们如何种出超级胡萝卜，他们早已将沙尘当成最营养的肥料埋在田里和花园中。冰河沙尘是纯粹主义者的顶级选择，因为里面含有各式各样的岩石碎屑；花岗岩粉末也因为含有广泛的矿物质而备受肯定。但是以易取得性来说，没有什么比得上当地采石场的产品。再矿化作用的支持者只要付几美元就可以买一吨，然后在每一英亩（约4047平方米）地里都满满地铺上好几吨沙尘。

珊瑚瘟疫

但是，沙尘降落并不全然带来好处，一些沙尘专家也捕捉到散播疾病、导致死亡的沙尘。

地质学家吉恩·希恩（Gene Shinn）从20世纪50年代便开始拍摄佛罗里达群岛的珊瑚礁。近年来，他发现有些事显然不太对劲。群岛周围的海绵看起来像身上装饰着金色、紫色、橘色球形结节的美丽花瓶；成群结队的鱼儿梭巡于珊瑚礁之间，就像穿梭在花丛里缤纷的蝴蝶；珊瑚礁碎片形成一片白色的沙地，海螺笨重地从上面爬过。但是，色调柔和、看起来像彩色鹅卵石的脑珊瑚到哪儿去了呢？许多佛罗里达群岛的脑珊瑚现在罹患了一种疾病，身上布满黑色的条纹。而从躯干朝外延伸形成1.5米触手的美丽紫海扇（或称紫柳珊瑚），现在身上带着一种致命真菌造成的牛眼标记。

为美国地质调查所工作的希恩说，他是在20世纪70年代晚期注意到珊瑚的疾病，"七十年代起就感染疾病的两种主要的枝状珊瑚，到了1983年夏天开始死亡，数量高达90%，遍布整个加勒比海海域"。希恩悲伤地说，"而一种能清洁环境的黑色海胆在短短三到四个月的时间就死光了。原本外表呈美丽淡紫色的紫海扇外部长出紫黑的溃疡，留下中央死亡的组织。"

目前世界上几乎所有的珊瑚栖地都受到威胁。珊瑚的疾病和白化①随处可见，珊瑚数量愈来愈少，逐渐被水藻取代。许多理论说明，珊瑚的生长能力在受到污染和日益暖化的海洋中减弱了，但是其天敌的生长能力却因此增强。所以当佛罗里达群岛的珊瑚开始感染莫名的疾病，希恩和其他多数研究人员最先假定珊瑚是遭受人类污染才生病的。沿海陆地产生的家庭废水、动物排泄物以及作物肥料到最后都会流向海洋。这一类含有植物营养素的物质会导致海藻大量繁殖在珊瑚的生存领域。

污染物与气候变化也许真的在珊瑚战争中扮演着举足轻重的角色。以海藻为食的海胆灭绝，使得在加勒比海海域的问题更加复杂。但是察觉到20世纪80年代珊瑚瘟疫的希恩，开始对两位沙尘专家的研究产生兴趣。一方面他听到迈阿密的沙尘猎人普罗斯佩罗说，从七十年代开始，非洲萨赫勒的干旱导致更多撒哈拉沙尘横跨大西洋，到了1983年，落沙像倾盆大雨般落在美洲。普罗斯佩罗估计，每年平均有数亿吨的沙尘经过大西洋。另一方面，希恩听到一

---

① 海洋温度的上升会导致海藻死亡，使珊瑚体内共生藻的色素或密度减少而失去色彩。——译者注

位研究施铁肥法（iron-fertilization）的科学家报道，将铁倾倒到海里会导致海藻大量生长。"我开始注意到，这些珊瑚疾病发生的年份与当地沙尘量达到最大值的年份吻合，"希恩说，"1983年的沙尘非常浓密。"

一开始，希恩设想，撒哈拉的沙尘带给海藻铁和其他养分，导致海藻大量生长。但是后来他的理论改变了。这是因为在美国学术圈，撒哈拉沙尘可能带来各种致病性微生物的理论，逐渐成为主流。

1996年，南卡罗来纳州的一群生物学家，在生病的海扇身上确认了一种真菌（聚多曲霉，*Aspergillus sydowii*）的DNA，然后在美属维尔京群岛捕捉到的撒哈拉沙尘上也找到同样的真菌。他们故意用撒哈拉沙粒上的真菌感染隔离出来的海扇，结果亲眼看到疾病爆发。

世界各地的土壤里居住着各种曲霉属（*Sydowii*）的真菌。曲霉属的真菌能忍受高盐分和糖分的环境，最为人熟知的便是过期果酱上的霉斑。曲霉属的真菌无所不在，但不表示它们对健康无害。一种曲霉属的真菌能感染老人、艾滋病患者以及任何免疫系统脆弱者的肺部，从而导致死亡。

如果你以为聚多曲霉离开干燥的非洲萨赫勒来到加勒比海后会水土不服，那可就错了。微生物学家知道，真菌能生活在条件相差悬殊的环境中，这样的适应力根本不算什么。一旦这种真菌寄生在海扇身上，便开始迅速繁殖，造成海扇生病。也许少数海扇能痊愈，但是大部分都会死亡。希恩说，因为这种真菌还不能在海底传递孢子，所以感染不会在海扇之间散播开来。发生在加勒比海海域的海扇瘟疫，一定是因常有新鲜的孢子从外地而来所导致的。

有些科学家不认同希恩的沙尘传递理论，认为聚多曲霉也可能来自美国本土，随着洋流到达加勒比海海域，并非来自被风朝西远送的撒哈拉沙尘。但是希恩说，海扇瘟疫的发生模式可以反驳这个说法。

"当这些事件发生时，比如海胆集体死亡，几乎是在整个加勒比海海域同时发生的。"他说。整个疾病的传播并不像一般所想象的传染病，一个接一个受到感染。"一大群病原从天而降，比较能解释海胆为何会集体死亡。"希恩下结论说。

此外，在一些加勒比海荒无人烟的岛屿上也发现有危害海扇的真菌，但是这些岛屿既没有风化剥落的尘土，也没有受到污染。"在一无所有的偏远岛屿，"他说，"例如位于海地西方的纳瓦萨（Navassa），周围海水的能见度有60米——就像水晶一样剔透。岛上没有任何生物，但是周围的海扇还是生病了。"

让情况更糟的是，撒哈拉沙尘富含的铁和磷正好是海藻的营养来源。假如海藻繁殖的速度快于螺类、鱼类以及海胆等天敌，便比珊瑚更具生存优势，造成珊瑚窒息死亡。海藻也会占领珊瑚的生存位置，让新生的珊瑚没有地方定居。

希恩不知道撒哈拉沙尘是否也会导致人类生病。当撒哈拉沙尘远渡海洋，大量降落在加勒比海当地居民的船上和车上，附近的居民有时会出现额窦性头痛（sinus headache）的症状。在佛罗里达南方，愈来愈多医生注意到当撒哈拉沙尘来临时，患有哮喘的病患会大受影响，甚至发生呼吸困难的症状。希恩细心地注意到，哮喘患者的数量从20世纪70年代开始便年年高升，正好与撒哈拉沙尘开始暴增的年代相符。

"我是地质学家，我只是碰巧注意到这个问题。"希恩带着自谦的笑容说，"但是当我在公开场合提出这个现象，就引起了广泛的注意。这个议题有无限的发展潜能。当波多黎各发生沙尘问题时，我人正在那儿。"他继续说，"在那里，你可以直视太阳，因为天空笼罩着一层薄雾。你可以嗅到沙尘的味道——就像置身于沙尘漫天的马路上一样。你也可以感觉到空气中随处有沙尘摩擦着你的身体。当地的机场因为沙尘太浓而关闭。我们已经知道撒哈拉沙尘中有曲霉属的真菌，但没有人试着去培养看看其中还有哪些生物，里面一定还有别的生物，大家会想知道究竟还有什么。"

希恩说他在研究撒哈拉沙尘时碰过一些怪事：放置在加勒比海岛屿上的一个水槽，很快积满了泥沙，这些泥沙中意外地充满有毒的水银——这碰巧是撒哈拉沙漠国家阿尔及利亚的矿藏。另一个水槽中的沙土中含有杀虫剂，这种杀虫剂早已在美国禁用，但仍使用于别的国家。1989年，数百万片数厘米长的洋槐木伴随非洲的沙尘掉落在加勒比海迎风处的岛屿上。"我知道许多类似的老故事。"这位沙尘猎人开怀大笑说。不过，他需要的却是详细的资料。

2000年春天，美国太空总署决定帮助希恩取得资料。2月26日，一颗太空总署的人造卫星拍下有史以来最大的金黄色撒哈拉沙尘的影像，任何人只要看一眼就忘不了。蕈状的沙尘云横越大西洋朝西移动。在亚速尔群岛（Azores）[①]当地，一位科学家捕捉到沙尘样本，并把样本寄给希恩和他的同事进行分析。样本中的水银和具放射性铍—7[②]的含量令科学家震惊。

"我们不敢相信铍—7的含量居然那么高，"希恩说，"一个样本里的含量超过工作场所上限值的三倍。水银的含量是2ppm（百万分之一），而正常值是40~50ppb（十亿分之一）。加勒比海附近居民呼吸的居然是这种空气！他们把放射性物质吸进肺里！"

铍—7原本就存在于大气中，正常来讲，它会一直存在。但是

---

① 位于北大西洋上的葡萄牙领土，在葡萄牙大陆以西约1600公里处。——译者注
② 稳定的铍—9是存在于自然界的铍同位素，铍—7为天然的放射性核素。——译者注

由于飞沙长时间在大气中，很可能会吸附具有放射性的铍—7，然后将铍—7带到地面上来。没有人知道水银的来源。沙尘中也含有大量具放射性的铅，那是氡的自然释出产物。

于是，太空总署决定赞助一项加勒比海的大型猎沙计划，想知道沙尘究竟对当地的珊瑚做了什么，也想知道沙尘对岛上以及美国东南方数百万居民的健康有什么影响。至少沙尘猎人可以调查出伴随沙尘掉落在地球上的生物以及化学物质。

有一位微生物学家已经开始进行清点。南卡罗来纳大学的科学家加瑞特·史密斯（Garriet Smith）之前已经找出聚多曲霉是造成海扇死亡的病原。有了联邦政府的赞助后，这位海洋生物学家继续着手研究加勒比海的撒哈拉沙尘，试图找出其他的病原。

"政府希望我们从真菌开始，"史密斯说。他的声调温和，银白色的长发在脑后扎成马尾，"因为真菌对大众健康是潜在的威胁。"真菌之所以对人类构成威胁是因为它们对大部分的药品都具有抗药性。健康的人体受到真菌感染通常都能痊愈，但它们一旦侵入人体便很难排出，对于免疫系统虚弱的人来说，真菌感染可以构成生命威胁。

撒哈拉沙尘里含有丰富的真菌。当史密斯从沙尘中分离出真菌孢子，将孢子放在培养皿中培养，孢子顺利长大。一项普通的DNA检测显示沙尘含有许多种真菌，包括一种能导致类似肺炎的芽生菌。

史密斯的第二任务是要侦测沙尘中的细菌。"沙尘中的细菌种类也相当多。"史密斯说，虽然还没确认细菌的种类。来自天空的感染原还是一个新鲜的议题，目前只有少数人在研究。

"当我们发现一些新玩意儿时真的很有趣，"史密斯微笑着坦承，"因为这是个全新的领域：过去从来没有人见过这些东西。"2001年春天，希恩报告，他的团队在沙尘中发现了139种细菌与真菌，其中14种会感染小麦、豆类、榆树及桃树等作物。

青霉菌预报

对沙尘猎人来说，从天而降的微生物造成的威胁是一项既新奇又令人担忧的议题。但是对农民来说，这样的威胁存在已久。霉菌跟沙漠沙尘的不同之处在于，它是特别借助风来传播的，目的是要寻找下一个寄生地点。成功的寄生者造成全美四分之三的主要作物遭到破坏，一年造成数十亿美元的损失。

"青霉菌"便是这样的真菌。栽种烟草的农民一周要喷洒一次农药，避免青霉菌感染烟草，结果也使烟草成为地球上农药用量最多的农作物。查尔斯·梅因（Charles Main）的研究目标就是要解开青霉菌的生存秘密，推测青霉菌会在何时何地着陆，借此降低农民的农药用量。北卡罗来纳州立大学位于烟草工业的心脏地区，梅因是那儿半退休的植物病理学家。他从很久以前就开始追踪青霉菌孢子的踪迹，所以现在能像预测天气一样推测孢子的出没。

"我们正将气象学与生物学结合，"他说，"现在可以在48小时前发出警报。"

梅因与古巴、中美洲、加拿大和美国的霉菌监测人员合作，确定青霉菌何时何地大量繁殖。然后，利用预测天气的电脑系统推测青霉菌的下一个降落点。某年春天的某日，梅因说他已经定出今年第一场霉菌入侵美国的途径。跟往常一样，真菌会先降落在古巴的烟草田，然后朝北移动。"星期五我们观察到从古巴吹出的风将霉菌带往墨西哥。"梅因说，"但是到了星期六，风向转变，转而朝佛罗里达南部而来。"到了佛罗里达之后，假如风向跟之前一样，霉菌会往北移动，到达加拿大境内。而梅因必须早一步，依据天气状况以及霉菌在这种天气状况下的存活能力提出预测。

"这些特别的孢子生命非常短暂，"梅因说，"在阳光直射下也许撑不了30分钟。这些孢子从古巴出发之后，如果遇上大雷雨，就会被雨水冲刷下来；如果一路上天气晴朗，大部分会在到达佛罗里达前死亡；如果天气多云或多雾，它们会存活下来。所以我们得随时注意沿途的天气状况。"

由于危险的空中之旅会损耗掉许多孢子，所以所有霉菌必须得生产数量惊人的孢子。在被霉菌入侵的区域周围，每立方码（0.76立方米）的空气中充斥着10亿个孢子。真菌形成的天空河流，往往依循可预测的路线交错在地表上方。其中许多孢子会在飞行途中死亡，许多会降落在目的地之外的地方，距离寄生的植物好几公里远。但是仍然会有许多孢子成功降落在目的地，让下一波感染持续下去。

最具北欧特色的霉菌家族之一是"铁锈菌"（rusts），锈菌几乎会感染所有的植物，从谷物到苹果树和咖啡树，造成世界上最严重的植物灾害。锈菌的传染力很强，1966年，感染咖啡树的锈菌肆虐于非洲大西洋沿岸的安哥拉，然后在一周内横越大西洋，感染巴西的咖啡树。小麦秆锈菌可以轻易地从墨西哥散播到数百公里远的美国北部。

在梅因的网站上，农民们对于霉菌侵袭的预测反应相当热烈，梅因一周会更新三次关于青霉菌的预测。这个网站一年至少有25万人次点击阅读，美国中部和北部的烟草农在喷洒农药前会先上网确认霉菌的动态。

然而，梅因并不只满足于预测青霉菌的途径，他与俄亥俄州的空气生物学家莱韦廷一起合作预测花粉的动向。他认为，预测这些过敏原的途径会和预测烟草病害一样成功。"当过敏原正在被计算的同时，病患已经在打喷嚏了，"他说，"我们希望能提供给病患足够的时间做好防范措施。"尘埃预测已经成为一件真实的事情。

预测是掌握沙尘降落途径的一种方法，但是借助已经发生的历史作"后测"（hindcasting）也是有用的方法。有些沙尘猎人会将天空的落尘当成指标，用以探知某个地方正有危险沙尘升起。罗格斯大学的环境化学家斯蒂芬·艾森赖希（Steven Eisenreich）负责管理一组控管新泽西州空气品质的沙尘监测网络。通过分析捕捉到的污染物，艾森赖希可以告诉你风何时从南方来，因为此时，新泽西州的空气中充满白蚁杀虫剂氯丹（chlordane）。他可以告诉你风何时从北方来，因为那时的空气干净。

艾森赖希捕捉到的许多"永久有机污染物"以气体的形式在空气中传播。这些气体也许会随着降雨落下，也许会附着到空气中的其他微粒上，但是它们通常以气体的形式存在于空气中。

想想看多氯联苯（polychlorinated biphenyls，简称PCBs），这一家族的有毒化学物质会储存在动物的脂肪中，逐渐累积在食物链里。艾森赖希说，大部分多氯联苯的家族成员是气体的形式，复杂的化学分子一个接着一个越过空气与水的交界，进入哈得孙河口的水中。但是家族中一些更大的分子会成群聚在一块形成空气中的微粒，跟所有飞行的微粒一样，最后降落到地表。数十年前从电器设备外泄的多氯联苯一直存在于环境中，到现在仍然在玩大风吹的游戏：一颗多氯联苯的微粒被风从地面刮起，到处游荡，降落在某个地方。下一阵风刮起，它又再度飞扬，降落到新的地点。

"在最近的55年来，我们所排放的多氯联苯现在都在哪呢？"艾森赖希自问，"它们在北美、欧洲、北极的土壤与草木中，以及大西洋的海水里。我们不知道的是，这些受污染的土壤还会持续释放多氯联苯多少年？"艾森赖希其实希望多氯联苯被释放到空气中，因为天然的化学物质在大气中能分解成更小、更安全的分子。但是在每一次飞行中，只有少数分子会进行分解，而且全世界的多氯联苯在任何时刻都只有几万分之一以气体的形式存在大气中。

多氯联苯只是徘徊在地表和大气间众多工业化学物质的其中之一个家族。美国在数十年前禁止使用含铅汽油，但是现在道路旁的土壤中仍然含有铅。每次起风，土壤中的铅随时都能随风飞舞。水银、二噁英、砷和DDT不停地在环境中循环，持续随雨水降落到地表。不管这些有毒物质是在土壤中稍事休息，还是又回到空中盘旋飞舞，或是误入食物链中——全都是随机发生的。

艾森赖希第一次建立的侦测网络已侦测五大湖区沙尘超过十年的时间，从中可以明显看出大量的有毒物质从天而降。1994年，侦测显示约有180公斤的多氯联苯和37公斤的DDT，以降雨或干燥颗粒的形式掉落在休伦湖（Lake Huron）上。此外，一百多吨的水银，绝大部分以气体的形式，一小部分以干燥颗粒的形式，在同年掉入休伦湖中。

由于这些有毒物质可以降落在发源地以外的国家，造成当地环境污染，因此国际引发共识一起杜绝污染。任何国家若想保护自己的水资源、环境生态和人民健康，就一定得杜绝来自世界各地的污染物才有效。

呼吸道里的战争

最后，还有一种沙尘猎人，既不猎捕陆地上的也不猎捕海洋里的沙尘，而是要找到跑进人类肺里的微粒。就算呼吸特别干净的空气，每天你还是会从口鼻吸进至少15亿颗微粒。大部分人吸进的数

奇妙的尘埃

目会比这还要多出许多倍。

人体对沙尘一点也不陌生。我们是从沙漠与岩洞、花粉密布的大草原与充满真菌的潮湿森林里演化而来。人体鼻腔和咽喉的结构能阻挡沙尘进入肺部，所以大部分沙尘和花粉粒从未通过你的喉咙，人体防尘的机制是值得赞赏的。

但是在过去一个世纪以来，围绕在我们四周的沙尘性质改变了，工业产生的沙尘往往比天然沙尘微小，它们可以通过头部与胸部的黏膜屏障，穿透最小的肺叶而进驻肺部组织中。世界各国都有令人困惑的死于空气污染的人口数字——每年中国有约一百万人因此死亡，美国则约有六万。

莫顿·李普曼（Morton Lippmann）的整个研究生涯都在追寻沙尘的致命踪迹，他拍打着咖啡色长裤的裤管，寻找扬起的尘埃。"我45年来都与沙尘为伍。"他用浓郁的纽约腔说。尽管性格中透露出厌世的态度，书桌上方却挂着一幅他自己绘制的玫瑰画作，画中的花朵热烈地绽放着。李普曼是流行病学家，他研究疾病的症状，特别是当空气污染向上蹿升时医院和太平间便爆满的现象。

为了将沙尘与死亡联结起来，流行病学家得每天记录一座特定城市的沙尘增减：也许在某一天中，每立方米的空气里有40微克的沙尘，隔天会变成50微克，再隔天又变成35微克。他在同一时刻也记录城市人口的死亡率，日复一日重复同样的工作。然后，他比对沙尘量与死亡率波动的图表，看到了同样的起伏曲线。

"从图表看来，就像是空气污染害死了这些人，"李普曼直率地说，"而且微粒量看来像是最好的指标。"流行病学家告诉我们一个特别堪忧的讯息，那就是他们还不能探测影响健康的最小沙尘颗粒。这表示不管将标准值设在哪里，还会有人死亡。

流行病学家对于预测增加多少尘埃会导致多少比例的死亡率上

升，有着极精密的研究判断。这些研究通常以每次每立方米上升10微克的量为单位。例如，假设尘埃量从40微克上升至50微克，城市中的死亡率会上升1%或是0.5%。"我们讨论的是细微的风险提升，"李普曼说，"比例虽小，但是别忘了大城市的人口是以百万人计的。"

流行病学家对于研究的对象熟悉到可以告诉你城市中的人是因为什么疾病而死亡的。肺部堵塞是常见的疾病，致命的呼吸道感染病比例持续上升，而且奇怪的是，当空气中的尘埃增加，充血性的心脏衰竭、节律障碍以及冠状动脉疾病的发生率也增加了。在某些事例中，当尘埃增加，死于心脏疾病的人数比死于肺部疾病的人还多。

尘埃还造成另一些界定模糊的疾病，是死亡率没有统计到的部分。有一项研究推论，当空气中增加10微克的尘埃量，支气管炎和慢性咳嗽的病例会比平常多出10%～25%。另一项研究则发现，空气中增加10微克的尘埃量，哮喘发生率会增加1%～12%。此外还有第三项研究发现，生活在空气污染严重的城市的居民，其肺活量与生活在空气干净的城市居民相比，少了15%。

李普曼说，受到尘埃危害最重的是65岁以上的长者和年幼的儿童。小孩子呼吸的频率比成人还快，因此也吸入更多的尘埃。而且，儿童发育中的身体也不大能完全排出尘埃中的有毒物质。于是，流行病学家将空气中过多的尘埃与哮喘病、甚至与婴儿猝死的病例联系在一起。脏空气也与生出体重不足的婴儿有关。婴儿出生时若体重过轻，在成长的阶段更容易引发其他并发症。

"事实上，微粒真的与寿命有关，"李普曼说，"而且似乎是造成婴儿猝死的原因。即使我们还不知道所有的变因，我们仍然肯定绝对值得投入力量来控制空气中的微粒。"

正因如此，李普曼加入日益茁壮的沙尘猎人行列，试着凝聚科学界的力量，协助制订更严格的相关法令。他所服务的机构是纽约大学医学院中一个低调的分部，位于曼哈顿以北140多公里。环保署每年拨出数百万的经费资助少数几个此类机构，就是为了这个目的。

1987年，环保署首次建立空中沙尘的相关健康标准值，当时环保署关心的是PM-10，也就是粒径在10微米以下的微粒。这种只有毛发十分之一大小的微粒，小到可以侵入人体肺部。但是不久之后，有的科学家反驳，认为体积更小的微粒对人类健康的威胁最大。哈佛大学有一项指标性的研究显示，每年有成千上万美国人死于吸入粉尘。问题是，即使只规范体积较大的微粒，美国许多地区的空气品质就已无法达到标准。1999年，3000万居住在大城市与沙漠州的居民所呼吸的空气仍然超过PM-10的标准值。

1997年，环保署立下新规定，将标准值设为粒径小于2.5微米的尘埃，也就是PM-2.5。此外，对于可容许的粉尘总量限制，从原本的每立方米五百万分之一盎司（每盎司约28克）降至一半。

这项新规定引发了美国中西部工业区的抗争，他们认为政府与科学家危言耸听。货运公司也加入摇旗呐喊的行列——城市里的脏空气有30%来自货车的柴油引擎。环保署最后变成一场诉讼案的被告，被指控没有对尘埃的致命性提出清楚的证明。当联邦法院封锁新的沙尘标准值，环保署便找来几位优秀的尘埃专家，要求他们帮忙作证。

愈小愈危险？

坐在走廊对面的理查德·施莱辛格（Richard Schlesinger）是跟

李普曼一起捕捉沙尘的同伴。施莱辛格身材高大，衣着一尘不染，穿着熨得笔直的羊毛裤和闪亮的黑皮鞋。在他整洁的办公室中，百叶窗关闭着。即使施莱辛格罕见地对你微笑一下，也是一闪而过。施莱辛格是毒物学家，专门研究有毒的化学物质对生物体的影响。

"空气中的悬浮微粒就像流行病一样会置人于死地，"施莱辛格诡异地微笑，"但是从生物学的角度来看，又很难解释这样的现象。"他从蓄着小胡子的嘴里轻轻叹了一口气。"生物学上的解释还相当模糊。"

施莱辛格说，相反地，人体的确有许多机制可以阻挡尘埃的攻击。第一道防线便是毛发和鼻腔黏膜。吸进鼻孔的沙尘也许就卡在鼻腔中，直到你把鼻涕擤到手帕上才会离开。假如有一颗微尘躲过这样的命运，便会进入蜷曲的鼻甲骨中，那里布满更多的黏膜。空气能顺利通过这些迂回的通道，但是其中体积最大的微粒却难免碰壁。即使还有更小的微尘通过鼻腔，接下来的喉头又是另一道障碍。黏附在喉头的沙尘会随着唾液经过喉咙而进入胃。

不过，粒度小于5微米——相当于一根毛发二十分之一宽的沙尘，却能跟着空气闯过最初的这些关卡。幸好，接下来还有一系列圈套等着它们。即使空气直接冲入气管，其中的粉尘也会黏附在管壁的黏膜上。假如没有，气管不断在肺部分支，形成愈来愈小的支气管，行走其中的沙尘难免会被黏膜捉住。经过一到两天，气管壁上不断向上推挤的黏液会将这些垃圾送到咽喉，推到通往胃的通道。这便是我们身体古老的沙尘防御机制。

施莱辛格说，这样的机制一点也不周全。例如，当你用嘴巴呼吸时，空气便会掠过鼻腔里的屏障，然后就有额外的沙尘进入肺部。此外，有一些沙尘被证明能降低黏液的蠕动速率。一般黏液的蠕动速率为每分钟少于2.5厘米，依个人体质而异。但是某些尘埃，比如香烟烟雾，会让蠕动速率减慢，导致黏膜上的尘埃有更多时间干扰呼吸道组织。

这样的尘埃防御系统对于燃烧产生的粉尘也是能力有限的。细微的粉尘能随着空气轻易通过这些屏障，直达肺泡组织——肺部细支气管末端的小气囊。施莱辛格说，有些粉尘也许会在这些小气囊中待上数年。它们在那儿做什么呢？环保署砸下五千万美元的研究经费，就是希望解开这个谜题。

"我们可以依据流行病学的理论基础来设立标准，"施莱辛格说，他要负责减轻人们对新标准措施的疑虑，"但是从控制污染的策略来看，这会造成不必要的花费。相反地，我们可以试着列举空气中的哪些成分导致疾病。假如我们知道尘埃中的某一种化学物质是病原，那么我们便可以只要控管这一种化学物质，而不是所有的尘埃。"

这可让所有的毒物学家为难了。在工业和汽车排放的尘埃中有好几千种化合物，也许它们全是病原，也许只有其中的两种是病原，也许伴随着尘埃的臭氧是病原之一。而最重要的问题是，导致了哪些疾病？也许有一种成分导致哮喘，另一种造成支气管炎，第三种则引发心脏病。

"心血管疾病如心脏病、中风等——为什么吸进空气中少量的微粒会导致心脏病发呢？"施莱辛格问，歪着头露出困惑的神情，"吸进肺部的尘埃为什么会造成心血管疾病？"

科学界并非没有相关的理论报告。其中有些认为是尘埃中的"添加物"所造成。例如，富含金属成分的微粒常被怀疑。施莱辛格说，燃烧化石燃料释放出容易引发化学反应的金属，例如铜、镍、铁和钒，也许它们会和肺部组织产生化学作用。酸性的微粒，例如溶解的硫与氮微粒，也是常被怀疑的对象。它们也容易和周围物质产生化学反应。

　　柴油煤灰长久以来都是危险微粒，联邦政府将柴油煤灰列为"高度危险"的致癌物。一家加州的空气污染研究机构更进一步推测，在洛杉矶地区室外空气污染物造成的总癌症风险中，柴油煤灰占了将近三分之二。其他从炼油厂、汽车修理厂和汽车排气管排放的废气也被强烈怀疑有致命的危险。

　　但是也有人认为尘埃的颗粒大小是关键因素。毕竟，愈小的尘埃愈能深入肺部，也愈能在里面待更久的时间。一项指标性的流行病学研究调查了六座美国城市的尘埃与死亡率之间的关联，尽管每一个城市的尘埃组成各不相同，死亡率却几乎不受这些差异的影响。最符合"死亡曲线图"的"尘埃曲线图"是只记录空气中所有微尘数量的曲线图：当粉尘的浓度上升，死亡率也跟着上升，二者呈现直接的呼应关系。

　　"所有不同种类的化学物质，所有不同的颗粒大小，"施莱辛格总结着他所面临的挑战，"伴随着不同的气体，还有人为与天然之分。"他抬起眉毛，用手指敲击桌面。尽管面临的挑战多如牛毛，他和其他毒物学家仍在持续朝目标前进。

　　各种医学研究说服受试者短暂吸入各种奇怪的微粒。自愿参与实验的受试者吸过氧化铁、氧化镁、柴油废气以及硫酸气体。为了测试气体进入肺部的途径，他们还得吸入化学性质更不活泼的物质，包括特富龙微粒、带有放射性追踪物质的铝硅酸盐微粒，以及聚苯乙烯的微粒。

　　动物实验则锁定明显导致人类死亡的物质。让动物吸入特定的微粒会导致特定的疾病，例如吸入特别微小的碳微粒会改变血液的组成，提高中风的风险。柴油煤灰也会改变血液组成，改变血小板和白细胞的数目。吸入燃烧化石燃料产生的废气会导致心律不齐

（心跳不规律）；吸入金属微粒会导致肺部胀大。让动物吸入"街头"的污染空气显示微粒会导致多种疾病。这些混杂的微粒就好像成员五花八门的帮派组织，会改变血液的化学成分、心跳速率，以及肺部中保护身体的化学物质。

在人类与动物实验中，科学家都发现了各式各样的微粒能破坏黏液将尘埃从肺部排出的蠕动机制，香烟烟雾是其中之一。但是有一项针对英国木工的研究发现，也许是因为长年来接触木屑的关系，木工呼吸道黏膜的蠕动也相当缓慢。硫酸颗粒是脏空气中最常见的微粒之一，它也会降低黏膜的蠕动速率。一开始，硫的确会刺激黏膜的蠕动加快，但是久而久之，效用会逆转，减缓蠕动的作用最后会超过开始时造成的蠕动刺激。

这些发现显示了尘埃致死的方式：单纯的刺激与膨胀。身体受伤时最自然的反应也许能使虚弱的肺部无法吸入氧气。心脏疾病相关的死因或许也是这种效应的延伸：为了输送更多的血到需要氧气的器官，导致虚弱的心脏衰竭。

沙尘猎人的探索愈来愈迫切。尘埃持续累积在人体中，而每年在美国约有六万人死于吸入空气中的悬浮微粒。

如果将所有的落尘分类是一项漫长的工作，沙尘猎人现在只能说是刚起步而已。每年落在我们身旁无以计数的微粒，有些是滋养土壤的肥料，有些则是导致疾病的病媒。其中许多微粒与我们素昧平生，我们对其可能产生的效果一无所知。

也许我们很快就会领悟到，当来自亚洲或非洲的沙尘从天空降落，我们应该马上找个地方躲起来。不久之前，科学家还认为飞沙走石因为颗粒太大且质地安全，不会造成身体的伤害，只会带来生活上的不便。但是当破纪录的沙尘暴离开非洲，加勒比海的沙尘猎人发现降落在当地的沙尘相当细小，而且同行"搭便车"的还有不是那么安全的"旅客"。

至于有毒的工业尘埃，我们很久以前就知道它们的降落会对生活在周围的动植物与人类造成伤害。但是我们看到一股黑烟升入天空，之后它似乎却消失得无影无踪了。

现在沙尘猎人发现，即使烟雾已经消散，随后也会有其他微粒补上，每一天，24小时，随时都有微粒栖息在我们周围。

奇妙的尘埃

第九章
隔壁来的讨厌鬼

让我们把场景从乌烟瘴气的都市拉到民风淳朴的土耳其。在一个洞穴里，八个女人围坐在地板上，在她们跟前摆着一张矮桌子，桌子上是一堆面团，女人们将面团擀成一张张宽大的薄面皮，擀好的面皮便交给坐在一只钢制平底锅旁的驼背老婆婆。这只平底锅搁在地上，底下有一堆柴火熊熊燃烧，老婆婆不断在柴火中添加干燥的葡萄藤和草，把每一张薄面皮在平底锅上稍微烤一下，然后就放到一旁愈积愈多的面皮饼堆上。在即将来临的这整个冬天，这八个女人得卖力地为她们的女主人——一个有深色眼睛的中年女人，以及她整个家庭，准备食物。

这群女人一边工作，一边谈天说笑。到了中午，她们在薄面皮中填入炒蛋、奶酪和香草等馅料，然后捏成饼。她们在洞穴中传递这些馅饼以及表皮伤痕累累的小苹果。洞穴的一边开口面向秋天温和的太阳，微风徐徐吹了进来。

她们褪了色的印花棉布衣裳和头巾上沾满了面粉。火坑中袅袅地升起一道烟雾，随风飘散到宽广的室外之前先曲折地穿过洞穴。虽然吸入面粉和烟雾对身体都会造成伤害，但是在洞穴厚厚的墙壁里还藏着更危险的微粒。

危险的结晶

3000万年前的土耳其中部，当地的火山喷发出数量庞大的火山灰。火山灰降落到地面，就变成淡粉红色和棕褐色的岩石，柔软到可以用汤匙挖下。经过数百万年风和水的自然侵蚀，雕塑成今日的奇岩怪石，一群15或30米高的石锥构成当地特殊的地貌。远远看去，这些火山锥就像一群火箭或朝天鼻。但更靠近一点儿看便会发现，火山锥里有许多小窗户和不显眼的门。此外，因年代久远而分为两半的火山锥，露出当地居民过去在里头挖掘的迷宫似的房间和弯弯曲曲的阶梯。数千年来，居民在石灰岩里挖掘，用作住家、谷仓和教堂。

制作面包的女主人家位于格雷梅（Göreme）乡村的一个火山锥洞穴中，尽管许多格雷梅村民已经弃置古老的火山锥，搬进水泥砖块建造的房子，有些居民还是守着洞穴为家。这位女主人家宽广的梯台开口于巨大火山锥的一侧，深入火山锥里头的厨房昏暗且凉爽。雕刻的窗户装饰着打折的窗帘，石墙上围绕着电线，连接在电线尾端的是一盏盏发出亮光的电灯。墙壁边凿出一个小壁橱，壁橱上放着一盒火柴，壁橱底下是一个电暖炉。地底深处，这个家庭所饲养的驴子在地下畜舍里发出一阵阵嘶鸣。这是典型的洞穴家庭的写照，无数散布在卡帕多西亚（Cappadocia）宽广平原的洞穴家庭便是这个模样。

在正常的情况下，古老的火山灰不会危害大众的健康。热岩浆喷发后通常会迅速冷却，形成的微粒因为冷却速度太快而来不及结晶，而晶体物质对人体健康较具威胁。但是只要有水的加入，情况

奇妙的尘埃

就改观了。火山灰累积在地面，后来的降雨在灰烬表面冲刷出一道道小小的沟渠，当雨水潺潺流动，水溶掉火山灰里的微小分子，将里面的某些矿物重新沉积成新的形式。流淌下的雨水，在火山灰的空隙中一个分子接着一个分子地填满细长的结晶体。这些肉眼看不见的细针结晶体稳定地累积，有时候变成单一的尖矛状结晶体，或是形成一大丛粗粗的结晶体。然后，在适当的时机，风雨开始在老化的火山灰厚壁上侵蚀出一道裂缝。

尽管这道裂缝让每位专家都可以靠近观察火山灰的秘密，但是直到1974年，土耳其的科学家才首次仔细研究名为卡瑞因（Karain）的小型洞穴村庄里的岩石。这是因为当地许多居民罹患了一种奇怪的癌症。当年，卡瑞因村庄有18人死亡，其中有11人死于肺部的间皮瘤（mesothelioma），其他3人死于肠道的间皮瘤，只有4人不是死于间皮瘤。

间皮瘤是非常罕见的疾病，通常发生于在工作环境中接触石棉的工人身上，但是卡瑞因附近的地质环境中并没有石棉。一群火山锥和石造的房屋嵌在一座座裸露的石灰岩山丘里，围在平坦的山谷旁。村庄里的居民都是农民，当科学家突然造访这个穷乡僻壤时，他们感到困惑且恐慌。科学家的发现使他们确信，卡瑞因当地以及其他数个岩穴村庄的尘土，也许在数不清多少世代之前，在古时候的人们踏进这片柔软的岩石堆时，便开始威胁人类的健康了。

不久之后，土耳其的学者报告，"卡瑞因"原意为"腹部的疼痛"，研究人员引用一句描述村庄居民的古老谚语："卡瑞因的乡巴佬因为胸痛和腹痛而生起了病，肩膀下垂，然后就死掉了。"

研究人员开始搜寻这个地区的其他乡镇，他们发现一些散布在不相连的地点但情况类似的村庄，也同样笼罩在尘土造成的悲剧阴影中。在某个村庄中也许有很多村民都罹患间皮瘤，但周围邻近的村庄却没有人得这种病。卡瑞因北方数公里远的卡力克（Karlik）就没有村民罹患间皮瘤。西北方的观光胜地格雷梅也没有受到这种疾病的干扰。但是在50公里之外的村庄图兹（Tuzköy，又称为"盐镇"），罹患间皮瘤的概率高出正常值的数千倍。

于是，寻找病因的搜索行动展开。科学家在疾病肆虐的乡镇搜集房屋尘埃、街道尘埃、石灰粉、井水、土壤和火山灰岩石做成的房屋砖块粉末，以及火山锥的粉末样本。通过当地医生的协助，科学家取得肺病病人的肺部组织切片。在所有科学家观察过的地方，几乎都发现了一种细微的针状结晶矿物，称作"毛沸石"（erionite）。在病患肺部、街道尘埃和柔软的岩石中都发现了毛沸石的踪迹。从卡瑞因新落成的图书馆的墙上一块石砖取下的样本显示，其中一半的成分为毛沸石。结论是，一丛丛细小的针状矿物结晶混杂在任何地方的尘埃中。

当研究结束时，研究人员发现至少有六个村庄运气很差，位于雨水形成的古老毛沸石矿藏附近，或是正好位于矿藏的上方。也许第一批居民到达这里，在当地凿穴钻洞，他们便开始吸入危险的尘埃。每个村庄新诞生的婴儿所呼吸的生命中的第一口气就含有毛沸石粉末。

在找出尘土疾病的热门地点后，过了四分之一多个世纪，下一代的居民仍继续受到结晶粉末的危害。土耳其的驻美外交官坦承，发生疾病的村庄没有一个被清空的。这位外交官在报告中表示，要清空当地村落需要花费很多时间。

与石棉比邻

不管你住在哪里，盘旋在你家门前的微粒都具有当地的特色。

不过在世界上的某些地方，家乡的微粒却令人伤心。有些危害健康的微粒完全是天然物质，例如溪谷热真菌和致命的汉坦病毒等，都是以微粒的方式在空气中散播；就算是平凡无奇的沙漠尘埃也会造成肺部的疾病。但是，究竟是谁生产出真正造成巨大破坏、危害数千条人命的当地微粒呢？这并非大自然掌管的范围，而是工业革命带来的结果。

早在引擎和其他威力更强大的机械出现之前，我们的祖先就已知道如何烧柴生火制造烟雾，以及放牧牛羊让土地沙漠化的面积变得更加广大。但是，在大型机械开始启动运作之后，世界上每一座工业与矿业小镇都在生产各自专属的尘埃。工业革命的发轫制造了人为的"花粉"——工业产生的粉尘，在工人和附近居民的肺里兴盛茁壮。一些与疾病相关的俚语是这些新兴尘埃开花结果的历史记录："磨坊热"、"飞灰肺（病）"、"木浆工人病"、"铝肺（病）"、"贝克莱特尘肺病"、"清洁工人肺（病）"、"肉品包装工人哮喘"、"空调器肺（病）"，当然，还有"石棉肺（病）"。

与土耳其相距半个地球的蒙大拿州利比市（Libby），是一座翠绿的小山城，笼罩在葱郁的针叶林中，大约有两千五百位居民。就跟卡帕多西亚的居民一样，利比市居民以骇人的速率死于肺部疾病。但是与卡帕多西亚不同的是，利比市的致命尘土是由工业机械从地底下挖掘出来的。

在利比市8公里外的山顶上有着丰富的蛭石矿脉（vermiculite）从20世纪20年代起开采。20世纪60至90年代，因为《法网边缘》（*A Civil Action*）这本书与同名电影而声名狼藉的格瑞斯公司（W.R.Grace & Co.）在那里开采蛭石矿，然后运到利比市加工，再装运到其他工厂。蛭石是一种加热后会膨胀的岩石，用于生产水泥、园艺用品、干墙支撑物和电器绝缘体。

卫生局及环保署官员长期观察格瑞斯公司，因为蛭石的开采要贯穿厚层石棉矿脉。在开采过程中，某些蛭石矿藏的石棉污染成分甚至高达40%。

但是可别忘了，长久以来石棉对人类文明的发展功不可没。数千年前，人类尚未发现石棉的危险性，便先发现了石棉的特殊功用。四千多年前，芬兰人将石棉纤维搅拌到陶土中，以增强陶器的韧性，并利用石棉来修补墙壁裂缝。大约两千年前，罗马人将石棉纤维织入裹尸布中，使火葬进行时骨灰不会与柴堆的灰烬混合在一起。

不过，早期的典籍就已经点出石棉对人体健康的危害。古罗马的博物学家老普林尼（Pliny the Elder）观察到石棉业的矿工和织工大多体弱多病，他甚至还为他们发明了一种囊状的面具。但是他的警告并没有普及到世界其他自然产生石棉的地方。过了一千两百年，足迹踏遍欧亚的旅行家马可·波罗（Marco Polo）在游记中提到，他在相当于现在中国西部的一座山上发现一种特别的岩石，当地人民将这种岩石捣成纤维状，纺成纱，然后织成特别的衣裳，妇女不需要浆洗这种衣物，只需把脏掉的衣服丢到火里，衣服就会变成雪白色。马可·波罗与其他人用"火蜥蜴棉"（salamander wool）这个名字称呼石棉纤维。火蜥蜴是一种偶然间被发现从火场烧焦的圆木中爬出的生物，生性耐高温。

从第二次世界大战时的造船厂工人身上，可以证实石棉的致命性。在战争结束的数十年后，数以千计在战时工作于石棉制造业和建筑业的工人相继死去。即使是现在，每年还有两千至三千个美国工人因长期吸入石棉而死于间皮瘤的新病例。此外，每年有数以百计的人死于石棉肺病（asbestosis）——一种因吸入石棉导致肺部纤维化的疾病。吸入石棉也会导致肺癌。

美国政府偶然注意到格瑞斯公司在蒙大拿州利比市的采矿事业，但不知为何，政府对工人吸入多少石棉的担忧并未引起全城的恐慌。对于这件事，矿坑工人也没有得到完善的保护。甚至当利比市的居民开始出现间皮瘤病例，政府仍然没注意到事态的严重性。

1999年11月，《西雅图邮报》（*Seattle Post-Intelligencer*）揭发利比市受创的真实内幕：将近有两百位居民因吸入石棉引发疾病而死亡，另有将近四百位居民病情严重。其中最引人注意的报道是，许多病患和死者并未在矿坑中工作过。整座山城似乎陷入石棉危机中，于是联邦政府所辖的环保署赶紧派专员到现场调查处理。

"这是第一次有人将所有的线索综合起来。"保罗·佩罗纳德（Paul Peronard）表示。他是环保署在媒体揭发内幕后立刻被派来利比市善后的协调人员。为了控制这个莫名的流行病，佩罗纳德率领的团队快速调查了利比市内所有与石棉相关的病历。从调查看来，每五个因石棉而生病的人中，有一个从未在蛭石工厂工作过。既然未曾暴露在高危环境下，为什么这五分之一的病患会吸入这么多的石棉呢？

当佩罗纳德的团队更进一步调查发现，原来许多病患是蛭石工人的家属。也许是工人回家时，看不见的石棉晶体粘在衣服上也一并被带入家门，家人在长期接触下也跟着遭殃。少数病患虽没有被家族牵连，但多半都有小时候在蛭石加工厂外的石堆上玩耍的快乐经历。加工厂就在小联盟赛场附近。

不止这样，佩罗纳德说，还有一些病患与感染性强的蛭石一点关联也没有。当更多的调查报告出炉，可怕的内幕逐渐揭开：也许整座利比市全都笼罩在石棉纤维中。真的，先前的调查结果发现在花园、庭院和房屋中都有石棉纤维的踪迹。《纽约时报》报道，当地的居民带成袋的蛭石回家，作为园艺用的覆土、家用的电器绝缘体，甚至当成烘烤食品的填充料。佩罗纳德说，他偶然在利比市发现一种食谱，用来制作名为"桑纳面包"（Zonobread）的糕点，桑纳面包的名字来自格瑞斯公司的桑纳力特牌（Zonolite）蛭石。

于是，环保署迅速警告居民，房屋改建时不要再使用蛭石。"我们的确在房屋的电器绝缘体中看到了石棉，当时第一个直觉是，石棉埋在墙里面，不会有关系。"佩罗纳德说，"但是只要一碰它，空气中就会充满石棉纤维，那可是相当危险的。如果你一辈子只有一次，我不知道严重性如何。但如果是五次呢？要是天天都如此，那又会怎样呢？"

事实上，佩罗纳德说，尽管石棉具有明显的致命性，我们对石棉纤维仍一知半解。一开始，环保署认为所有种类的石棉对肺部都会造成危害。但是从新近的研究看来，佩罗纳德低调地表示，这样的顾虑似乎过时了。许多研究人员怀疑，卷曲的纤蛇纹石（又称温石棉），这种最常见的石棉，是最没有危险性的。在利比市发现的针状石棉绒，包括阳起石与透闪石纤维，晶体最为纤细，危险性比纤蛇纹石高出好几十倍。

此外，医学研究人员也不确定究竟吸入多少量的石棉纤维会致癌。美国职业安全健康管理局（Occupational Safety and Health Administration，简称OSHA）认为工作场所的石棉浓度，每立方英寸空气中的石棉纤维应该少于两根。即使在这么低的浓度下，OSHA还是预测每一百名工人中会有一名因为吸入石棉纤维而罹患癌症。

"环保署不会接受一般大众有1%的罹癌率，"佩罗纳德说，"所以一些人认为我们应该将标准值定在低于这个数值的十万分之一。问题是，我们能侦测到的石棉含量只能在千分之一。"

一旦石棉纤维进入人体肺部，在形成癌症前可以蛰伏10至20年的时间。1990年，格瑞斯公司结束在利比市的所有运营活动，但是九年后，平均每周还是有12～14位罹患石棉肺病、肺癌和间皮瘤的新病患登上新闻版面。

也许在土耳其中部和利比市致癌的粉尘最大的不同点是，利比市当地的石棉纤维会因为工业活动散布到全美。在新闻爆发之前，预估大约有两百名石棉业工人和他们的家庭搬离利比市，他们的肺部也许已经累积了不少石棉。更值得忧心的是，格瑞斯公司将生产的蛭石运送到全美约三百座工厂进行加工。环保署必须调查每一家工厂的工人和附近居民的健康状况。当时的情况并不乐观。

"初步看来，工厂附近感染石棉相关疾病的病例的确比其他地方要高，"佩罗纳德说，"而且再一次的，我们得到居民在蛭石堆附近玩耍的记录报告。"

而且，利比市特殊的粉尘仍然在整个国家徘徊。毕竟，美国有数百万间老旧的房子都装置着蛭石制作的电器绝缘体。而且，园艺用品店仍然在出售蛭石产品。

2000年春天，环保署在西雅图地区一家园艺百货用品店中测试了一包含有石棉的蛭石。《西雅图邮报》追踪报道了这则新闻：1991年起，格瑞斯公司在加州重新开始生产桑纳力特牌蛭石，而且没错，这些蛭石中含有石棉。环保署继续大规模测试从全美各地买来的各种蛭石园艺用品。测试结果显示，其中有些确实含有石棉，而消费者无法判断产品是否受到了石棉污染。

假设一位新泽西州的园丁在他的番茄园中倒入一包远地空运而来的格瑞斯公司生产的蛭石，会发生什么后果？环保署没有确切的答复，但就算情况再糟，风险至少比每天与石棉为伍来得低。

而格瑞斯公司的经营者始终否认他们销售含有违反石棉含量规定的产品，也强调采矿和加工的工厂规格符合职业安全的规定。但该公司没有否认的是，利比市当地确实受到石棉污染，他们付钱给当地医院去筛检当地民众有无罹患石棉相关疾病，而对格瑞斯公司提出的诉讼案件也如滚雪球般愈积愈多。

顽强的石英粉末

作为一种工业制造的尘埃，利比市的石棉纤维散播程度是比较大众化的：每个居民都能接触到。通常情况不是这样的，受工业粉尘危害最大的往往是工人，虽然有些工业尘埃会飘进一般民众居住的社区，但还是以接触最多的人受到的危害最大。

几个世纪之前，在欧洲曾有工人因为肺部淤积粉尘而昏厥，当时几乎没有引起科学界的任何注意。劳工也许曾被视为——当终于受到注意时——可以被牺牲的阶级。今日，美国的劳工在防尘条例下受到良好的保护……嗯，事实上，每年仍然有数千名劳工因为粉尘堵塞肺部而昏厥。

然而，这并不是人类无知造成的结果。三个多世纪之前，有一位欧洲的内科医生解剖了几个石匠尸体的肺部，惊见其中累积大量的石屑。接下来的一个世纪，医生开始对工作场所与肺部疾病的关联感兴趣，而职业健康的概念和规范也才逐渐成形。

内科医生注意到，终日与石磨和砂轮为伍的劳工躲不开呼吸道疾病的折磨。再度研究石匠的病例，医生了解到切割砂岩是项相当危险的工作，但如果是切割石灰岩就安全得多。19世纪中期，内科医生分析了从砂轮工人肺部取出的粉沙，开始以科学眼光观察这项危险的职业。

这些粉沙是结晶形的硅酸盐，也就是我们熟知的石英。花岗岩大部分是由石英组成，而砂岩几乎是由纯石英的小颗粒所组成；大部分的海滩岩也一样。石英是地壳中分布第二广的矿物，而工作时会接触到大量石英粉末的职业名单有一长串。一些石英粉沙造成的疾病的别称，显示出富含石英的岩石被广泛应用："研磨者的腐烂病"、"石匠病"、"矿工哮喘"、"陶工的腐烂病"以及"岩石肺结核"。

目前，至少有一百万名美国劳工在工作时会接触大量的石英粉沙。每年约有250名劳工死于"硅肺病"（silicosis）。石造建筑工人、矿工、岩石钻床和磨碎工人、喷沙工人、铸造工人以及研磨工人，都是最容易生病的群体。"磨碎的二氧化硅"是一种应用广泛的岩石粉末，从牙膏到纸张涂料等各种民生用品都需要用到，与之有关的工人也属于高危群体。当病理学家要解剖这类工人的尸体肺部时，会发现里面淤积了太多的粉尘，解剖刀甚至切不开。

要在肺部累积这么多粉尘，一般人是不可能办到的。人体的肺部原本就习惯吸入许多尘埃，在正常情况下，肺部能以惊人的速度捕捉这些尘埃，并将它们排放出来。

我们的肺部每天大约吸入一万四千颗石英粉尘。在肺里，空气中的氧会经过五亿个肺泡壁，曾有病理学家统计过，如果把所有肺泡壁的表面积加起来，大约有一个网球场的大小。

但是，即使是普通程度脏的空气，每立方厘米也有数千颗微粒，所以每呼吸一分钟，大约有三千万颗微粒会黏附在所有的气管壁上，气管壁上有黏液可随时将尘埃排送出去。但是在同一时刻，还有另一千万颗微粒会进入肺泡，而肺泡中没有黏膜可以排放尘埃。

停留在肺泡的微粒有些会溶解，随着血液离开。但是细微的岩石粉屑、煤灰以及其他不溶于水的尘埃则会留下来。

幸运的是，有一群称作巨噬细胞的免疫细胞会守卫每个肺泡。当尘埃进入肺泡，巨噬细胞会上前吞噬掉这些外来物，然后将废物带到淋巴结或最近的黏液排送组织。通常这些守卫是见一个清一个，但免疫系统并非无懈可击。例如，香烟烟雾会降低黏液排送的速率；对巨噬细胞而言，细长的石棉结晶也很棘手；对人体无害的尘埃，例如铁，则不受免疫系统的干扰，会逐渐累积在体内。或者，还有毒性很强的尘埃会杀掉试着排放它的免疫细胞，石英似乎就是这种狠角色。

当石英进入肺部，巨噬细胞会主动上前吞噬，但是石英中的某些成分会破坏巨噬细胞，造成巨噬细胞死亡，石英再度被释放出来，此时第二个巨噬细胞会上前支援，但结果只是重蹈覆辙而已。

当负责维修受伤组织的细胞，在死亡的巨噬细胞与石英粉末周围织起一道纤维状的网络，石英粉末与免疫系统之间的小冲突会暂且告一段落。肺部的石英粉末、巨噬细胞和维修细胞累积得愈来愈多，会一起形成一道六毫米宽的瘢瘤，当这些瘢瘤布满整个肺部，会降低肺活量。过了二十多年，就发展成"典型硅肺病"，从X光片看就像肺部布满了昏暗的小星星。尽管这些硬瘤会降低肺部的功能，但也许不会缩短病患的寿命。

另一方面，硅肺病会演变成"肺部纤维化"（fibrosis），维修细胞也许会形成过于浓密的网络，使得氧气无法充分进入血液中。进入这一阶段的病患，剩下的日子都将依赖氧气筒过活，最后死于窒息或心脏衰竭。

假如劳工的工作环境中含有浓密的石英细粉，他们的病情会加速恶化。在"加速型硅肺病"的病例里，肺部的瘢瘤在5～15年后会造成呼吸短促。如果是吸入非常多石英细粉的工人（一般来说，未受到保护的喷沙工人、岩石钻床工人和处理石英粉末的工人都包括在内），在工作二至三年后就可能罹患"猛暴型硅肺病"。受伤的肺部布满小瘤而且流脓。不过对病人来说，至少长痛不如短痛。

而罹患可怕的猛暴型硅肺病也还不是最糟糕的。愈来愈多证据显示，石英会引发一连串的疾病，从癌症到免疫系统失调都有。特别是当石英与香烟烟雾混合在一起时会导致肺癌。当然，光是吸烟就足以导致肺癌了，只吸入硅质粉尘也会。

　　戴维·戈德史密斯（David Goldsmith）是乔治·华盛顿大学的流行病学家。他说，肺癌可能只是冰山一角。戈德史密斯提到，从这个世纪初开始，一直有证据显示二氧化硅与胃癌、淋巴癌、皮肤癌、肾脏疾病、肺结核，以及一些自体免疫系统疾病，如类风湿性关节炎、硬皮病、休格兰氏症候群和狼疮有关。假如这些都是真的，那真是惊人的致病记录。但是，戈德史密斯说，对于石英如何引发这些疾病，还只停留在理论建构的阶段。这些对劳工的潜在风险还未引起科学界广泛的注意。

　　"直到20世纪80年代，有关二氧化硅的研究，在公共卫生领域仍然是冷门中的冷门。"戈德史密斯说。尽管如此，他仍然选择投身这个领域。"现在，我们比过去了解得更多，但是仍然有许多未知的谜团尚未解开。"

　　今天，还有人死于硅肺病这种显然可以预防的疾病，让人感到有些惊讶。而且美国并不是率先采取预防措施的国家。

　　例如，在大约五十年前，欧洲国家就严禁喷沙工业使用石英砂石。1974年，美国政府试图参照办理，却被油漆和喷沙工业阻挠。直到1996年，劳工部部长罗伯特·赖克（Robert Reich）宣示对石英展开一场新的抗争。在抗争标语"那是二氧化硅！不是普通尘埃！"之下，赖克恳求劳工随时在工作场所洒水、使用其他种类的沙子喷沙，并且定期作肺部X光检查。这算是一场小型的抗争。至于在发展中国家，石英工人受到的保护则更少。

　　"在南美洲、中国与俄罗斯，"赖克飞快念出一串名字，"那里的接触率更高。1995年，在中国罹患硅肺病的人平均寿命减少25年。这是个严重的问题。"

煤尘杀手

对大众来说，拜黑肺这种疾病所赐，煤尘是比石英粉末更为人熟知的健康杀手。

富含碳的煤尘不会像石英粉末一样破坏巨噬细胞。当一颗煤尘进入肺部，巨噬细胞会成功地吞噬并将它带到排放废物的地方，但是假如清理的速度不够快，煤尘就会在肺部累积。在这个例子中，累积的煤尘团块称为"斑点"（macule），就像肺部组织里嵌了一颗颗的黑豆一般。

在黑肺早期的肺部组织切片中，黑豆般的斑点会均匀散布在组织中。尽管矿工的唾液会因煤尘而变成如同黑墨般，但初期的黑肺并不会置人于死地。但是，假如矿工的肺部真的已经开始累积煤尘，继续发展到最后，三人中有一人会死于黑肺。

当矿工持续呼吸含有煤尘的空气，肺部组织就会开始受到损害，导致功能退化。吸入过量煤尘所引发的肺气肿，会降低肺部组织的弹性，造成病人呼吸困难。或者，病人的肺部也会如同硅肺病般开始布满纤维性的瘢痕，使组织僵硬。病患的嘴唇和耳朵会开始因为肺部组织里氧气交换的速率减慢而转变成缺氧的蓝色。当肺部继续纤维化，病患的呼吸会更加吃力痛苦，最后就像患硅肺病的病人一样无法自行呼吸，直到死前都得依靠氧气筒维生。

煤尘每年杀死一千五百名矿工，造成数千人肺部残疾。由煤炭税所赞助的黑肺基金每年投入15亿美元救济20万名受害者——生病的矿工以及他们的配偶及小孩。

直到20世纪60年代，美国的主管机关才注意到煤炭的可怕。现在，尽管联邦政府限制工作场所中的煤尘浓度，死亡人数仍然没有下降。原因之一是，在强制进行矿坑尘埃测试时，作弊风气十分猖獗。九十年代初，劳工部就曾抓出数百家作弊的采矿公司。1998年，肯塔基州路易斯维尔市的《信使日报》（*Courier-Journal*）指出，采矿公司的作弊风气仍然相当普遍。到了2000年底，联邦政府接手负责测试，但是一家研究矿工健康的政府机构争论说，就算每一座矿坑都符合目前的尘埃标准值，矿工仍然暴露在危险中，因为标准值订得太低了。

逃过黑肺的矿工也许会罹患硅肺病，因为矿工常常要在砂岩或其他岩石上钻孔以取得煤炭、黄金或任何岩石下的珍贵宝藏。在这个过程中，他们会吸入大量的石英粉末。看起来露天开采，例如怀俄明州昂贵的露天矿坑，似乎比地下开采来得安全。其实不然。美国政府最近一项关于宾夕法尼亚州露天矿坑的研究发现，自愿接受X光检测的工人中有7%罹患硅肺病。

露天开采不只会让工人吸入挖矿时产生的大量尘埃，附近的居民也会一起分享。最近有一项研究将靠近矿坑的四个乡镇和距离遥远的四个乡镇作比较，虽然研究结果没有惊人之处，但是作者推测，空气中多余的尘埃也许可以解释为何靠近矿坑乡镇的孩童就诊的次数比一般孩童要多。

石棉纤维、石英粉末和煤尘是最广为人知的工业尘埃，长久以来影响着美国劳工肺部的健康。但是几乎每一种岩石和金属微粒，只要吸入过多都会致病。尽管其中一些疾病已在美国的医学教科书中开始被特别附注说明，但发展中国家的劳工仍然处于危险之中。

例如，"滑石肺病"（talcosis）是一种与硅肺病相似的疾病，是由于吸入过多的滑石粉末所引起的。滑石粉末跟石英粉末一样有上百种用途，化妆品、爽身粉、药丸、纸张涂料和花园肥料中都含有滑石粉。滑石粉末有时候还含有石棉纤维，这让情况变得更加复杂。

石墨对肺部的影响就跟煤尘一样。有一本教科书形容吸入大量石墨的肺部看起来就像"吸饱了墨汁的海绵"。这种由碳组成的晶体矿物，磨成粉后有广泛的用途，从润滑油到铅笔笔芯都需要用到石墨。

陶工的肺部则饱受长石的折磨。长石是一种富含二氧化硅的矿物，磨成粉可以用来制作陶器的釉料。不过，石英中的二氧化硅是结晶体，长石中的二氧化硅则不是。尽管如此，吸入太多的长石粉末还是会激起维修细胞的修补反应。"洗衣工人的肺尘症"的第一个病例出现于英格兰，也许是因为洗衣工在清洗陶工的制服之前，会习惯性地抖动衣物，结果扬起制服中的长石粉末，经年累月吸入而引发疾病。

焊接工人的身上会出现"铁尘肺"（siderosis）这种疾病，肺部中累积铁和烧黑的银微粒。有时候这些粉末不会对肺部组织造成伤害，因此只算是令人伤脑筋的"讨厌鬼"。不过，逐渐有证据显示吸入金属微粒与猛暴型的肺部疾病——"自发性肺部纤维化"以及口腔癌有关。

生物微粒的侵扰

乍看之下，植物微粒似乎比金属、矿物的粉末性质更加温和。在显微镜下，岩石粉末看起来像边缘锐利的小石块，而植物微粒看起来就像柔软的绳索碎片。但事实上，劳工肺部饱受植物微粒侵扰的历史却更加悠久。

　　　　　　　　奇妙的尘埃

19世纪末期，当纺织爱尔兰亚麻线的工作走出家庭进入纺织厂，许多工人突然罹患了"周一晨热病"（Monday morning fever）。在棉尘和植物纤维遍布的纺织厂中辛勤工作的工人身上，出现了慢性咳嗽、哮喘与呼吸急促等症状。在星期一，也就是在短暂离开纺织厂后上班的第一天，这些症状尤其严重，然后在接下来的一周，病情又会缓和下来。在纺织厂工作十年或二十年后，这种在星期一最严重的疾病会整周发作，持续不退。这种疾病的正式名称是"棉屑沉着病"（byssinosis），这种疾病很快便在世界各地的亚麻、棉花与大麻纺织厂相继发生。

棉屑沉着病就跟硅肺病和黑肺一样，至今仍是常见的职业病。1995年，美国职业安全健康管理局估计，美国有三万五千个棉业工人因为感染"棕色肺"（也就是棉屑沉着病）导致肺部缺陷。在美国很少出现因吸入过多棉尘而死亡的病例，部分原因可能是将棕色肺与其他常见的肺部疾病混淆在一起。不过在栽种棉花的贫穷国家，棕色肺病情十分猖獗。

实际上，棉尘混合了植物纤维、尘土和细菌，细菌可能具有毒性。"内毒素"（endotoxin）是活细菌和死亡细菌所产生的有毒化学物质，像鬼魅一般飘荡在空气中。纺织厂充满了这些毒素，工人在工作时不知不觉地将它吸进肺里。棕色肺的病因仍然不明，比较清楚的是，如果棉业工人也有吸烟的习惯（或是常吸二手烟），感染棕色肺的风险会提高很多。

（人造纤维未必就对肺部比较健康，"毛屑工人肺"是一种新兴的疾病，常见于一些制造尼龙碎片的工厂工人身上。尼龙碎片可以用来制作仿天鹅绒毯、缎带和车垫衬物等。科学家一度认为对身体无害的尘埃愈来愈多地被发现会对肺部造成伤害。）

木屑是另一种恶名昭彰的植物纤维。许多家具工人、木匠、锯木工人以及其他的木材业从业人员，只要工作两年之后，便会开始咳嗽、丧失肺部功能。那些工作了十年以上，尤其又有吸烟习惯的工人，更容易发展成哮喘病。有些研究也发现木屑与鼻腔癌和口腔癌有关。某些树木的粉屑比其他树种更加危险，例如山毛榉、西洋杉、橡树、红木、艾罗可木（iroko）以及斑木树（zebrawood），它们在锯木的过程中也会释放出一堆霉菌，"枫树皮清洁工人肺（病）"、"红衫病"以及"纸厂工人肺（病）"这些名称带点诗意的疾病，便是由真菌而非木屑本身所引起。

假如无处不在的致命石英粉末在植物界也有难兄难弟的话，那就非麦粉莫属。世界各地都有麦粉，而且威力惊人。值得庆幸的是，麦粉似乎只会造成面包店辛勤的员工产生过敏和哮喘症状。

研究显示，面包店的新员工中有十分之一在一个月内会对麦粉产生轻微的过敏。三年之后，五分之一的面包师傅也会发生同样轻微的症状。一项研究显示，十年之后，一半的面包师傅会对麦粉过敏，只有5%～10%会发展成完全的哮喘。

跟棉尘一样，环境中充满麦粉也会造成健康方面的问题。麦粉不可避免会受到各式各样的污染：麦秆纤维、真菌、象鼻虫的碎屑、尘螨与啮齿类动物的毛发，其中每一种尘埃本身都可以引发哮喘。"小麦象鼻虫病"是一种对麦粉中的额外成分产生激烈反应的过敏症。高粱、大麦、玉米、黄豆以及燕麦的粉末，跟小麦粉一样会引起类似的疾病。而且，（也许无须再提醒）吸烟会让病情加重。

尽管棉尘、木屑和谷粒粉末是最出名的植物碎屑，但其实整个植物王国里的成员都具有引发哮喘的本领：茶叶工人吸入的粉尘会让他们的气道紧缩，咖啡粉末会导致不可逆的肺部伤害，香烟工厂的员工罹患的疾病与棉尘引起的疾病相似，软木工人容易罹患一种由发霉的软木碎屑所引起的疾病。此外，还有（或者说曾

奇妙的尘埃

经有）"红辣椒工人肺（病）"。这种疾病一度专属于匈牙利和南斯拉夫负责切开又红又肥（而且发霉）的红辣椒工人所有。辣椒果实经过长久的选植，已经不需要进行再加工劈开，这种疾病也就跟着消失了。

矿物、植物，甚至是动物都可以产生有毒的尘埃。大家都知道猫、狗的毛会引发过敏和哮喘，但是，老鼠呢？蝗虫呢？谁会因为吸入这些东西的尘埃而产生过敏的症状呢？

养殖者和实验室里经常接触实验动物的人会。小鼠、大鼠和其他实验动物似乎在成功散播疾病之后报了一箭之仇：它们身上的尘埃会让饲养者罹患一种类似流感的疾病，称作"啮齿类动物处理者病"，甚至是终身的哮喘。

在养殖场和实验室中，通过空气传播的鼠类尿液微粒特别能引起工作人员过敏哮喘等症状。在饲养老鼠的建筑物的通风设备中会发现尿液微粒，表示这些尿液微粒也许会借此散播到邻近区域。天竺鼠的尿液与唾液微粒也一样有害，兔子也一样，人类饲养繁殖的蝗虫也会散播有害的微粒。

整体来说，这些小动物会导致三分之一的饲养者和管理者产生过敏症状。假如这些工作人员没有识时务地转换工作，其中有一半最后会罹患终身的哮喘。

农场危机四伏

那么，让我们逃离脏兮兮的工厂和实验室，前往农场吧！当然，没有比农民更健康的职业了，农民整天都沐浴在有益健康的阳光下，甚至当你开车经过乡村时，呼吸扑面而来的新鲜空气本身就是一种愉快的享受。

不过如果再仔细想一想，你也许就会觉得该把车窗摇上。加州理工学院最近的一项研究显示，行驶在柏油路上的车子会扬起一阵含有20种常见过敏原的灰尘，包括花粉、霉菌和动物的皮屑。在乡村道路扬起的尘埃则比在城市道路更多，因为乡村道路旁有更多的植物和泥土。

当你经过乡村特殊的标志——焚烧垃圾的大铁桶时，记得把窗户关得更紧一点。从这个巨大装置（容量约二百升的生锈铁桶）中飞出的煤灰是美国乡村特产的尘埃——也是许多发展中国家的标志。

根据环保署的统计，美国大约有两千万人在使用这种铁桶处理家庭废弃物。对这些简单的焚化桶进行了测试，结果连环保署自己都感到惊讶：一只简单的铁桶焚烧三天的垃圾量，所产生的致癌物质二噁英，跟一座全新的巨大焚化炉燃烧两百吨垃圾所产生的量一样多。原来，摆在各家后院的铁桶燃烧时的温度相对较低，这正是将垃圾中的氯转变成二噁英的关键。氯存在于各种家用品中，从添加漂白剂的纸张到聚氯乙烯（PVC）的塑料罐头，甚至是厨房炒菜的盐里都有。

乡村的铁桶也会飘送黑烟——焚烧一天分量的垃圾可以制造一百多克的煤灰颗粒。如果环保署实施垃圾分类，去除其中可回收的物品，燃烧产生的煤灰变少了，但是却有更多的二噁英。

假如在去农场的路上并没有看到烧垃圾的铁桶，但碰巧经过垃圾车，这时还是把窗户关上吧！从垃圾车飘送过来的气味，就知道里面含有某些从垃圾袋里散发出来的东西。清洁队员或多或少都在吸进我们所丢弃的垃圾。看垃圾车四周围绕着平时以粪便维生的细菌，可以想见垃圾里必然有一堆尿布和狗大便。

清洁工得忍受这些气味，不管是在垃圾车中还是在焚化炉旁，甚至在作资源回收时，他们比其他工人更容易腹泻、患支气管炎、咳嗽、哮喘、呼吸急促、得类流感疾病以及疲劳倦怠。

最后，我们终于来到了农场，美好的老农庄所产生的"尘埃爆炸"足以摧毁一座水泥青贮窖（silo）；宁静安详的农庄，就连牛也会罹患"雾热"；健康洋溢的农庄，连健壮的农民也会被一种导致发热和疼痛的疾病"有机微粒毒素症候群"所击倒。

"有机微粒毒素症候群"的专业名称是organic dust toxic syndrome，简称ODTS，是另一种长期被忽略的疾病，每年骚扰好几十万名蓝领工人。任何曾经在秫草棚中嬉戏玩耍的人都熟悉旧稻草屑引发的喉咙麻麻痒痒的感觉，那是ODTS最轻微的症状。1994年，为了呼吁民众更关注这项散布在农场的疾病，美国国家职业安全卫生研究所（National Institute for Occupational Safety and Health，简称NIOSH）描述了一个典型的例子：

> 在亚拉巴马州，11名年龄介于15至60岁的男性工人在密不透风的谷仓里搬运八百蒲式耳（约两万八千多升）的燕麦……据报道，燕麦中含有几包白色的粉末，工作环境灰尘弥漫，所有谷仓里的工人只戴着单吊带的可弃式口罩。工人们2~3人一组，每20~30分钟轮班一次，在谷仓中铲八小时的燕麦。在工作4~12小时内，9名在谷仓内工作的工人出现忽冷忽热、胸口不适、虚弱和疲劳的症状。据报道，8名工人呼吸急促、6名连续不停地干咳、5名抱怨身体疼痛、4名开始头痛。2名留在谷仓外工作的工人没有产生任何症状。

研究所还列举了其他的乡村病例：一名52岁的男人某天铲了木

屑和树叶的施肥堆，12小时后因发烧、呼吸困难被送入急诊室；另一个例子是，当工人们从青贮窖的顶端移开一层发霉的青贮饲料时，吸入一阵白"雾"，不久便一个接一个生病倒下。

那阵雾并不是谷屑、青贮饲料屑或是稻草屑，而是住在里面的微生物碎屑。三分之一的农民都有这样的经验，假如一下子吸入太多，几小时后你就能体验最真实的农场经验：ODTS就像流行性感冒，会让你产生明显的呼吸困难症状。

虽然大众最近才开始关注ODTS，但它并不是新兴的疾病。在民间，它被称作"谷物热"和"青贮窖卸载工症候群"。而且至今为止，人们还不了解微生物是如何引起这种普遍的热症的，也许有时是由细菌分泌的内毒素所引起，不过也有可能是谷物受到霉菌、麸皮屑、穗屑、淀粉微粒和谷物本身的碎屑，加上昆虫残骸、花粉和啮齿类动物的毛发所污染。

好消息是，感染ODTS的农民通常在几天之内就会痊愈。坏消息是，感染了一次之后就更有可能感染第二次。假如ODTS只发生在乡村，长此以往也许会发展成一种名为"农夫肺"的疾病。这种乡村疾病会发展成终生支气管炎、呼吸急促、体重下降，以及逐渐减少身体供氧量的肺部纤维化。

甚至牛也会罹患农夫肺，假如它长期将口鼻埋在土壤表面进食的话。所谓的雾热会让牛感染慢性咳嗽，咳起来惊天动地。雾热对于生活在牧场中的牛群通常不会有太大影响，但是对马而言，产生呕吐的症状却是比赛生涯的阴霾。

植物微粒难以察觉，动物微粒却往往伴随着独特的气味出现，而且染上的后果更糟。例如，猪身上产生的微粒包罗万象，从干燥的粪便颗粒薄雾、病菌、猪圈的尘埃、猪身上的皮毛屑，到大量的内毒素都有。内布拉斯加大学医学中心的苏珊娜·冯·埃森（Susanna von Essen）认为，在养猪场中，上千只猪崽挤在栅栏里，使得弥漫在空气中的微尘更具危险性。

"养猪场的空气中含有大量的内毒素、尘埃以及氨，所以脏东西很多，"她说，"但是养猪的利润不高，猪农通常不愿意花钱改善空气品质。"就某种程度而言，猪的微粒是难以捉摸的，冯·埃森说。尽管内毒素明显会危害健康，但还有其他的东西能伤害肺部。她曾在实验室分离样本中的内毒素，却发现剩余的其他微粒还是会造成细胞肿大。

"我们正在研究成分'X'。"她说。比较为人所知的是游荡在人类与猪之间的病毒疾病，飘荡在空气中的猪微粒偶尔会引发人类感染脑膜炎和猪流感。

艾伯特·希伯（Albert Heber）曾亲身经历过。他专门研究猪的相关微粒。这位普渡大学的教授在实验室中研究从养猪场散发出来的各种病菌和尘埃。他年轻时曾在叔叔的养猪场中工作，所以了解这些微粒对在此工作的人比对附近居民的伤害更大。

"你会不停地吐痰，"他回忆说，"我当时不知道为什么会这样。就这样过了五年。然后当我跟叔叔辞职之后，这个症状就自然消失了。后来我进入这个领域才知道：'哇！原来是这样啊。'即使是现在，每当我走进养猪场，我还是会觉得……痰又涌上来了，这样的症状会维持一天左右。"

希伯回忆20世纪80年代与一些猪农面谈的经验，这些猪农对自家养猪场的气味相当过敏，症状严重到无法在里面待上15分钟。希伯说，尽管养猪场的环境已经有所改善，员工的流动率仍然很高。这是罕见的奇事。"滤纸上搜集到的尘埃颜色是大便色，"他说，"它们是棕色的粪便微粒。"希伯说，在英国，猪农必须给每一位工人提供口罩，在美国却没有这样做。

饲养家禽的农场也不安全。20世纪60年代，发生在鸭农和鹦鹉饲养者身上的鸟类传染疾病首度受到关注。在那之前，在鸡农与火鸡农身上就曾经发生病例。不过，最出名的却是与鸽子有关的疾病，每五位鸽主中就有一位会产生对鸟类过敏的症状。因此，这种症状也称为"爱鸟者病"、"鸽主肺（病）"。

　　干燥排泄物里的真菌常常被视为引发疾病的主因，但这种想法有时会受到质疑，因为鸽子大便是"超含水的"：它会吸水而保持湿湿黏黏的状态，而湿黏的东西并不会粉碎成微粒。鸽子身上的"白粉"（bloom）是另一个可疑的对象。白粉是一种非常细小的蜡质粉末，在鸽子的羽毛表面形成一道防水层。此外，干涸的血清——血液凝固后所剩的液体部分——是每根掉落的羽毛前端都会带有的东西，也是可疑对象之一。

细小物体的巨大灾难

　　跟世界上许多有害的尘埃一样，农场尘埃并不站在光明的一边。农场就跟矿坑、造纸厂和烧垃圾的铁桶一样，也会污染环境。杀虫剂和肥料会蹦蹦跳跳地经过附近的乡镇，不是以气体就是以微尘的形式散播。当然，空气中也会含有大量的土壤，甚至是谷物的碎屑也会污染乡村清新的空气。加上大谷仓和研磨工厂在工作的过程中每年会释放出50万吨的微尘，其中也包含鼠类的毛发和昆虫的残骸。这一类的微尘会引发比疾病更大的灾难。

　　当谷类被倾倒、推挤和搅拌，谷粒摩擦破裂。这些细微的粉尘累积在谷粒、空气、机器和大谷仓的角落。粉尘细小的体形具有极度易燃的特性。1998年，戴布鲁斯谷物公司（DeBruce Grain, Inc.）的谷仓工人曾亲身经历粉尘造成的灾难。

堪萨斯州海斯维尔（Haysville）的大谷仓是一排横过平原、四百多米长的高大青贮窖，是世界上最大的谷仓之一。谷仓里的输送带通过复杂的地下通道运输谷物。6月8日早晨，引发大火的第一道火花从某处迸发出来。也许是输送带上一块磨损的轴承开始因摩擦变热，或是承包商在某个错误的地方留下了一盏灯火。总之在这里，星星之火可以燎原。

不管是什么原因，某个灼热的物体持续加热周围的粉尘。当一些粉尘最后到达燃点，一颗小小的火球迸发出来。火球借助悬浮在空气中的粉尘愈烧愈大，起初的火球虽然相当微弱，但也足以扬起地面的落尘。新悬浮的尘埃跟着着火，产生的第二次爆炸炸掉了青贮窖一片相当于车子大小的水泥墙，钢制的门就像一片铝箔纸般被压垮了，16公里外威奇托市（Wichita）的房子也为之震动。事发当地粉尘弥漫，满地都是散落的谷物，到处都是受伤的工人。在这次爆炸中有七人丧生，其中四人被埋在倾泻而下的谷物中长达数天。窖中的谷物燃烧了好几个星期，残破不堪的谷仓上冒出阵阵浓烟。

无独有偶，那一年在美国有18起粉尘爆炸事件，一共造成24人受伤，损失了3000万美元。

不过，说到农场尘埃对邻近区域的影响，粉尘爆炸惹的麻烦恐怕还比不上几千只猪所制造的微粒。对住在附近的居民来说，植物微粒只是小事一桩，而通过空气传送的动物微粒，却会以独特的气味宣示其存在。

希伯教授现阶段的研究是在养猪场外面，寻找降低臭味的方法。他的其中一项研究发现，养猪场会散播出非常多的细菌，多到在180米之外的顺风处都可以测量到。就算是空气干燥、阳光充足、位于一个足球场之外的地方，仍然侦测得到细菌的存在，而且还是活生生的细菌。除了细菌之外，在1.6公里外的顺风处还是闻得到养猪场的臭味。

"人们通常不抱怨微粒，"希伯说，"他们抱怨臭味。但臭味是微粒带来的，他们只是看不到微粒而已。"

猪的微粒以臭味著称，牛的微粒则可能以数量成为奇谈。饲养场是不断将牛养肥以供宰杀的场所，其中有一种被专家称为"粪便微粒"的物质特别多。每天，一只牛在畜栏中排泄约2.5公斤的粪便——以干重计算。假如畜栏中没有保持潮湿，牛的尿液很快就会变干。然后，到了凉爽的傍晚，牛群更加骚动不安时，干燥的尿液可能会在牛蹄的重踏下形成细微的颗粒，然后这些细微颗粒会随风飞散到其他地方。

大量的排泄物就以这样的形式散布到各地。每天，畜栏里的一千只牛会产生近7公斤的尿液粉末，活跃在邻近的区域，累积出的效果是非常可怕的。在得州，每天都有大约三百万头牛在畜栏里尿尿。全美的牲畜每年产生约六万五千吨排泄物微粒。与过度放牧造成土壤裸露损失的沙尘吨数相比，虽然这只是小巫见大巫，但附近的居民却每天都要擦拭餐桌上的排泄物微粒。相较之下，恶心的程度补足了数量上的差距。

木乃伊的肺

农场与工厂的微粒在造成死亡与疾病时容易分辨，也容易找出责任归属。除此之外，一些大自然中的微粒也很危险——就像土耳其岩穴乡镇的实例。这要看你居住在哪里，或许你所在的地方就有如洪水猛兽般的尘埃。这只要问问埃及的木乃伊就知道了。

1973年，位于底特律的韦恩州立大学医学院医疗团队，无视罹患"盗墓者肺"（一种确实存在的神秘症状）的风险，解剖了一具有两千年历史的埃及男尸。他们在尸体中发现了各种神奇的事，包括一大块在小肠中长满蛆的肉以及动脉硬化症——一种因为饮食过于油腻而引起的文明病。不过，尸体的肺部也告诉医生当时埃及的空气状况——非常污浊。

尸体的肺部分布着一块块纤维化的硬块，在病变的区域有两种尘埃沉淀：一种是来自浓烟的黑炭，研究人员注意到这种肺部状况是可以推测的，"可能发生在密闭空间，如小木屋、洞穴或帐篷中的篝火"。

另一种尘埃则是石英。这具木乃伊患有硅肺病。通过检查木乃伊的手部，医疗团队推测他生前并不是石英工人或其他种类的劳工。只有一种方式会让他吸入大量的石英，那就是他可能仅仅经历了几次沙尘暴，结果吸入了满肺的二氧化硅。

（另一种在尸体骨质中发现的沙尘，为我们讲述了关于古埃及比较愉快的故事。他骨质中的铅含量少于1 ppm，而现代人的骨骼中含有六至二十多倍的有毒金属。这些物质由精炼厂和其他还在燃烧含铅汽油的车辆所排放出来，或是来自不停循环的老旧污染物。）

这具木乃伊所遭受的病痛——"沙漠硅肺病"，目前仍然是一些沙漠中的居民经常罹患的疾病。科学家首次报道这种沙尘疾病，是发生在利比亚的人民以及内盖夫沙漠（Negev Desert）的贝都因人（bedouin）身上的。不过，这种疾病也曾出现在一些不可思议的地方。

1991年，一支由来自印度和英国的成员组成的医疗团队宣布，在印度北方喜马拉雅山上海拔3000米高的地方发现了一个罹患硅肺病的部落。在高山河谷里的曲巧村（Chuchot），每年春天都会遇到浓厚的沙尘暴，这些沙尘足以覆盖四周的景物。海拔更高的史托克村（Stok），遭遇较少的沙尘侵袭。但是这两个村庄的居民都因为吸入过多的尘埃而罹患硅肺病。医疗团队的X光检验发现，曲巧村中几乎每个妇女都罹患某种程度的硅肺病，一半以上的男人也是（研究团队注意到，村中的妇女负担大部分的农务，还要负责打扫灰尘满满的家）。在史托克村，硅肺病的罹患率比曲巧村低一点，但仍出奇地高。后来，同一个研究团队在第三个村落发现三名罹患非常严重硅肺病的村民。

沙漠硅肺病也出现在加州中央谷地的农民、半沙漠的圣迭戈的动物园动物、蒙特雷—卡梅尔半岛（Monterey-Carmel peninsula）的马身上。有些科学家认为沙漠硅肺病的病例常常是误诊。沙漠居民的肺里的确含有石英，有时候也真的显示出硅肺病特有的纤维化瘢瘤，但是这种病变的肺部也常常是因为吸入室内生火烧菜时所产生的黑煤灰造成的。在研究南非妇女使用砂岩工具研磨玉米的生活形态后，一些研究人员提议"小屋肺（病）"更适合用来形容沙漠居民因浓烟和沙尘所罹患的疾病。

意想不到的尘害

自然尘埃跟工业尘埃一样，也有"矿物尘埃"与"植物尘埃"之分。花粉大概已被全世界当成讨厌鬼，不过有些植物尘埃只出现在特定的地区。

"溪谷热"是因吸入一种生存在土壤中的特别真菌所造成的疾病。这种真菌以圣华金河谷（San Joaquin Valley）命名，在一年之内感染了美国西南部数千人。人们在不小心时，或是在翻动干土时吸入这种真菌。这种热症也被称为"沙漠热"、"沙漠风湿"。这种真菌会导致肺部充血、发热以及疼痛，但是很少致命。因而很少引起注意。在南加州的锡米谷（Simi Valley），这种真菌每年只感染少数人，当地几乎没有人知道溪谷热这种疾病。至少在1994年北岭市（Northridge）大地震撼动洛杉矶北方山丘之前是如此。在地震发生后，锡米谷地区突然有两百余人因为感染真菌产生热症而倒下。

美国疾病预防控制中心派来艾琳·施奈德（Eileen Schneider）和拉那·哈杰（Rana Hajjeh）两位流行病学家赶到现场，要查出真菌病原从何而来。他们注意到，新闻报道提及地震和余震引发了数千次山崩，干燥的土壤从山侧剥落，使得锡米谷地区漫天都是灰尘。

"这些尘幔令人印象深刻，"施奈德说，"照片中的尘幔几乎笼罩着整座城镇，还有一些小型尘幔跟几栋房子一样大。当地居民说四处都是尘埃——池塘和房子里都是，他们必须戴上面具来保护自己。"

几天之后，受真菌感染的人开始被送进急诊室，他们的症状包括咳嗽、疲倦、夜间盗汗和发烧。许多人被误诊为肺炎，且大部分人都痊愈了。事实上，施奈德和哈杰发现，四分之三受到感染的病人从未被送到医院，而且有三个病人已死亡。

研究团队标记出受难者的住处和尘幔从各山崩处扬起的途径，发现了二者吻合的地方：尘幔飘过的地方正是出现病患的地方。研究人员更进一步发现，报道中在尘埃里待比较久的人，更可能发展出成熟的溪谷热。就像对许多危险的尘埃一样，人们对这种疾病所知甚少。

"没有人真的知道你需要吸入多少孢子才会产生症状，"施奈德说，"有些人认为你只要吸入一个就会生病，也有人认为需要吸入更多才会得病。"

关于这种真菌的生活史，人们也不太了解。施奈德说，你可以收集土壤样本、找出孢子，然后走到15米外再收集另一个样本——然后什么也没发现。

汉坦病毒是另一种借助空气传播的病原，目前只出现在几个地区。有趣的是，这些地点每年都不一样。1993年这种病毒第一次被诊断出来时，它是美国西南部的特殊病症。后来疾病预防控制中心很快发现，这种病毒只是啮齿类动物散布在全世界的一种普遍的病菌家族中的一员，因此他们了解到这种疾病可以发生在任何地方，情况依天气而定，所需要的只是一群受感染的老鼠。

1993年，美国西南部的降雨量额外充沛，农作物丰收，老鼠族群大增，受感染的老鼠所排泄的粪便及尿液随之大增，而汉坦病毒便存在于这些排泄物中。1999年，巴拿马的雨水丰沛，病例便转移到那里。2000年，加州卫生局宣布另一种老鼠散播的病菌，称为"沙粒病毒"，在先前的14个月导致三人死亡。这让疾病预防控制中心忙个不停。

为了进入空气中让人们吸进肺里，汉坦病毒与沙粒病毒需要一定的干燥程度。即使是一幢老旧的小屋也能提供庇荫，让鼠类的排泄物顺利干燥。然后，当野外露营的人或是在沙漠中行走的人扬起尘埃，病毒便被吸进人的肺中。医院可以抢救感染汉坦病毒的病人，但是由于病人的肺部会迅速积水，所以还来不及送到医院他们就已经死亡了。

另一种天然的危险物质是狡猾的尘菌。尘菌是一种生长范围广泛的球形菌，种类广泛，大小可达数厘米或十几厘米。当尘菌老化，子实体中会充满黑色的孢子，春天来时，这些黑色的孢子从孢子囊的开口中喷出，准备繁衍下一代——除非有人把它们吸进肺里。

奇妙的尘埃

在某些民间医学中，喷尘菌孢子是止鼻血的偏方。以此推测，成熟的孢子会被喷进鼻腔，因挤压血管而止住鼻血。但是或许年代久远，不让孢子通过鼻腔进入肺部的秘密已经失传了。当肺部累积了足够的孢子数，接下来的病痛会让病人忘了流鼻血所造成的不适。鼻血止住之后的症状就像感染了严重的肺炎，包含发烧、恶心、头痛和呼吸短促。

1994年，在威斯康星州东南部一群年轻人吸入尘菌孢子的案例发生后，疾病预防控制中心开始宣导防治尘菌所引起的疾病。中心解释，尘菌除了止鼻血之外，也会产生如同吸食毒品般飘飘欲仙的效果，因而吸引年轻人尝试。在那一年春天的一场派对上，有八个青少年为了好玩便"嗑"起尘菌（对着尘菌大口呼吸并当成口香糖嚼食），结果这群人便开始大吐特吐，之后几天陆续出现肺炎的症状，最后他们必须住院观察。

也许，这并不是他们真的想要的旅行。

普通的尘埃、散发异味的尘埃，以及致命的尘埃，原本就存在于大自然中。在人类加入制造尘埃的行列之前，地球上没有任何两个地方具备相同的尘埃。在人类大兴土木、形成据点的地方，我们更为当地的自然尘埃添加了不同的风味——直到各式各样的工业尘埃掩盖过原本的自然尘埃。

但是在某处荒郊野外，当地的尘埃还是占空气微粒的大多数。在一些沙漠、海滩，甚至是一些土耳其的洞穴中，你仍然可以呼吸到新鲜且没有经过任何加工的当地尘埃。在缅因州的无人沙滩上，花岗岩的粉尘混合着空气中咸咸的海盐颗粒，这是当地特有的风味；盘附在岩石上的松树释放出一粒粒黏黏的蒎烯（pinene），它是植物特有的香精；一只红松鼠正啃着一粒松果，嘴边喷出一团棕色的松果屑；又黑又油的水獭粪便带着浓浓的鱼腥味，干燥时变成颗粒飞进空中。这些尘埃赋予了当地独一无二的味道。

当你转身离开这些野外地区，回到现代都市杂乱的空气中，你会带走纪念品。吸入肺部的海盐会溶化在肺部组织里，然后从你的肺部进入身体中。松木屑也许也一样。但是其中几种最坚硬以及最危险的微粒会堆积在肺部的某个角落，陪伴你一生。

奇妙的尘埃

第十章
室内的隐形杀手

虽然罕见的伊埃博病毒、西尼罗病毒，甚至是以微粒方式在空气中传播的汉坦病毒，是恐怖的危险分子，但是在我们生活周围还有另一种更为普遍且容易被忽略的流行病，那便是哮喘。

大约从1970年开始，每隔十年罹患哮喘的人数便增加约50%。许多新的病患是儿童，自1980年开始，儿童的哮喘病例便增长到两倍。现今在美国，大约有1300万人口患有哮喘。每年有200万人因哮喘病发而被送进急诊室，每天有14个人因气管发炎肿胀而窒息死亡。假如罹患哮喘的人数持续增加，到了2020年，全美大约有十分之一的人口会罹患哮喘，而其他的先进国家也有同样的忧虑。

"新西兰、英国、荷兰、日本、澳洲，"在弗吉尼亚大学研究哮喘的专家托马斯·普拉茨—米尔斯（Thomas Platts-Mills）嗒嗒嗒地弹着手指头，语出惊人地说："这些地区的哮喘病例几十年来突飞猛进。芬兰更是惊人，其军方记录显示19岁患有哮喘的青年男子人数从1960年至今增长了20倍，在城市里这种情形更加明显。"

在哮喘患者人数大增之前，预测哮喘的最佳指标是遗传学：哮喘是一种家族疾病。然而从遗传的角度却没办法解释为什么哮喘病人会大量增加。那么，第二个预测哮喘的最佳指标是什么呢？是过敏：对居家环境中的某些物质过敏的人，罹患哮喘的概率比较高。的确，对尘埃过敏的人——不管是对尘螨、霉菌、蟑螂还是宠物的毛过敏——数量也跟着暴增了。普拉茨—米尔斯坐在办公室里，书柜中放着一只用米黄色丝绒做成的尘螨娃娃，娃娃眼睛的视线刚好对着他的座位。他说，我们跟尘埃的关系在某些关键点改变了。

"在20世纪80年代，"普拉茨—米尔斯说，"我们以为原因是出自于变拥挤的房子、变闷热的室内空气、更多的地毯及更多的家具。"换句话说，这些"更多"让尘埃与尘螨有更多可以躲藏的地方，空气无法流通，过敏原累积在室内。但是哮喘人数暴增却促使研究人员改变思考的方向，普拉茨—米尔斯有了新的理论。他相信室内的尘埃对于哮喘的爆发要负某种程度的责任，但不是全部。他注意到哮喘在先进国家中流行，因此提出哮喘爆发的部分原因在于人们过度养尊处优的肺部，这些器官没有受到足够的训练来应付额外的尘埃。

不过他的理论并不是唯一提出来的理论。有一个反面的理论"卫生假说"（hygiene hypothesis）认为，老式房屋中的尘埃，特别是充满病菌的尘埃，的确能训练出比较强壮的小孩，而现代一尘不染的环境反而让孩子身体的抵抗力减弱了。

尘埃与人体肺部的关系已经发生转变。现在科学家将长久以来被忽视的家庭尘埃放在显微镜底下细细观察。他们正在寻找的目标往往会使人感到惊恐，而他们所发现的结果通常超出哮喘的研究范围。

　　　　　　　　奇妙的尘埃

登堂入室

当研究人员进入一间房屋来进行尘埃分析，通常会从空气中的悬浮物开始着手。毕竟，那是你最有可能吸进的尘埃。在工作中，这些学者发现一种现在被他们称为"私人尘埃"（personal cloud）的东西。其中包含许多我们每天呼吸的尘埃，其组成成分还不清楚。

1990年，在一项有关居家尘埃的指标性实验中，研究人员在178位加州里弗赛德市（Riverside）的居民身上安装机器侦测"私人尘埃"。受试者不管是在烹饪、阅读、睡觉，还是做其他事情，每一次都要佩戴12个小时。实验中，研究人员也同时侦测房屋内外的尘埃。实验结果令人讶异。

兰斯·华莱士（Lance Wallace）说，在这个区域，室内外的尘埃数值都相当高——高达联邦政府标准值的一半至三分之二。华莱士是环保署的环境科学家，也是该项研究的成员。不过人们身上佩戴的侦测器所测到的尘埃数值更高。假如人们会因为吸入超过联邦标准值的尘埃而被开罚单，里弗赛德市大约有四分之一的居民得掏腰包了。"'私人尘埃'占了一个人尘埃总接触量的三分之一，"华莱士说，"那是个巨大的来源。"而且它本身也是一团谜。

华莱士说，皮肤碎屑是"私人尘埃"中可以被确认的成分里数量最多的东西。当科学家检查侦测器中的滤纸，发现12小时中有15万～20万个皮肤碎屑飞进侦测器的入口。

那个数量只是一个成人每天剥落的一小部分皮肤。一天之内，一个成人身上大约会剥落五千万片皮屑，这些皮屑在显微镜下看起来就像被风吹得破破烂烂的报纸碎片，其中大部分会被冲入浴缸的排水管中。华莱士推测一个人每天大约吸进70万片自己的皮屑，剩余的会慢慢掉落在地板上，或缠绕在床单的纤维里，或跑进沙发坐垫，或累积在灯罩下。吸入自己的皮屑会引发哮喘吗？不可能。侦测器的滤纸分析显示，皮屑在"私人尘埃"的组成中占的比例不超过10%。华莱士说，它只是滤纸上可以认出的最大量的尘埃类型。

绒布看起来显然是"私人尘埃"的一部分。从累积在烘衣机滤网上的一层柔软纤维，可以看出衣服上的纤维是多么容易脱落。转转你的头，颈部与衣领的布料彼此摩擦时，便会有一团看不见的衣料纤维扑簌簌地掉落下来。交叉你的双腿，摩擦的过程会使更多纤维从裤管掉落下来。但是，华莱士说，侦测器滤纸上的绒布纤维并不像皮屑那么多。"私人尘埃"中最多的碎屑还不知道是谁。

也许华莱士正一步步接近谜题的核心。在一项由环保署赞助的实验中，华莱士在位于弗吉尼亚州雷斯顿（Reston）的家中接上一排尘埃和气体的侦测器。他在报告中说，最令他大开眼界的是来自室外的尘埃：当他的邻居正在使用炉火时，他的室内气体侦测器就马上起了反应；每个工作日的早晨，尽管高速公路位于1.5公里之外，一阵汽车排放的废气仍然会席卷他的房屋；此外，香茅蜡烛所产生的煤灰也令人印象深刻。不过，有一天，华莱士不经意地朝沙尘侦测器挥动他的手臂，他注意到机器记录了一阵尘埃。

"于是我开始在机器前挥舞手臂，而我得到了丰富的记录数据。"他回忆说，"我联络了一位家里也装有侦测器的同事，告诉他：'韦恩，在侦测器前挥舞你的手臂！'但是他的机器却没有反应。最后，我问他：'你是怎么洗衬衫的？'"原来韦恩会将衬衫送洗，洗好的衬衫则会装在干净的塑料套中，等到要穿的时候才拿出来。如果是家里洗的衬衫，在穿之前会在衣橱中挂上几天。

"清洗的过程会洗掉衬衫上的尘埃，但是洗好之后又会有更多的尘埃掉落下来。"华莱士下结论说，"现在我们有资料显示，衣服会吸附空气中的脏东西，穿了一天到晚上换洗前，上面累积的尘埃会达到饱和状态。"然后，这数百万个附着在衣服上的尘埃不是掉落下来，就是粘上衣服推挤掉其他尘埃。所以，也许"私人尘埃"只是一团从衣服上掉落的尘埃。虽然剧烈的动作会产生大量的"私人尘埃"，华莱士也发现，即使他是在家中或办公室的电脑前安静工作，也会让房间里的尘埃量提高五倍。假如所谓的"私人尘埃"只是室内尘埃的混合物，那么"私人尘埃"可能是引发哮喘的原因——因为室内尘埃总是带有各式各样的过敏原。

"私人尘埃"中一定含有我们每天经常接触的尘埃：木工身上会有很多木屑；裁缝身上会有羊毛屑；厨师身上一定有面粉；洗衣工的身上则可以抖落许多洗衣粉。为了浪漫，我们点燃蜡烛以及各种熏香；为了美丽，女人擦上眼影；为了莳花弄草，我们在庭院中喷洒农药、肥料和陶土。不管怎样，我们的"私人尘埃"让家有了家的味道。

扫帚与吸尘器

假如你已经患有哮喘或过敏的症状，你最不该做的事就是打扫房间，因为打扫的时候一定会扬起许多灰尘，结果会使你吸进更多的脏东西。打扫绝对是一项肮脏的家务事。

就拿简单的扫帚为例。使用扫帚时，我们会以一定的力道推动地上的灰尘，其中颗粒比较大的灰尘会在地面滑行或短暂地跳跃几下，比较小的灰尘则会顺势飞到空气中。很少有家务事比扫地更容易把家里搞得灰蒙蒙的了，也难怪吸尘器会那么受欢迎。

在20世纪初，第一部吸尘器问世。当时的吸尘器还需要有一个人负责发动马达抽气，另一个人负责移动吸头。到了第一次世界大战后，这项发明变得更容易操作，一般民众也买得起。于是，扫帚逐渐被吸尘器所取代。不过最近人们却发现，原来吸尘器本身也有个肮脏的小秘密：吸尘器虽然能以超强吸力吸走屋内的尘埃，但是在某些吸尘器中，最小且最容易被吸入肺里的粉尘却会溜出吸尘器的滤网，重返室内的空气中。

当迈克尔·希尔顿（Michael Hilton）服务于地毯协会（Carpet and Rug Institute，简称CRI）时，他设计了一套针对吸尘器的测试。地毯协会是佐治亚州多尔顿市（Dalton）地毯制造商的同业组织。希尔顿开始测试30部随机抽样的吸尘器的漏尘率，状况最糟的是一部市售的吸尘器，其漏出的尘埃量比大城市空气污浊时的尘埃量多出10倍（不过这样的比较有所偏颇，因为希尔顿测试的是所有从吸尘器漏出来的灰尘，而联邦政府的检测只针对宽度少于头发十分之一的微尘）。希尔顿说，30部吸尘器中只有少数几部，产生的尘埃浓度大约是室外空气尘埃浓度法定标准值的一半，也有几部吸尘器漏出的尘埃量相当稀少。

测试结果揭露吸尘器可能会使空气中的尘埃量增加，这促使厂商在吸尘器的构造上有所革新。20世纪90年代末期，厂商开始兜售"高效率空气微粒"（high-efficiency particulate air，简称HEPA）过滤器，这种过滤器能有效捕捉将进入肺部的微尘。不过这项"革新"事实上让一些吸尘器有了另一个肮脏的小秘密。

"我们取来一部吸尘器，放入一个高效率空气微粒过滤器。"希尔顿回忆说，他曾经跟一位地毯制造商合作过。"这种过滤器会降低抽气的力道，地毯上被清理的尘埃量也减少了。所以装有这种过滤器的吸尘器可以百分之百地吸入灰尘，"希尔顿轻声笑了笑，"但

　　　　　　　　　　奇妙的尘埃

是能吸进去的灰尘并不多。"他补充道，没有一部装有这种过滤器的吸尘器能有效过滤尘螨的过敏原，假如去尘螨是你的目的，你可能要失望了。

地毯协会完全自发性地制定吸尘器的标准。如果要通过地毯协会的测试，吸尘器漏出的尘埃量必须少于联邦政府规定的室外尘埃标准值的三分之二，而且必须在四次以内吸走一块地毯上的"测试尘埃"，而且不能在地毯上造成看得见的刮痕。当希尔顿制订标准时，通过测试的市售吸尘器不到30%，而且他报告，后来并没有多少家厂商跟着改进。

所以，吸尘器若扬起可能含有过敏原的灰尘，也许会因此加重家中哮喘患者的病情。但是假如吸尘器扬起的尘埃量比老式的扫帚少，我们也就不能将哮喘的流行怪罪在吸尘器身上。

"伪"清洁用品

居家清洁习惯的改变或许正在影响我们与尘埃的关系。有看法指出，当家庭主妇进入职场工作，多半疏于整理家务，也许因此导致居家环境变得更脏更臭，这使"空气净化器"得以成功打进市场。

空气净化器中一些模棱两可的名称也许更容易造成民众的误解。某些产品的确含有可以与散发恶臭的分子结合的化学物质，让臭气分子更重、更倾向于黏附物质。但是除此之外，根据某位环保署专家的说法，空气净化器通常以三种方式来清洁空气：它们麻痹你鼻子内的神经末梢，让你闻不出家里的异味；或者，让你的鼻子内附着细小的油滴，以达到同样的效果；又或者，它们只是让家里充满气味相当强烈的化学物质，掩盖原本的臭味。

不管这些化学物质是从罐子中喷洒出来、从碟子里飘送出来，还是从某种油中沸腾产生的，某些成分会长久留在室内。倾向以气态存在的成分最后也许会从墙壁的裂缝散发到室外，但是倾向以胶黏或固体状态存在的成分会像微小的芳香粒子一样在室内飘浮一阵子，然后黏附在墙上、被蜘蛛网缠住，或是掉入地毯中。

　　在20世纪90年代，一个"伪清洁"的新产品因为可以掩盖家里的霉味、烟味和其他臭味，而威胁到空气净化器在家中的地位。这就是蜡烛。蜡烛一向给人质朴的传统形象，再加上一股香气掩盖住原本刺鼻的蜡味，使得香氛蜡烛被广泛使用数十年。人们也用它来营造气氛。有两股新潮流让香氛蜡烛的销量冲到顶点：一则是香氛蜡烛被商业包装营销成具有净化空气的作用；二则是新时代提倡心灵疗养，而香氛蜡烛散发的香味具有提振心灵的功效，称为"芳香疗法"。于是在九十年代初期，蜡烛的销量每年提升10%～15%。到九十年代末期，销售更增长两倍。谁会去怀疑这些蜡烛？谁会想到这返璞归真的代表物竟产生危害健康的有毒物质？

　　"公共市民"（Public Citizen）会在意。这个消费者保护团体怀疑香氛蜡烛的热潮会导致铅进入家庭。"公共市民"的调查员从马里兰州的巴尔的摩（Baltimore）和华盛顿特区的商店选择含有纤细金属芯的蜡烛，购买了大约90支。2000年2月，他们宣布先前的怀疑获得了证实：其中10%的金属线含有大量的铅。

　　当你燃烧金属线，铅或其他金属基本上会熔解、沸腾，进入空气中，然后快速冷却成细小的颗粒。"公共市民"报道，在一间面积约22平方米的房间中燃烧一支带有铅的蜡烛三个小时，会让空气中的含铅量大大超过联邦政府规定的标准值。这个团体已经呼吁禁止使用这种烛芯。

（你可以在家中进行一项简单的测试，就是用烛芯的末段来"写字"，因为铅会留下灰色的痕迹。"公共市民"认为，最安全的做法是禁止厂商生产所有的金属烛芯。）

跟蜡烛产生的旧式煤灰比较起来，铅是比较喜欢到处游荡的。这是一种完全是现代才会有的现象——"鬼影"。位于北卡罗来纳州罗利市（Raleigh）的先进能源公司的建筑科学专家弗兰克·维吉尔（Frank Vigil），首先注意到这令人毛骨悚然的现象：在墙上和地毯上会逐渐出现黑色如魅影般的线条和污渍，这是煤灰随着空气沉淀所造成的现象。而维吉尔认为，蜡烛是煤灰的主要来源。

"许多蜡烛含有高浓度的芳香族，因此产生香氛。而我们相信，有时候芳香族会导致不完全燃烧，因此形成煤灰。以罐装蜡烛为例：它们会装在罐子里是因为香味很浓，而蜡质比一般的蜡烛更软。也因为它们装在罐子里，燃烧时更容易缺乏氧气。"而这样就会制造煤灰。

而错误的使用方式让情况更糟。维吉尔继续说："使用者并没有适当地修剪烛芯，它应该是0.6～1厘米长。但这表示你得在蜡烛燃烧大约两小时后，吹熄烛火，然后修剪烛芯。多数人不会这么做。人们在通风的地方燃烧蜡烛，导致烛火摇曳，而烛火摇曳会产生更多的微粒。只是吹熄蜡烛就会产生可观的微粒，你应该将烛芯浸到蜡油中。"然而，从长期看来，蜡烛却不是主要的煤灰制造者。

"暖炉、热水器、壁炉、油灯、小型供暖器……你可以因为烤一块英国松饼就制造出一堆煤灰。"维吉尔说。

伪清洁装置的确会制造烟尘，让屋内变得更脏。不过，研究人员还没在这些产品中找到含有引发哮喘的过敏原成分。

狡猾的爽身粉

我们每天使用的清洁用品本身就是会制造麻烦的微粒，尽管造成的健康危机并非针对哮喘。人们爱用滑石粉是因为这种岩石具有柔软光滑的特性，可以降低皮肤间的摩擦。滑石粉也能吸水，这是一个罕见的岩石特性。

滑石粉其实就是石头粉末，但人体的构造并不是设计来呼吸石头粉末的，人体也无法吸收石头粉末。信不信由你，真的有人因为吸入太多爽身粉而死亡。最明显的例子发生在婴儿身上：每一年，美国的毒药物防治咨询中心会接到超过五千通电话报案，通报家中有人意外倒入过多的爽身粉在婴儿身上。其中只有大约三百名婴儿情况严重到出现呼吸道危险的症状而需送医救治，但偶尔也会发生婴儿死亡的案例。

爽身粉对人体的伤害如此明显，在历史上至少有一个成人是故意吸入爽身粉的。孟乔森症候群（Munchausen syndrome）是一种病患会忍不住自残的心理疾病。医学文献曾描述一个病例：一位孟乔森症候群的病人专门伤害自己的呼吸系统。有一次，她吸入爽身粉让自己产生哮喘症状。由于肺部组织的切片结果相当奇特，她才对医护人员坦承曾刻意大量吸入医院内的爽身粉。虽然爽身粉的颗粒比医生一般认定能进入肺部的粉尘颗粒大上三至十倍，但是那位病人的肺里却吸进了一大堆。

女人在内衣中撒入爽身粉抑制汗水，会导致更严重的疾病。"滑石至今已被观察十年了，"伯纳德·哈洛（Bernard Harlow）说，他是波士顿布里格姆及妇女医院的流行病学家，"研究结果一致认为：滑石可能是造成卵巢癌的一个风险因素，虽然不确定滑石与卵巢癌之间是否存在绝对的因果关系，但是它可能是一小部分的病例的原因。"现在，滑石与这种常见癌症的关联是依情况而定的：根据最近一项研究，习惯在内衣里撒爽身粉至少有二十年历史的妇女，比没有这个习惯的妇女更容易罹患卵巢癌。哈洛和他的同事肯定地认为，滑石造成大约10%的病例，但是他也承认还需要更多的研究佐证。

"这个领域尚未被了解透彻，"哈洛有点挫败地说，"因为没有人认为卵巢癌像艾滋病或乳腺癌那样，是严重的社会问题，也许它真的不是。但最让我困扰的是它那么容易预防，妇女并没有非用滑石粉不可的理由。"他还注意到，玉米粉做的爽身粉不会致癌。

这个故事怪异的地方在于，滑石粉在化学结构上与石棉相当类似，石棉确实会致癌。事实上，这两种岩石在地壳中有时候会共生。20世纪80年代，研究人员在滑石粉的样本中发现了石棉纤维。因为有这样的记录，家喻户晓的强生婴儿爽身粉公司主张他们的滑石粉绝对没有受石棉污染，而且在采矿过程中严格确保产品的纯度。然而，石棉的阴影仍继续笼罩着滑石粉工业。

不管喷什么，喷在哪里，总是有一些粉末不会粘在皮肤上，而是飞到房子的其他角落。玉米粉更可以形成空气中无形的丰盛大餐，让家里的每个人不知不觉吸进身体里。飘浮的淀粉颗粒会累积在裂缝中，在住家之间输送空气的管道中也曾发现淀粉的踪迹。对霉菌、尘螨和其他以尘埃维生的生物来说，早晨人类在身上撒的玉米粉就像空气中免费送来的早餐。

烟雾弥漫厨房

煮饭做菜是家中、洞穴里或帐篷中另一项最肮脏的家务事。在贝都因人的肺部和其他在柴火上煮食的人类的肺部里，医生都发现沉积了丰富的煤灰。就算是现代文明试图将火苗密闭起来的设备，也不能有效地镇压煤灰。

一些最致命的家庭尘埃来自中国人用的炉灶。在都市和乡村，设备简陋的炉灶使得家家户户都弥漫着煤灰与硫，连恶名昭彰的室外空气也相形见绌。卡耐基梅隆大学的研究工程师基斯·弗洛里希（Keith Florig）研究过中国严重的污染问题。他说，即使在拥挤都市里依然流行着一种可以随身携带的小火炉，里面装着几块煤块——没有烟囱口。虽然煤砖燃烧产生的烟雾比生煤少，但是所制造出的烟雾却会徘徊在室内。

煤炭闷烧所造成的疾病及死亡总数相当惊人。弗洛里希说，例如，中国60岁以上的老年人感染肺病的概率是美国的25倍。而且，在炉灶上烹调的油炸食物特别不健康。弗洛里希引用的一项研究发现，习惯油炸食物的中国妇女罹患肺癌的概率，比偏好其他烹饪方法的妇女高出9倍。在翻搅油炸食物时，她们的脸正对着从炉灶冲上来的煤灰，以及因加热而变质的食用油微粒。不过，用炉灶油炸食物的危险性至少比跟煤炉一起睡觉的危险性低：另有一项研究显示，使用煤炉温暖被窝30年的中国妇女罹患肺癌的概率比从未使用这种方法的妇女高上18倍。"中国妇女罹患肺癌的概率跟美国妇女一样，"弗洛里希说，"但是美国妇女罹患肺癌几乎都与吸烟有关，中国妇女很少有吸烟的习惯。"此外，中国西南部的一些煤炭燃烧时会释放有毒的氟化物和砷——然后进入食物里，这两种物质都能导致可怕的疾病甚至使身体致残。

煤炭是一种特别容易制造烟尘的燃料，而燃烧木材的火炉与壁炉也会在家中产生许多煤灰。跟煤炭一样，不断有研究指出在室内燃烧木材与呼吸道疾病有关，这些关联在儿童身上特别明显。

在美国，这些产生煤灰的燃料已经不普遍使用了。现在美国人使用木材火炉和壁炉多半是为了营造气氛，而不是实际需要。这些制造煤灰的燃料也制造出哮喘患者。不过，就算我们现在使用烟雾较少的瓦斯炉或电炉，烹饪时还是会制造烟雾。因为食物本身就会冒出许多烟。

艾琳·阿布特（Eileen Abt）是室内空气研究员。1996年，她在波士顿地区的四户人家家中安装了尘埃侦测器，收集她在哈佛做博士论文所需的资料。在侦测期间，受试者必须记录家庭中的活动，例如煮饭、使用吸尘器或追逐小孩。当阿布特比对家庭活动与尘埃量这两组资料，她发现一种活动会让家里变得最脏：只是带着"私人尘埃"到处走走就可以产生大量的尘埃，而烹饪却让尘埃量冲到最高点。

阿布特在她的尘埃资料曲线图中标记出其中一个家庭打开火炉的时间，接着侦测器马上记录到一堆非常微小的颗粒，数量维持了15分钟都没有减少。然后，尘埃量几乎是直线上升。在煮晚餐的时段内，大约有比平常多出20倍的微粒飘浮在屋内。关掉炉火后，记录尘埃量的曲线突然下降。阿布特发现烘焙、烧烤、油炸都会产生数量庞大的微粒，其宽度只有头发的几千分之一，或者更小。

另一方面，爆炒则会产生大颗粒的浓烟。在"爆炒曲线"中，某一天晚上8点30分，某个家庭的炉火在平底锅下熊熊燃烧。15分钟之内，空气中的颗粒数目比爆炒前多出了400倍。

那么，这些烹饪微粒是什么？它们是食物因加热而产生的变质微粒或凝结的变质气体。它们可能非常麻烦。当脊椎动物的肌肉组织被煮得太热或太久，会产生一些目前已知最强烈的诱变因子（mutagen）。致癌物会破坏细胞内的遗传物质DNA而导致癌症。大部分这种高温的诱变因子会粘在食物上，然后被吃进肚子里。它们与胃癌、肠癌和乳腺癌有关。根据加州利弗莫尔的劳伦斯利弗莫尔国家实验室进行的油炸研究，还有一些过热的肉类化学物质会跳出锅，空气中的焦肉煤灰具有34种不同的成分，包含诱变因子和致癌物质。

根据美国国家癌症中心的研究，蔬菜也跟肉类一样，假如温度太高，一些植物性的油脂也能转变成含有诱变因子的烟雾。无疑地，最容易形成致癌物质的油是未经加工的油菜籽油，这种油在中国很普遍，这也许解释了为何在那儿油炸食物如此地危险。许多烟雾在某方面来说都具有危险性，就算是烤吐司也会产生致癌的煤灰。

这些烹饪时产生的微粒在厨房现身，刚开始都相当微小。然后，它们飘荡在屋内，也许会彼此融合而逐渐变成更大的颗粒。其中有一些颗粒会被吸入肺中，其他的会停留在屋内的某个角落：可能是墙壁上、壁画上、窗帘上或地板上。

当然，烹饪的过程中也会产生干燥的粉末。许多厨柜上的粉末因为颗粒太大，在密闭的室内不会飞得太远。不过，当使用者擦手或带着"私人尘埃"走到其他房间时，也许就会将可可粉与面粉带出厨房。虽然这些干燥的粉末与致癌的烟雾相比是比较安全的，但是它们却是家里其他尘埃生存的必需品。首先，地板上随时有一群虎视眈眈的生物准备好要大啖这些食物粉末。细菌、真菌、蠹虫（一种蛀虫）、虱子和其他腐食性动物都喜欢邋遢懒散的厨师，甚至像果蝇这样的庞然大物也能靠偶然掉落的食物粉末来打打牙祭。长久以来人们都知道，这些飞行动物的幼虫是以发酵的面粉屑为粮食的。

此外，这些食物粉末也让你家里的尘埃种类更多样。农民与加工业者在制作过程中不可能保持谷物与香料一尘不染，所以政府的规定详细说明了每一种粉末中可以含有多少昆虫和其他不请自来的小生物。例如，一杯面粉含有大约150片昆虫碎屑和几根鼠类的毛发是合法的肮脏程度。玉米粉、可可粉和其他粉末也必须达到相似的标准。这些动物残骸会一并贡献给你的食物、家里的空气，以及以尘埃维生的跳虫。

除了烟雾和食物粉末，烹饪可以提供第三种微粒——由化学反应所产生的微粒。在波士顿地区的一户人家中，当这种尘埃一出现，阿布特的侦测器便捕捉到它们的踪影。"假如空气中有臭氧，而恰好又有人在剥橘子，臭氧和橘子里的柠檬油便会产生化学反应，制造出极细小的颗粒。"阿布特说，"有一次有人在剥橘子，我想我目睹了这种情况发生。"

柠檬油是柑橘味食品中常见的成分，而臭氧是烟雾中的重要成分。不管我们的烹饪技巧如何，大部分的人都可能端上一些亲手制造的微粒，并把它们带到其他房间。

烹饪会导致哮喘吗？烹饪产生的煤灰与化学物质种类繁多，而且有时候具有危险性。但是人类很早就开始呼吸烹饪产生的烟雾了，而哮喘是在数十年前才开始爆发的。

温水里的房客

哮喘也许是家中其他设备所制造的微粒引起的。跟烹饪和打扫相比，加湿器、浴缸和其他的供水设备是微不足道的。但是长久以来，人们都知道这些设备会散发一堆活生生又具有危险性的微粒。

"退伍军人症"是由一种躲藏在细小水滴中的细菌进入肺部造成感染的疾病，因首次病例发生于1976年在费城一家旅馆开会的一群老兵身上而得名。从那时开始，许多病例都被归因于顶楼的冷却水塔，水塔中温暖的水很适合"退伍军人杆菌"繁殖增生。

据联邦政府的疾病预防控制中心统计，每年全美有八千至一万八千人感染"退伍军人症"，而且这些人并不完全是感染了顶楼水塔温水里的细菌。许多病例可能源于家中冲水系统受到感染，而疾病预防控制中心也说有些病患是因为吸入陶土混合物里的杆菌而染病。

在正常情况下，这种细菌喜欢在35～46℃的温度繁殖——大约是洗热水澡的温度，或是热水器的热水稍微降温后的温度。这些热水喷洒出来形成细小的水珠，便带着退伍军人杆菌进入空气中。在自然界，退伍军人杆菌相当普遍，大部分的人都曾经吸入过。幸运的是，只有一小部分人会产生发烧、发冷和咳嗽等症状。病人通常在50岁以上，且通常是老烟枪或酒鬼。这种病菌是有节制的杀手，病患的致死率为5%～25%。令人好奇的是，同样一种通过空气传播的细菌会造成另一种发病时间更快、病人年龄层更低、致命率也更低的疾病，称作"庞蒂亚克热症"（Pontiac fever）。

加湿器也会喷洒裹着水分外衣的病菌。这种机器刻意在干燥的居家环境中喷洒小水滴。正常情况下，这些小水滴只会携带原本存在于自来水中的矿物质和金属。当每一滴水的水分蒸发后，其中的矿物质就会形成颗粒，悬浮在空气中。在自来水富含矿物质的地区，加湿器所产生的微粒可以轻易超出政府规定的室外尘埃标准值。这些尘埃就像细微的白色粉末般降落沉淀，提醒我们当空气中缺乏水分时，屋内的尘埃也会愈变愈多。

然而，在状况不好的时候，加湿器所喷洒的水珠会带有矿物质和病菌。引发"加湿器热症"（humidifier fever）的病因尚不清楚，研究人员在追踪这些疾病的爆发时，常常发现患者家中的加湿器里住着各式各样的小生物，从阿米巴原虫、细菌到霉菌都有。感染这种热症就像感染流行性感冒，与内毒素（细菌分泌的化学物质）引起的疾病症状相似。由于"加湿器热症"的病因不明，联邦政府建议室内如果有加湿器的话，不应该做的事是：清理及消毒加湿器的水槽，因为这里等于是各种病菌的浴缸。

说到浴缸，这种象征富裕和便利的现代文明设备也会喷出讨厌的尘埃。2000年春天，在一个国际医学组织中，科罗拉多大学教授、肺部专家塞西尔·罗丝（Cecile Rose）提出，浴缸会散布一种类似肺结核的细菌性疾病。她说，散播这种疾病的病原是一种"非肺结核的分枝杆菌"，这种细菌通常生长在自然界的潮池里。当细菌在浴缸中繁殖，沐浴时破裂的肥皂泡泡会将细菌送到空气中。洗澡的人吸入足够多的细菌，很快就会产生发烧、疲倦、夜间盗汗、咳嗽，甚至体重减轻等症状。在罗丝看过的九个病例中，有四个必须住院治疗。

罗丝警告她的同事，随着现代人愈来愈富裕，将会开始看到更多的浴缸病例，她建议罹患这种也许可以被称为"浴缸肺（病）"的病人，回归古代的生活方式：将浴缸搬到室外。因为通风的环境可以避免空气中累积太多带有病菌的水滴。罗丝建议，假如浴缸一定要放在室内，至少要紧紧盖住。

这些病菌是否与哮喘的流行有关？现代家居用品的确会在家中产生致病的尘埃，但是研究人员尚未找到这些尘埃与哮喘爆发之间的关联。

屠城木马

到目前为止，我们精心筛选出家中会导致癌症和其他肺病的尘埃，但是我们还未找到导致哮喘的确凿证据。不过，我们还没说到现代尘埃中更凶猛的成员。不，不是恐怖的尘螨或居住在尘埃上悄悄跟踪尘螨的掠食者。现代房间里的灰尘充满有毒的化学物质，虽然它们占所有居家尘埃中相当小的比例，但是却影响力十足。

"我过去从未考虑过尘埃——从来没有！"保罗·里奥伊（Paul Lioy）说。他反应敏捷，精力充沛，有着一头黑灰色的卷发。"尘埃就是一种你拿扫帚打扫的东西。我们很幸运地发现其实尘埃详细记录了一栋房屋的历史。"

里奥伊是罗格斯大学以及总部设于新泽西州的环境与职业安全科学中心的环境科学家。他和同事在附近一家铬废料收集站进行清扫的时候，测量了该区域居民家中的铬含量（铬对人体具有毒性），发现了尘埃酷爱交流的特质。他们在清理室外的铬同时，也发现其中含有过去一年之内来自室内的尘埃。

尽管一些有毒的尘埃不请自来，里奥伊很快注意到，其他大部分的尘埃其实是我们自己带进家门的。我们各自"偏好"不同的有毒物质，而生活周围接触到的尘埃又各不相同，因此没有任何家庭会拥有相同的尘埃。不过每个家庭都有自己的肮脏秘密。

大约十年前，环保署宣布了一项惊人的消息：大部分室内空气比室外空气还要污浊——在某些房子里甚至高达一百倍。脏空气会制造出更丰富的尘埃。在环保署列出的前五大对人体健康有威胁的环境中，受污染的房屋就名列其中。环保署批评道，拥挤的住家和有毒的化学物质就像躲在特洛伊木马里的希腊军队，偷偷夺走我们的健康。

新沙发的气味里含有甲醛，干洗的衣物散发着四氯乙烯（干洗溶剂），塑料制的迷你百叶窗在老化的过程中会悄悄地散发铅，对二氯苯以樟脑丸的形式出现，一堆杀虫剂伪装成跳蚤粉、蟑螂饵、尘螨药等文明产品偷偷进驻家中。

一旦这些化学物质进入家中，我们的家就成了一个污染保护区。一些不在名单上的有毒物质在室外会分散瓦解，但到了室内却等于有了安全的避风港，各种化学物质在这儿躲避大自然的攻击。

里奥伊说，杀虫剂占室内尘埃总量很大的比例。超过90%的美国家庭至少含有一种杀虫剂，有可能是跳蚤粉、防蚊液、尘螨药、种植玫瑰用的农药或消毒剂。这些家庭帮手大约占我们接触的杀虫剂总量的80%。

里奥伊和他的同事以实验证明杀虫剂如何在住家中徘徊不去。1998年，研究人员报告，他们在两栋公寓中喷洒一种常用的杀虫剂：毒死蜱（chlorpyrifos）。他们完全遵守使用说明：在喷洒后打开窗户和电风扇四小时。他们还让房间额外通风一小时。然后在房间里摆一些塑料玩具和布娃娃。

每隔一个小时，他们取出一个塑料玩具和一个布娃娃，测量其表面的杀虫剂量。实验结果发现，杀虫剂并没有随着时间消退，反而累积得愈来愈多，尤其是布娃娃身上。实验过后一天半，有毒物质的累积量达到顶点。两周后，仍然有少量的杀虫剂降落在玩具和娃娃的表面，这些是从别处飘来的杀虫剂。

"杀虫剂是非常飘忽不定的化学物质，"里奥伊下结论说，"它们到处移动。"

它们不需要邀请就会自动进入污染保护区。假如你家周围的空气中含有具毒性的化学物质，当你一打开房门它们便会飞进来。带有毒物的土壤会粘上你的双脚，随着你进入家中。这也解释了为什么已禁用数十年的杀虫剂，现在仍然在许多人家中存在。

例如DDT这种杀虫剂，在被发现会累积在白头鹰与其他猛禽身上之前，美国家家户户都在使用。这种杀虫剂会累积在食物链里，导致鸟类产下蛋壳过薄的蛋。1972年，美国开始禁用DDT。二十年后，研究人员抽样检查中西部数百户人家的地毯，寻找DDT的残留痕迹。他们用特殊仪器收集地毯上的灰尘，发现每四户人家就有一户人家的尘埃中掺杂DDT。

另一种工业污染物——多氯联苯，在自然界的持久性也一样惊人。尽管美国已经不再制造多氯联苯，但研究却显示每个家庭的空气和尘埃中仍残留着极少量的多氯联苯。

铅[①]的情况也差不多。家中灰尘所含的铅，有一部分来自老旧剥落的油漆，但是里奥伊说，更多的铅来自室外。他说，只要走在地面上，鞋子底下就会粘满尘土。假如家附近的道路尘埃还残留着含铅汽油时代所遗留下的铅，或是附近有一家与铅工业相关的工厂，那么你鞋底的尘土将会含有大量的铅。每一次你跨入自家的门槛，便会带进更多的铅。当你踏在地板上，产生轻微的震动，含铅的尘土便会从鞋子上大量震落下来。在研究内华达州与犹他州住户的阁楼灰尘时发现，铅也会飞进家中。这项研究发现，屋龄愈老，阁楼灰尘中的含铅量就愈高。而且，阁楼灰尘中的铅与附近土壤中的铅完全不同，表示阁楼中累积的含铅尘埃是从其他地区飘来的。

伴随着这些年代古老、数量稀少的污染物，其他现代工业产生的化学物质也闯进家门。有毒的铬和水银仍被广泛制造，它们也是家里的尘埃中常见的污染物质。在许多例子中，科学家发现这些金属物质在室内的浓度高于在室外的浓度。喷洒在草坪上的杀虫剂与除草剂，在室内也显示出具有很高浓度。

当然，在室内尘埃中，古老的沙尘仍占据第一名的宝座，一般说来它大约占了总量的一半。但就算是平凡无奇的沙尘也对人体有害。确认烹饪过程中会产生致癌物质的同一组研究团队，意外检测出致癌沙尘。研究人员假定有人将实验室物质喷撒到室外，所以才

---

① 吸入烟气和粉尘状态的铅颗粒，对儿童特别有害。儿童血液中的铅含量只要稍微升高，就会造成学习障碍、癫痫发作，甚至死亡。燃烧汽油的汽车是铅烟气的主要来源。20世纪70年代中期，美国开始限制含铅汽油的使用，到1996年则完全禁用。——译者注

得到这样的结果。为了保险起见，他们从实验室的远处收集更多的泥土样本。"从我的后院、其他人的后院，"劳伦斯利弗莫尔的生物学家詹姆斯·费尔顿（James Felton）说："所有的样本都显示出可以诱发癌症的特性！"费尔顿推测，这些致癌物质也许是土壤中的有机物制造出来的，或是擅离职守的农用化学物质。

然而，在所有家庭中出现的有毒化学物质中，没有一项被制造的积极程度比得上香烟烟雾。据统计，全美有4800万个成人吸烟。1999年，有4350亿根香烟在这些人的吞云吐雾中化为烟雾和灰烬。将近40亿根雪茄，外加填充烟斗的烟草，也为全美的烟雾量做出贡献。多数人都在室内吸烟，而香烟烟雾是成分丰富的烟雾。这并非故作夸张——在香烟烟雾中真的有4000种化学物质，而其中的50种会诱发癌症。这些有毒物质在吸烟者的家中都侦测得出来。每户人家空气中的微粒含量都有一个基本值，但家里如果有人吸烟，基本值就会增加约两倍。

香烟烟雾里的多数成分都会累积在肺部，黑色的颗粒黏附在支气管和肺泡内，使肺部的颜色变深。接着，它们会破坏肺部排放废物的黏液系统。最后，这些微粒持续留在肺部组织的黏膜表面，释放出有害成分进入身体中。

说到致死率，没有哪一种微粒比得上香烟烟雾：每一年，全美约有五十万人因吸烟而死亡，另外有三千个吸入二手烟的人跟着陪葬。每一年，家里空气中的香烟烟雾也许会导致三十万名婴儿产生肺炎或支气管炎。香烟烟雾也会污染室外空气，对健康造成的危害程度现在还不清楚：1994年的一份报告统计，在洛杉矶的室外空气里，在一系列最小的微粒中，每一百颗就有一颗是香烟烟雾。

再来就是导致哮喘。

一般认为，香烟烟雾会加重大约一百万名孩童的哮喘病。更糟糕的事实是，吸烟家庭中的孩童比不吸烟家庭中的孩童更容易罹患哮喘。对科学家来说，这样的关联还不足以构成绝对的因果关系，而且就算事实证明香烟烟雾会导致哮喘，燃烧烟草所产生的微粒也还不足以解释现代的哮喘大爆发。毕竟当美国的哮喘发病率逐渐上升时，吸烟率已经逐渐下降了。香烟烟雾也许对哮喘爆发有推波助澜的作用，但它不可能是单独的原因。

婴儿吸尘器！

当这些危险物质都从空气中降落，它们累积在地板上，而这里则是小婴儿的地盘，尤其是在地毯上。即使是窗明几净的家，地毯上有毒化学物质的浓度也相当高。掉落在光滑地板上的尘埃比较容易因吸尘器或其他扰动而离开，但是掉落在地毯上的尘埃却会深入地毯的纤维，只有小心翼翼地清理才能弄干净。

约翰·罗伯茨（John Roberts）是西雅图的沙尘专家，兼"西雅图计划"的顾问。这项计划为低收入且小孩患有哮喘的家庭解决尘埃问题。罗伯茨知道，每个人家里的地毯都很脏。

"普通的吸尘器无法吸走地毯深处的灰尘，"他坦白且不甚耐烦地说，"事实上，吸尘器只会让地毯里的灰尘落到更深的地方。在一项关于老旧地毯的研究中，我们发现每平方米的地毯深处有8～170克的尘埃。"这样的量介于三茶匙与三又二分之一杯之间。罗伯茨说，在地毯深处的沙尘，会因为脚步的踩踏震动飞扬起来，再次污染空气。如果快速用吸尘器清理地毯，只会把灰尘带到地毯表面，将灰尘留在那儿，然后粘在到处爬来爬去的婴儿身上。

"对还只会爬行的婴儿来说，粘到地毯灰尘的机会很高，"他坚定地说，"例如，有一项最明显的指标便是，地毯中的含铅量有多

奇妙的尘埃

少，婴儿血液中的含铅量就有多少。此外，我们计算平均每个婴儿体内每天会累积相同量的苯并（a）芘（benzo-a-pyrene，一种多环芳香族碳氢化合物）。这是一种威力强大的致癌物质，相当于一天吸三根香烟摄入的量。而这个量是平均每块地毯的苯并（a）芘含量。有些地毯的含量比这个值高出一百倍。"

小孩子真的会一口又一口地吸进这些灰尘。根据最近的一项统计，小孩子成长到六岁时，也许已经吸进半杯或更多的灰尘——这是去掉像狗毛、沙子、面包屑以及毛衣线头等较大物体之后的量。多数父母并不会对此感到惊讶，因为小孩子在学会走路之前，几乎有一半的时间是在地上到处爬来爬去，另一半的时间则不停地吮吸手指。他们当然会吸进灰尘。多数父母会接受这项事实，且觉得不足为奇。

然而，这些尘埃已经不是数十年前的尘埃了。当然，上一代的婴儿从襁褓时期就开始吸进含铅的尘埃和香烟烟雾，更别说是从尚未铺砌的街道上飘来的马粪微粒了。但是生活在现代的我们，更加拥挤的房屋，更加宽大且肮脏的地毯，外加各种我们所制造的化学物质，使得在儿童最有可能用黏糊糊的手掌拂过的地方，添加了更多具有毒性的尘埃。结果是，在六岁以下儿童的身上，家中尘埃占了他们所接触的有毒物质总量的大部分。

新泽西州的罗伯特·伍德·约翰逊医学院心理生物学家娜塔莉·弗里曼（Natalie Freeman）研究的是儿童与尘埃间的微妙关系。她最近一项实验是测量两岁幼童手上的灰尘转移到食物上的速率。实验的第一天，研究人员擦干净幼童的手，测量上面有多少灰尘。

"通常小于10毫克，"弗里曼报告说，"一些特别脏的小孩大约有60毫克。"（10毫克大约相当于1% ～2%茶匙）。实验的第二天，当幼童们又弄脏手时，研究人员指示他们从一只塑料袋中拿出一个热狗或一根香蕉，撕成碎片，然后再将碎片放回袋子中。

"食物上的铅与我们从幼童手上擦拭下来的铅完全相同。"弗里曼简单明了地总结。这还不包括"鹰爪"与"拳头"。

"两岁以下的幼童用我所称的'鹰爪'姿势来抓食物，然后吃粘在手指头上的东西，"弗里曼说，"两岁大的幼童用'拳头'姿势来抓食物，整个手掌与手指都接触到食物。"这两种方式都可能将手上更多的尘埃粘到食物上。不过当幼童剥碎实验用的食物，他们主要是使用手指头，这会让实验结果低估尘埃的传递效率。在实验中，幼童也不会让食物掉在地板上，而根据弗里曼的说法，这是另一种将尘埃吃入口中的常见方式。

即使没有食物作为媒介，儿童也会吸进许多尘埃。研究人员以录像带记录2～5岁大的儿童每小时平均会将手放进嘴巴10次。特别邋遢的儿童则次数加倍。根据"手到嘴活动"，研究人员统计，一个小孩一天平均吃下15～20毫克的灰尘，而肮脏鬼则会吃下30～50毫克。

"这个量听起来也许不多，"弗里曼说，"但是经年累月，会累积得愈来愈多。"那么会累积到多大的量呢？在缺乏科学资料的情况下，一位勤奋的记者也许得诉诸基本的算术：一般儿童，以平均每天吃下15毫克的尘埃为前提，从第一次生日到六岁，会吃掉大约满满半杯的粉尘。在同样一段时间，特别邋遢的儿童则会吃掉一又三分之二杯的粉尘。

如果要预测一个人一生会吃下多少尘埃，显然也缺乏确实的科学佐证。不过，如果我们假设（有的研究人员这么做，有的则否）较年长的孩童和成年人吃下的尘埃量约为幼童的五分之一，那么76岁的老年人将会吞下大约二又二分之一杯的粉尘。假如这位老人从出生后就特别偏爱"手到嘴活动"，则将会吃下三又二分之一杯的粉尘。

假如家中的尘埃里没有致命的污染物，这些实验结果也许比较像茶余饭后的笑话。铅、杀虫剂、致癌的焦炭、多氯联苯、香烟烟雾里的四千种化合物——只要少量——就可以导致心智迟缓、神经伤害、癌症以及肺部疾病。但令人好奇的是，除了燃烧的烟草会引发哮喘，在这堆五花八门的化学物质中没有其他确切证据显示它们与哮喘有关。

解开哮喘秘密的线索，也许会出现在最后一群家庭尘埃身上：微小的生物。

霉菌部落

生长在灰尘上的霉菌，就像从沃土里抽条的青草。如同分解室外的腐叶，霉菌也会清理掉室内的有机物质。室内几乎有一半的尘埃是霉菌爱吃的食物，其中包括纠结在一团的布料碎屑——从毛衣、床单、枕头、沙发垫、毛巾和毛毯上掉落的各式各样小碎片。每一小时，从你和你的宠物身上掉落的数百万片皮屑与毛屑也贡献了许多食物。而微小的纤维，从茶叶到洋葱皮、从厕纸碎片到《纽约时报》的纸张纤维，每样东西的数量都大致可与皮屑匹敌。此外，真菌可以生长在石墙的壁纸上、浴帘上干涸的肥皂泡沫中、潮湿的水塔中、地毯以及床垫上。霉菌散发的气味使潮湿的房间有一股特殊的霉味。大部分的霉菌只需要一点点湿气就能生长，而房子里的湿气通常都绰绰有余。

当霉菌生长茂盛时，为了扩大领土范围，会释放细微的孢子到空气中繁殖下一代。现在有愈来愈多的声音指责，就是霉菌和它们生长时所释放出来的数千种化学物质，使房屋败坏、居民生病。

例如，霉菌的副产品——黄曲霉毒素（aflatoxins），是人类或大自然所制造的最强烈的致癌物之一。霉菌产生的其他化学物质，如果侵入人体达到一定数量，会对肺部组织造成伤害。此外，所有的真菌孢子都含有蛋白质，这些蛋白质成分可以引发身体的过敏反应。直到最近，室内真菌的阴暗面才逐渐为人所知，但现在它们却被强烈怀疑是致病的原因。医学研究人员过去会到霉菌附生的住宅中寻找有毒的地毯黏着剂和清洁产品。现在，当学童频频擤鼻涕或办公室人员因头痛而请假回家时，这些医学研究人员第一个问的问题会是：霉菌在哪里？

在一般家庭，空气中飘浮的真菌量是很可观的。曾有一项实验计算家里空气中的孢子数目，发现每立方米的空气中有一千个"聚落形成单位"是很正常的事（从实际用途来看，一个"聚落形成单位"是一颗健康的孢子）。堪萨斯市的一项调查发现，在半数受测的房子中，空气中的孢子含量是这个数值的十倍。在有潮湿地下室及淹水问题的住宅，孢子的数量更是高得惊人。

有些霉菌只要在每立方米中含有一百颗孢子，似乎就足以导致某些症状，比如眼睛痒或喉咙发炎。其他种类的霉菌也许需要每立方米中聚集三千颗孢子才能导致同样程度的过敏症状。

最近，霉菌被发现也许会导致与哮喘有关的症状。"慢性鼻窦炎"一直是令人困惑的病症。在1982～1994年间，感染永久性鼻塞与鼻窦炎的病患人数增长了60%，罹患哮喘人数的成长幅度也同样可怕。现在全美大约有四千万人感染慢性鼻窦炎。

延斯·波尼古（Jens Ponikau）是明尼苏达州罗切斯特市梅约诊所（Mayo Clinic）的耳鼻喉科研究员。他和同事最近发现霉菌与慢性鼻窦炎有关。更有趣的是，他们得出结论，因为人体对霉菌做出不必要的强烈反应，才导致慢性鼻窦炎发生。

毕竟，我们的鼻子中都有真菌驻扎——平均至少会有两种。为什么有些人的免疫系统会对这些微生物产生那么剧烈的反应？在慢性鼻窦炎患者的鼻子里，这些真菌会引发免疫系统中一种叫做"嗜酸性白血球"（eosinophil）细胞的攻击反应。"你可以看到它们，"波尼古的口音中带着爽脆的德国重音，"我们可以证明嗜酸性白血球真的会通过血管攻击真菌，这些嗜酸性白血球释放出毒素，毒素会侵蚀鼻膜，导致外来的细菌入侵伤口。就像手上不小心划了一道伤口，造成细菌感染一样。"

一直到现在，医生们对慢性鼻窦炎几乎是束手无策。他们常常试图用抗生素治疗。波尼古说，理论上抗生素是用来对抗细菌的，所以效果很短暂。

"两周后病人会再回来说：'医生，我的鼻窦炎又复发了。'"波尼古说。现在，波尼古的医疗团队使用抗真菌的鼻部喷雾来对付慢性鼻窦炎，但这并不是真正的治疗。所以现在慢性鼻窦炎病人就跟哮喘一样愈来愈多。

针对慢性鼻窦炎的产生，波尼古有个理论，他说这个理论也跟哮喘的爆发有关。不过现在他先暂时保密，因为在还没有充分证据之前就提出理论，等于是拿自己的专业开玩笑。

"这是一项热门议题，我们想确定自己的方向正确。相信我，当我们发布消息，一定会有来自业界——以及大众反对的声浪。我只能告诉你，那跟我们所做的某些事有关。"他轻声笑着暗示我。

假如波尼古是对的，那么在先进国家，尤其在都市里，跟生命有关的某件事导致我们的身体对家中尘埃作出奇怪的反应。我们正在做的某事，正在破坏人体摆脱家里司空见惯的尘埃的基本能力。

勤奋的尘螨

假如霉菌在你家织起菌丝网络，横越地板、通过床铺，甚至还进入你的鼻孔，这样的想象令你感到不安的话，请试着从另一个角度思考这个问题：家里还存在着各式各样以霉菌为食的小生物。假如说霉菌是青草，那么上面便供应着为数不少的牛群，而其中最多的便是尘螨。

现在几乎每个人都看过尘螨的照片。它们的形状像是泄了点气的气球，用弓起来的尖脚站立。身体的前端不是一颗大小适中的头，而是一组像手指头般的摄食工具。照片中的尘螨看起来总是灰色的，但实际上它们的样子更吸引人，是闪闪发亮的奶油色。尘螨勤奋不懈地从地毯纤维上蹦跳而过，清理你所掉落的所有皮屑并不是一件简单的差事，但它们却做得很好。

在气候温和的地区，有两种尘螨以皮屑为主食，它们也可能吃真菌和其他碰巧经过的东西。对一般人来说，这两种尘螨看起来没什么不同。但是拉里·阿蓝（Larry Arlian）不是一般人。在他位于俄亥俄州代顿市（Dayton）的莱特州立大学的实验室门外，有个门牌写着"尘螨之屋"。这个男人本身就带着点神秘的特质。

"我估计这里有好几百万只尘螨，假如你想一只一只数的话。"他说，"嗯，事实上，在一个培养皿中也许就有一百万只。繁殖旺盛时，你可以看到几英寸长的尘螨与培养基（尘螨食物），它们似乎不介意趴在彼此的身上。"

阿蓝培养这些尘螨是为了研究它们所产生的威力强大的过敏原，以及它们更多的生态。以尘埃的标准来看，尘螨很大，大约有三根毛发的宽度，一次只能有数十只趴在大头针的顶端。假如你有黑缎般的床单，也许可以看到它们在你的床上蠕蠕而动。

"假如你把它们放在黑色的桌子上，就可以看到它们到处移动。"阿蓝说，"假如你把一只小玻璃瓶举到灯光下，就可以看见它们的踪影。"但是你在外头——在你的床上、长沙发上或地毯上，亲眼目击这些生物的机会很渺茫。它们不只会避开宽广的平地，也很少从吃——它们的人生大事中休息片刻。

"它们不是寄生虫。"这个男人强调说。他把几只奶油色的小流浪汉放在手背上，让客人可以透过显微镜欣赏它们。只见它们忙碌地在一根根的手毛中爬上爬下，徒劳无功地寻找食物。

雌性尘螨一天吃下的食物相当于其体重的一半，这相当于一个成年人吃掉34公斤的皮屑。尘螨会吐出一种软化皮屑的化学物质——这块皮屑也许比它还大或比它还小，然后盲目地将液化的食物送入嘴巴。获得充足的营养后，雌性尘螨平均每天产下二至三颗灰白色、表面具有黏液的卵。

尘螨生活中所有的喧闹繁忙都发生在布满尘埃的书架上、地毯里，以及你晚上睡觉用的枕头里。它们几乎可以生活在家里任意一个角落。不过，在皮屑最丰富的地方，尘螨数量也最多。在那种地方，一茶匙的粉尘也许可以养活五百至一千只尘螨。

令人讶异的是，床并不是尘螨最爱的居所。它们的确会爬过床垫、床单以及枕头，但是根据阿蓝狩猎尘螨的经验，在他侦察过的家庭中只有五分之一户人家的床是尘螨最大的聚集处。此外，它们似乎不喜欢与人亲密接触：它们会待在离你远远的床单两侧，或者只局限在床垫与枕头中。到处都有这样的传闻，说老旧枕头里会塞满死掉的尘螨，普遍的统计数字是占旧枕头重量的10%，还有一些危言耸听的人会宣称占旧枕头重量的25%。"胡说八道，"阿蓝对这两种猜测给予这样的评语，"我不认为真的有人做过这样的研究，我的直觉告诉我，尘螨尸体在旧枕头中的比例会非常低。"

家中尘螨最多的地方通常是沙发垫之间、客厅和卧室的地板上。有少数几次收集样本时，阿蓝曾在上述其中一个地点发现每一茶匙的粉尘中就有一万八千只尘螨。

哮喘与这些小尘埃清洁工之间有着紧密的关系。过量的尘螨加上香烟烟雾，也许会引发儿童哮喘。另外，尘螨的确会导致过敏。

在美国，大约有一千五百万至两千万人对尘螨过敏，或者，以过敏学家的专业术语来讲，是对"尘螨产生的过敏原"产生过敏反应。尘螨本身的体积太大，不可能飘进我们的鼻子，但是它们的排泄物和尸体碎屑却可以。尘螨的排泄物像是毛发六分之一宽的棕色小球，这些小球包含具有分解作用的酵素以及所有消化过的食物。一项关于尘螨胃内包含物的研究发现，它们几乎吃下所有吃得到的东西——从花粉到真菌、细菌、植物纤维、飞蛾与蝴蝶翅膀上的鳞片、鸟的细羽以及酵母菌都有。

一天之中，一只尘螨大约会排出20次含有3～5颗棕色小球的排泄物。这些排泄物中的蛋白质是引起过敏的来源。尘螨的尸体碎片旁也围绕着额外的过敏原。不像尘螨本身，这些小物质能轻易进入空气中。当你早晨铺床叠被时，它们飞舞在阳光下。当你工作完回家，累得"扑通"一声倒进沙发中，这些物质形成一片云雾围绕在你四周。一旦被外力激起，它们便会在空气中飘浮20～30分钟。

即使棕色的小球从团状物中破裂释出，它们仍然会因体积太大而无法进入肺部。但是它们会与尘螨的其他残骸黏附在鼻腔黏膜上，引发人体的一场大灾难。与任何过敏症一样，它所引发的不适其实是身体对入侵物质产生了过分强烈的反应。

一些研究认为，住在尘螨特别多的家中的小孩，比较容易产生

奇妙的尘埃

哮喘。但也有研究否定这项说法。不过即使尘螨被证实与哮喘有关，也无法解释所有的新病例。

尘螨的致命弱点是它们不能离水而活。当它们不能从你的皮屑中获取足够的水分，就必须自己寻找水源，一次一个分子。尘螨从接近口部的一个腺体，分泌带有盐分的溶液从空气中收集水分，这道浓盐水一点一滴地流入咽喉。然而，大部分美国西部地区太过干燥，尘螨无法从空气中收集水分——可是那里的哮喘病例仍然十分兴盛。在芬兰，气候寒冷干燥，尘螨的足迹罕至，可是那里却哮喘肆虐。

家中的尘埃生态圈

还有许多居住在家中灰尘上的生物也会产生过敏原。荷兰南方的艾恩德霍芬科技大学公共卫生工程学教授约翰娜·范·布朗斯威克（Johanna E.M.H.van Bronswijk），写了一本精彩有趣的教科书《居家尘埃生物学》（*House Dust Biology*）。在书里头，范·布朗斯威克以一个整篇章描述了她所说的"家中尘埃生态系统"。书中还附上"谁吃了谁"的家中尘埃索引。

她注意到，真菌在家庭中扮演分解者的生态角色，分解从皮肤到死亡的小生物等各种东西。同样地，"家具尘螨"专门分解有机物质，包括填充棉花、地板木料、纸张、芦苇草席等。

真菌是许多生物的食物，比如尘螨和书虱（一种微小、奔跑迅速的昆虫，翻开老旧的书页常可见其流窜在书中）。而尘螨和书虱又是几种不同掠食者的猎物。

其中一种肉食螨首次发现于图书馆中，因此它的绰号与书相关。它的拉丁文名字翻译成英文有"具蟹螯、博学"的意思，不过它却是胆大凶猛的生物。对于没有受过专业训练的人来说，这种肉食螨看起来跟普通尘螨没两样，但是它的体形比较大，而且专家可以轻易看出其他不同处。

"它们很有趣，"范·布朗斯威克在某一封电子邮件中写道，"它们躲在微粒之下，只露出许多像剪刀一般的摄食工具。肚子饿的时候，它们便用剪刀般的工具抓住一只路过的尘螨，然后再将钻孔锥一般的工具插入猎物的体内，注入溶解细胞的酵素。接着将猎物吸干，只留下外壳。"除了尘螨，这些食肉动物也吃书虱和跳蚤幼虫，薯片碎屑掉在地上，它们也会接二连三地把碎屑吃掉。

阿蓝，这个研究尘螨的男人，发现肉食螨的生性相当凶残。他不得不将装有尘螨的笼子放在油料做成的"护城河"中央，笼子周围则涂上凡士林封起来。尽管如此，这些嗜血的动物有时候还是会闯进笼子，毁掉实验。就跟它们所杀的尘螨一样，这些肉食螨也会产生过敏原。

"伪蝎子"（pseudoscorpions）也是一种凶猛的生物，而且它们看起来名副其实。它们的形状像螃蟹，有长长的大螯作为武装，加上一对显而易见的裸眼。书蝎是其中一种。在没有光线的裂缝中，例如书本间黑暗的狭缝，书蝎静静地在那里等待没有警觉到危险逼近的尘螨或书虱经过。一见猎物出现，书蝎便猛扑上前，用钳子般的大螯使劲朝猎物抓去。

继续朝尘埃食物链的上方移动，范·布朗斯威克说下一个是跳蚤。家里若是养狗或猫，跳蚤的幼虫会在尘埃中钻动，寻找跳蚤的排泄物为食。它们也以吃尘螨尸体出名——在闹饥荒的时候，则会吃掉彼此。家中如果养有毛的宠物，保证尘埃中会布满细毛——这是另一种与哮喘有关的过敏原，虽然科学上还未证实细毛会引发哮喘。

再下一个是蠹虫。它们曾被怀疑偶尔以尘螨为食，但是通过分析蠹鱼的肠道发现这些奇特的小生物几乎会吃下任何尘埃。范·布朗斯威克在《居家尘埃生物学》里提到，在一只蠹鱼体内，发现了"植物组织的碎片、沙粒、花粉粒、原球藻（绿藻的一种）、真菌孢子……以及菌丝、淀粉颗粒、动物毛发、刚毛、鳞片以及节肢动物的气管。"蠹鱼也能消化棉花纤维、纸类和人造纤维。

在尘埃食物链的顶端是蟑螂。这种生物的排泄物也会导致过敏。但是，科学上仍不清楚吸入过量蟑螂排泄物的小孩会不会比较容易罹患哮喘。

这个多元化的社群就聚集在房屋内每一个角落的尘埃上。范·布朗斯威克说，床铺，提供了一个特别的微生物居所。床铺所提供的皮屑、真菌与棉花纤维等"菜单"也许单调乏味，但是由于现代房屋的地板愈来愈干净清爽，床铺反而可以给真菌、尘螨以及其他敏感的小生命提供一个潮湿的避难所。范·布朗斯威克说，曾经有一位研究人员在床铺尘埃的样本中培养出一株蕨类植物——在她的书中还附有实物照片：这株蕨类植物被细心地栽种在盆栽里。

退化与进化

房屋里的尘埃包罗万象。它们也许是植物，也许是动物，也许是矿物，也许是一堆持久的现代化学物质。但是，它们在现代的哮喘爆发中扮演什么角色？尽管尘埃充满了暗示与可能性，研究人员还没找出一种成分可以解释所有的谜团。

从某一方面来看，由于先进国家的人民居住在较拥挤狭窄的房子里，家中灰尘的浓度会相对较高，其中包括普通的过敏原与工业时代的化学物质。过度接触某些蛋白质会导致过敏，而过敏是发展成哮喘的一个危险因素。

从另一方面来看，家中并没有单一一种尘埃担得起引发哮喘的罪名。因此，关于哮喘大爆发最具说服力的理论认为，发生改变的其实是现代人的体质对尘埃的反应机制。

为了验证其中的一个理论，让我们回到弗吉尼亚州，在那儿普拉茨—米尔斯正从办公室的窗户远眺外面的蓝色山脉，思索着这个问题。普拉茨—米尔斯认为原因在于，我们未充分使用的肺部产生了功能上的退化。

"在20世纪50年代，小孩子一天有20个小时是待在室内的，"他说，"到了90年代，小孩子待在室内的时间变成23.5小时，以百分比来看只有一点点差异，对吧！"这的确只有轻微的改变：儿童待在室内的时间增加了不到25%。

普拉茨—米尔斯轻敲一下桌面以示强调。

"但是反过来看，这相当于原本四小时的户外时间减少成半小时？这个改变却相当巨大。"没错，这将近少了90%的户外时间。普拉茨—米尔斯想说的是，对儿童来说，"没有待在室外"的影响比"待在室内"的影响更大。他说，待在室外主要的好处是，小孩子会四处跑跳。

"我们发现一个能让小孩子安静坐着的好方法，"他说，眼神恢复到原先锐利的凝视状态，"那就是提供视觉娱乐。运动是对抗发炎的一剂良药，我认为运动能使疾病快速痊愈。"

但是普拉茨—米尔斯所说的运动，并不是指爬山和慢跑。他指的是"逐渐发展且反复的活动"——总归一句话，就是玩，即使是走路也会有效果。"资料显示，在乡村走路仍然是普遍的交通形式。在那儿，哮喘很少见。"1998年，普拉茨—米尔斯在一篇研究报告中写道，"在巴布亚新几内亚、非洲部落、澳洲的原始村落以及爱斯基摩人的聚落中，哮喘是罕见的疾病。"

相反地，他提出，现代"静静坐在电视机前"的儿童，身体受到锻炼的机会比以往都少。结果，偶尔深呼吸一下就是肺部的轻微运动。普拉茨—米尔斯说，坐着阅读的人深呼吸的次数已经比较少了，但是坐在电视机前的人深呼吸的次数更少。

"比起阅读时，他们深呼吸的次数更少。我们并不肯定这就是一切现代呼吸道疾病的根源，"他怀疑地说，但这至少是个暗示。普拉茨—米尔斯补充说明，人们对线上聊天室的指责更加强烈，因为这与肥胖有关。他提到，在科学上，肥胖与哮喘的关联正逐渐成形。

也许静静坐着是所有造成肺部问题的家中尘埃的帮凶。也许这些尘埃所需要的，是一副由高度发展又惯于久坐的社会才培养得出来的肺部。

这是个理论。

卫生假说

在1912年出版的一首诗中，埃兹拉·庞德（Ezra Pound）[1]也许已经概述了另一个理论，早在这项理论被赋予正式的名称之前。庞德拿伦敦的上流社会与他所称的"赤贫人家家中肮脏、健壮、生命力旺盛的婴儿"作对比。

"他们继承了大地的丰沛宝藏。"他在沉思中得到这项灵感。

庞德因为赞同法西斯主义而恶名昭彰，但是他的确在文学中找到出路。德国哲学家尼采更早之前说过一句也许不那么诗意，但意

---

[1] 生于1885年，死于1972年。美国诗人与评论家，在英美现代文学史上有一席之地。除了诗作与演讲集，也发表过中国古诗英译本《中国》（Cathay）和两部日本戏剧集，受到极高评价。——译者注

念相似的话："凡未能击倒我的，必使我更加坚强。"

而这些正是"卫生假说"的中心要旨。这个假说认为工业化国家里的尘埃还不够多。在世界各地的工业大城，因为缺乏尘埃才会产生一堆体弱多病的人。

说得更精确一点，越来越多的相关研究认为，在年幼时多感染病原与寄生虫，能强化儿童敏感的免疫系统，进而避免发展出过敏与哮喘的症状。当发展中国家的生活水准愈来愈高，儿童生病的概率降低，在免疫系统缺乏训练的情况下，一点点灰尘就能引发他们的身体产生过度反应。

这是个非常热门的理论，医学期刊每个月都会发表新的儿童研究病例，其中大部分结果都具有相当程度的争议性，它们包括：

◎ 不同群体的欧洲农村小孩，假设比其他非农村学校的学童有更多时间接触霉菌、粪肥以及其他肮脏的尘埃，他们罹患过敏与哮喘的概率较低。

◎ 意大利空军军校的学生中，血液中呈现出曾有食物中毒或胃部寄生虫反应的学生，罹患哮喘的概率比没有这些经历的学生低。

◎ 在丹佛地区，家中含有高浓度内毒素（细菌分泌的毒素）的孩童，比较不会产生过敏反应，也就比较不容易罹患哮喘。

◎ 在三岁前得过麻疹的儿童比较不容易罹患哮喘。相似的关联还有A型肝炎、肺结核、流行性感冒、类似霉菌的"分枝杆菌"，甚至是一些疫苗接种。

◎ 英国一项研究报告指出，在两岁前施打抗生素的儿童有更高的概率罹患哮喘。报告的作者认为，抗生素也许会不加区分地杀死能强化免疫系统的细菌。

◎ 即使是寄生虫，也能强化免疫系统对抗尘埃中的过敏原。一项关于委内瑞拉贫穷儿童的研究发现，肠道内有最多寄生虫的儿童最不可能对尘螨过敏。一组这样的儿童在服用驱虫药后，对尘螨过敏的概率增加了四倍。

这些疾病跟卫生有什么关系呢？卫生假说观察到现代家庭的人口数愈来愈少，因此兄弟姊妹之间互相传染病原的情况也减少了。传统的大家庭让小孩子们有更多机会吸入其他小孩的病菌，也就是研究人员所谓的"粪口微生物"，能导致肠道疾病。2000年夏天，一项关于亚利桑那州儿童的大型研究支持这个观点。这些儿童至少有一个年长的兄姊，或者曾在六个月大之前被送到托儿所交给保姆照顾，他们在13岁时罹患哮喘的可能性减少了一半。

卫生假说更扩大到各式各样的现代活动中。例如，研究意大利空军的科学家也研究"营养不足的西化饮食"，显示这类饮食对儿童免疫系统的发育没有帮助。

贫穷也是这项假说的因素之一。例如，当柏林墙倒下，医学研究人员发现哮喘在富裕的西德很普遍，但是在污染严重、人民赤贫的东德却很少见。不过，现在东德的哮喘发生率正逐渐追赶它富有的邻居。在埃塞俄比亚的一项研究也得到了相似的结论：虽然居住在充满灰尘泥巴的传统小村庄的人民比季马市（Jimma）的居民更容易对尘螨过敏，但是季马市的居民饱受哮喘之苦，而小村庄的居民却没有人罹患哮喘。

研究人员正一点一滴地建构起庞德笔下非常贫穷却身体健壮的儿童，如何获得蓬勃的生命力：在肮脏环境中成长的小孩，免疫系统也许会发育得更完整。

"尘埃中有一些东西能培养我们的免疫系统，是很有趣的事。"安德鲁·刘（Andrew Liu）说。他是科罗拉多州丹佛的国立犹太医学及研究中心的内科医生及哮喘专家。有着开朗笑容和耀眼黑发的刘，与同事一起发现丹佛地区家中若含有许多内毒素，儿童罹患哮喘的概率会比较低。他对内毒素——细菌，如沙门氏菌和大肠杆菌，所释放的毒素——的关注最后得出结论：内毒素是哮喘背后强大的控制因子。

　　"你不需要感染病原来刺激免疫系统。"他提出。一个小孩所需要的只是接触充满内毒素的室内尘埃。事实上，刘说，你可以想象有一天，家中环境太干净的婴儿需要接种内毒素来预防哮喘。他轻轻笑着承认，到时他会因为"太胆小"了，而不敢身先士卒接受第一针。也有研究人员提出，接种结核杆菌也许可以用来预防哮喘。

　　也许听起来很怪异，但是这种创新的疗法在数十年前就诞生了。艾杰·雷德蒙（Agile Redmon）是一位得州半退休的过敏症专科医生，他回忆起在医生还不知道病人是对尘埃中的哪一种成分起反应前，试图治疗"家中尘埃引起的过敏"。"有时候我们从吸尘器的袋子中取出尘埃，"他说，"经过消毒、研磨，制作成溶液，然后将这些萃取物用在免疫疗法上。我确定我们曾经用过家里尘埃中的内毒素，它真的有效。"

　　事实上，现在人们仍然被施用家庭尘埃，至少家庭尘埃萃取物的其中一个来源仍然是吸尘器的内袋：北卡罗来纳州勒诺（Lenoir）的格里尔实验室附近的教堂与学校，向民众募集吸尘器的袋子，然后以每磅2美元（约为每公斤4.4美元）的价钱卖给公司加工制作。

　　所以尘埃中的细菌毒素也许可以预防哮喘。这是个理论。

　　"整个医学史大概就是在观察一种流行病后，提出许多也许可以解释这种现象的理论。"刘说。然后人们试着挑出真正重要的细节。

"请来证明我是错的，"他兴高采烈地邀请，"这就是科学在做的事。来吧！挑战我，证明我是错的！"

然而，要你忙着证明这些理论中的任何一个是错的，也许是个诡计。迅速回想一下这项尘埃与哮喘的谜题，并观察互相抗衡的理论如何围绕着谜题的中心彼此环环相扣。

在纽约市无家可归的小孩中，每三个人中就有超过一个人有哮喘。在布朗克斯区的一些学校，罹患哮喘的比率接近六分之一：比全国的标准值高出大约三倍。20世纪90年代中期，纽约市平均每年有11个小孩死于哮喘。所以近几年来，并不是每个贫穷的小孩都有旺盛的生命力。这些相互抗衡的理论如何清楚解释哮喘大流行的现象？

早期观察到拥挤的房屋以及高浓度的尘埃的确符合现况。有确切的证据证明，在市区内的房屋里，往往有更多的尘螨、蟑螂、大小老鼠或霉菌横行其间，这些东西都会制造过敏原。而过敏原与哮喘有关。

但是"静如处子"（sitting still）假说也提供一个良好的思考方向：普拉茨—米尔斯说，在犯罪率高的地区儿童的运动量甚至比其他地区更少。

"我们是世界上唯一的国家，下层社会的活动量比其他阶层要低，"他说，"在1970年，哮喘的死亡率没有阶级之分。到了1990年开始有了差别，但是只发生在美国。"

卫生假说也强调自己的正确性，假设美国最贫穷的孩子是最不可能碰到内毒素的小孩（农村小孩则在布满内毒素的尘埃中玩耍），假设他们吃的真的是"营养不足的西方食物"。至少在美国，贫穷本身不等于邂逅。

　　现在就缺少清楚的解释。家庭尘埃与哮喘之间的关联是撩人的秘密。现在，尘埃与疾病的理论在空气中飞舞，就像是当晚餐在烤炉中炙烤着、蜡烛爆出火花、伪蝎子在幽暗的客厅地毯里寻找晚餐时，盘旋飞过家中的碎屑。

　　　　　　　　　奇妙的尘埃

第十一章
回归尘埃

　　人体的主要成分是水和骨头。骨头的主要成分是磷酸钙，加上其他微量的物质，包括累积的污染物，比如铅。水的成分中带有一点碳、氮、铁、硫、氯和钠，以及一连串从砷到锌的微量物质。当然，所有的这些物质原本都来自太空，在太阳系形成之初被卷入地球之内。只有在你活着的时候，这些物质是属于你的。

　　一旦你的生命走到尽头，这些你从地球借来的物质便会逐渐分裂瓦解，再次进入循环。即使用最先进的技术将尸体做成木乃伊，并保存在不锈钢的箱子中，也无法成为永恒。未来，太阳寿命将尽，就像负荷过重的心脏开始悸动，没有人可以置身于那场灾难之外：汝生自尘埃，死应归还天地（Dust thou art, and unto dust shalt thou return）。

　　在室温之下，微生物会快速地分解尸体的细胞，事实上，这些细胞可以自行分解。尸体腐烂会释放出水分和气体，而真菌很快就会在尸体的皮肤上形成聚落，吸收血肉，制造出一团团的真菌孢子。

　　当人过世之后，大部分的尸体会被火速送进太平间的冰柜中，在那儿"保存"好几天。不过有些人，特别是在美国，会千方百计阻止亲爱的人的尸体进入腐朽的过程。他们会将尸体浸泡在甲醛和其他防腐剂中，防止尸体腐化的香料或化学药剂可以杀掉分解尸体的微生物，并让尸体的组织维持生前的弹性。在尸体的表面化上一层妆，内部塞入各种填充物，涂上胶水，放入嘴唇模型、眼皮模型以及其他支撑物。经过精心的处理，尸体可以维持生前的模样更久一点，有时甚至可以维持相当长的时间。

将浸泡过防腐剂的尸体封在棺木里，可以延长保存的时间。然而，传统的棺木对土壤和水分没有太强的抵抗能力，也许很快就会腐朽，上面的泥土侵蚀棺盖后，就会带来一堆细菌、真菌和其他的分解者。这样的惨剧导致人们普遍使用水泥作为棺木的衬里，这种做法基本上等于是在棺木里又加上一层棺木。于是，浸泡过防腐剂的尸体在干燥环境下受到安全的保护，也许好几年都不会腐烂。

但是最后，湿气还是会进入棺木中，土壤里的微小分解者会开始工作。渐渐地，身体的成分会瓦解，渗透进入周围的土壤中，回归成为地表尘土的一部分。

棺木里最坚硬的成分抵抗腐败的能力最持久。外科医生与制作木乃伊的人所放入尸体中的塑料和金属零件，要经过漫长的时间才会缓慢分解。金属制的珠宝和拉链、塑料制的纽扣和鞋子，以及棺木里任何持久的纪念品，也都要经过很久很久以后才会开始腐朽。还有尸体的骨骸，从恐龙化石身上可以获得验证——在某些情况下骨头可以保存非常久的时间，让涓涓水滴缓慢地溶解它，一点一滴地用坚硬的矿物取代骨头原本的成分。

人类的骨骼具有成为化石的潜力。假如在你死后，身体被快速掩埋，而且掩埋在适当的土壤中，过了数千至数百万年后，骨头能置换为石头。严格地说，化石已经不是你的身体了，因为水分会将骨头里原本的成分带到周围的土壤中，取而代之的矿物则具有更好的持久性。然而，要是你的棺木最后因为受到侵蚀而暴露在地表，矿化的化石失去保护，最后还是会变成一堆尘土。寻找化石的猎人通常碰巧经过一堆即将化为尘土的化石表面，才得以发现他们的宝藏。他们挖开相当于保护膜的岩层，找寻剩下来被完整保存的化石。

假如你的骨头没有这么幸运，化为尘土的命运也许很快就会降临。先前的棺木会因为遭受侵蚀而打开，少量的土壤，也许被你体内的铁所染黑，并与你体内的钙形成结晶，然后随着尸体释出的一点点水分流淌而下，或因为暴露地表而随风飘荡。假如地壳板块移动的物理机制没有将你高高抬起，而是吞入地壳的更深处，那你将被深深掩埋，与熔化的岩石混合在一起，也许未来有机会成为喷发出来的火山灰。

有时候，受到细心保存的人类尸体并不是因为地球无休止的运作而化为灰烬，而是因为人类自身的行为。从中古世纪至18世纪，欧洲人将埃及的木乃伊当成灵药，这些被后人发掘的木乃伊遭到被磨成药粉服食的命运。木乃伊也曾被磨成粉当作肥料，肯尼思·伊塞森（Kenneth Iserson）在他所著的《人死成灰》（*Death to Dust*）里曾提到。它们曾经被一船又一船地运到美国，大企业的老板试图用木乃伊的裹尸布制作纸浆，但是"裹尸布上的污渍太多，无法生产出高品质的纸张"。

尽管有霉菌、蛆、侵蚀作用，甚至是将木乃伊捣碎的古怪行为，埋葬还不算是人类尸体化为灰烬的捷径。假如墓穴是干燥的，而且所处的地质条件不易发生侵蚀作用，那么被埋葬的尸体要完全化为尘土，将需要漫长的时间。

施行在印度、亚洲和非洲部分地区的除肉葬法（excarnation）

是比较快速的方式。尸体通常被放置在树中或其他葬礼的指定地点，引来动物（有时候它们已经相当熟悉这种仪式）吃掉死者身上的肉。例如在西藏，死者的家属往往会雇用一队专门进行这种仪式的师父，将亲人的尸体抬到山丘上，用屠刀肢解，然后等待秃鹰前来争食。

南加州人帕梅拉·洛根（Pamela Logan）从事募款救济西藏的工作，是少数亲眼见过这种被当地称为"天葬"仪式的局外人。"当秃鹰看到葬仪队伍往山丘缓缓前进，它们便在天空中群聚盘旋。"她回忆说。在一个石制的平台上，这些天葬师父快速地切砍尸体，然后退后等待。"大约有50只巨大的秃鹰朝前飞近，"她说，"在13分钟内，尸体就已经血肉无存，只剩下软骨和骨头。这时，手拿大槌子的男人走上前去，将骨头打碎成浆。"男人们将这些骨浆与面粉混合在一起，施舍给在一旁等待的乌鸦和老鹰，此时才刚饱餐一顿的秃鹰群已经离开了。

洛根说，于是，在45分钟之内，死者从大地借来的身体已经与新的生命结合。至于那些无法负担天葬费用的西藏家庭，则习惯把尸体留在山顶上，等待鸟类、野狗、虫子以及其他的生物自然地前来进行天葬。

当这些天上飞的、地上爬的、土里钻的生物在消化着尸体时，它们吸收、同时也拒绝某些成分。被拒绝的成分很快就从动物体内排出，化为尘土。然而，被吸收的物质不代表就躲得过化为尘土的命运。当秃鹰死亡之后，另一群食腐动物将会分解吸收它们的尸体，并将之带到其他地方去。也就是说，人类尸体的某些部分在化为尘土之前，也许会从秃鹰身上转移到野狗或苍蝇幼虫的身上，也许变成生长在死苍蝇身上的霉菌所释放出的一颗孢子。

火葬的奇想

哎！基于某些敏感议题以及对公共卫生的疑虑，美国人并不施行除肉葬礼。如果希望死后赶快化为尘土，就要靠火葬了。假如你的相关文件都准备齐全，在死后的几小时之内就能化为一缕轻烟和几公斤重的骨灰。

火葬处理尸体的效率很高。在古希腊，人们接受火葬不只是因为这样做比较卫生，也因为这种做法可以防止死者的仇敌对遗体做出污辱的举动。在罗马，火葬曾经相当普遍，以致市长不得不下令禁止在市中心举行火葬仪式。英语中的"篝火"（bonfire）是形容大英帝国时期人们将尸体放在一堆"焚烧骨骸的柴火"上（bonefire）所流传下的字汇。

不论在什么样的文化习俗之下，当篝火熄灭之后，通常便是捡拾剩下骨骸的时候到了。这些身体的残骸接下来也许会被掩埋或保存在地面之上。在许多习俗中，骨头与骨灰过去并不如——现在也不如火葬仪式本身重要，因为上升的灰烬与烟雾代表肉体败坏后灵魂获得了救赎与释放。

尽管火葬可以使遗体迅速化为灰烬，但早期的基督徒却讨厌火葬。在耶稣诞生后的几世纪，土葬成为欧洲大部分地区最时髦的葬礼仪式。

一些北欧人并未承袭基督徒的文化，他们处理海上英雄的方式便是将英雄的遗体随船焚烧。即使是现在，火葬在北欧国家仍然相当普遍。在世界上其他非基督教地区，特别是日本和印度，火葬是人民倾向于使用的简易葬礼仪式。

直到19世纪末期，一群火葬的爱好者重新点燃了英格兰与美国对这种葬礼仪式的热情。慢慢地，火葬开始出现在这两个国家。如今，火葬在美国相当热门。

在美国大约有25%的尸体采取火葬处理，即相当于50万具尸体。到了2010年，这个比例有望提高到40%。不过这股风潮的流行并不平均。在美国，西岸三分之一的人口，以及新英格兰地区的人喜欢施行火葬；至于中部的人民则喜用分解缓慢的土葬。密西西比州的居民中只有7%会选择火葬。

尸体通常装在坚硬的纸板箱里送达火葬场，很少会浸泡防腐剂。但如果是在传统的葬礼结束后直接送来的尸体，则会浸泡防腐剂、化妆、盛装打扮，并且装在华丽的金属或木头棺材里。在尸体抵达后，火葬场的工作人员通常会将整个棺木推进一座焚化炉中加热到760～980℃。即使纸板箱或木制棺材已经在烈焰中爆炸化成一团灰烬，尸体还需要焚烧更久的时间。

保罗·勒米厄（Paul Lemieux）是环保署的化学工程师及焚化专家。他拿火葬接下来的步骤与每天在厨房发生的事情做比较。"大致的情况就跟烹饪一样，"他说，"尸体的温度会停留在100℃直至水分全被煮干。当你在煎汉堡的时候，也是要等水分被蒸发之后，剩下的物质才能被继续加热。只有在尸体的水分全被煮干之后，尸体的动物脂肪才会开始燃烧，这时候的尸体就像普通的有机燃料般燃烧起来。骨头与牙齿则要等到温度上升到很高时才会燃烧。"

大约经过一小时，原本的尸体化为一团气体，进入另一个小室中再度燃烧，接着排往烟囱。煤灰也许会污染了水分子以及其他燃烧尸体所产生的气体；氧化氮也许会将蒸气染成黯淡的灰橘色；补牙用的水银会化为蒸气，大量涌入空气中；脂肪燃烧之后变成复杂的碳氢化合物；当火焰燃烧尸体里大量的盐分，产生的氯气上升到烟囱，而当这些氯气冷却，便有机会形成微小的二噁英。

对于那些希望死后进行火葬但又不想污染空气的人来说，好消息是，环保署认为火葬造成的空气污染并不严重，因此不需要特别管制。在纽约市布朗克斯区进行的一项空气污染测试指出，1999年火葬所制造的污染比家庭制造的废气少得多——这里指的并不是家庭聚会的烤肉活动，而是壁炉燃烧柴火所排放的废气。

研究人员报告，每当一座家庭壁炉散发橘灰色的烟雾一小时，就会让附近的空气增加将近230克的各种微粒。然而，一具尸体燃烧一小时，只会产生约15克的微粒。假如在最肮脏的条件下，加上火葬场在最高温的状况下燃烧尸体，每一具尸体会产生约110克的微粒。结论是：在室外空气污染方面，壁炉燃烧木材产生的危害比火葬燃烧尸体严重得多。

不过，对于那些向往火葬的人来说也有坏消息：全美约有1400家火葬场，每一家每年也许都会释放出大约900克的水银微粒——来自补牙的水银填充物在高温下化成的蒸气。平均每一具尸体会贡献约0.25克的这种有毒金属。那些希望在安详离去时不要污染空气的人，应该事先在文件中注明，进行火葬前必须将补牙的填充物移除（指挥葬礼的工作人员在尸体送往火葬场前依惯例会移除心律调节器）。

火葬进行时，尸体在火焰中蜷缩成一堆骨骸，骨骸在高温中粉碎成一团灰烬。火葬结束时，大约90%的躯体已经跟室外飞舞的、不管是活的还是死的微粒搅和在一起。"人体微粒"中的某些成分也许会慢慢降落在地表，其中一些气体也许会在大气中吸附湿气，凝结成小水滴而形成降雨。当这些雨水落下，也许有更多空气中的"人类微粒"会被顺势带下。于是，许多人类从地球借来的物质成分，到最后都会归还给地球。

无法燃烧的，就残留在火葬室的地板上了。

骨灰的创意去处

火葬后剩下的灰烬，是2700～4500克的骨骸，混合着微量的坚硬金属。骨骸通常是白色或灰色的。当工作人员将这些灰烬从火葬室的地板刮下，一些耐火砖的粉末也会一并混进骨灰中。火葬场的工作人员会拿一块磁铁在骨灰中搜寻假牙的金属架子、衣物的扣件，或是手术植入的钢钉、板块和人工关节。

有些火葬场会将剩余的白色骨灰和一片片的骨骸直接交还给家属，但现在大部分的火葬场会使用特殊的研磨器将大块的碎片磨成有如海滩上的粗沙，甚至是更细微的粉末。为什么？当然是为了更容易播撒骨灰。

伊塞森说，在过去的一个世纪，"很少人会对尸体做一些新鲜事——更不用说是骨灰了"。但这不代表人们不会尝试。过去的做法是站在山顶将骨灰撒向山脚的花花世界，或将骨灰撒向汪洋大海；现在则演变为将骨灰送到外太空，或填充到珠宝、钓鱼竿、邀请卡或小型的陶器摆饰中。在美国西南部，将骨灰播撒到神圣的阿兹特克（Aztec）[1]遗址，曾经蔚为风潮，直到后来国家公园管理处颁下禁令，人们才停止在公园中播撒骨灰。

每年，愈来愈多的骨灰被播撒。北美火葬协会曾进行一项调查，发现在1998年，每十盒骨灰大约只有四盒被送到墓地，这些骨灰不是被埋葬、安置在地面上的灵骨塔，就是被倾倒在特别开辟的

---

[1] 15世纪和16世纪初，曾在今墨西哥中、南部建立帝国的民族，其帝国后来被前往美洲探险的欧洲人所消灭。——译者注

"骨灰花园"中。

那么，其他的数十万盒骨灰后来怎么样了？嗯，依据家属的期望，火葬场的员工将大约六万四千盒骨灰撒入水中，另外两万四千盒则被播撒在陆地上。大约有6%的骨灰被遗弃在火葬场中，从来没有家属认领。

那么剩下的十七万六千盒骨灰呢？根据北美火葬协会的调查，这些骨灰盒或骨灰瓮被"带回家"了。至于骨灰回家后又去了哪里？那就任凭想象了。对于那些想不出好主意的家庭，现在有一大票公司能提供让灵魂安息的全套服务。

例如，一项富有创意的方式是将花的种子与骨灰混入纸浆中，做成手工卡片。收到这些每张要价25美元的卡片的亲友，可以将卡片剪成碎片——把骨灰、种子和其他所有成分一并种植在土壤中。同一家旧金山殡葬公司也可以将贵重的小雕像或其他物品熔制成"纪念瓮"（特殊的"播撒瓮"是为了增加播撒仪式的凄美效果，"纪念瓮"中则只包含一小撮死者的骨灰，一般放置在壁炉架和衣橱上。简单来说，纪念瓮就是混有骨灰的珠宝饰品）。

一家位于加州克莱尔蒙特（Claremont）的公司将亮闪闪的白色骨灰注入厚重的玻璃球中保存。另一家公司则可以将骨灰做成海豚的形状压缩在亚克力板中。对于喜爱运动的人来说，美国中西部的一个同行提供将骨灰填装在猎枪子弹里的服务，供作每一季的狩猎活动之用——此外，如果不喜欢枪的话，也可以将骨灰装入保龄球、诱捕鸟兽的假鸭中，甚至是鱼饵中。说到鱼，一家位于佐治亚州的公司会将一堆骨灰混入水泥中，并将这堆混合物塑造成蕈状的人工珊瑚，然后沉到海底（可选择附带青铜匾额），吸引珊瑚聚集，成为鱼群的庇荫居所。

假如你的亲人希望在离开人世后能够散播自己的骨灰，而且选了一个不方便达成的地点，那么现在有愈来愈多的专业人员愿意为你效劳，服务包括将骨灰从帆船、汽艇或飞机上，撒向一座爱达荷州的森林，或撒向圣地（Holy Land，指耶路撒冷）。

在这个寓骨灰于乐的时代，从飞机上播撒骨灰似乎有点平淡无奇。但这是个将骨灰散布到远方的好办法。大块的骨头碎片很快就会降落到地面（此时很有必要将骨头研磨成细粉）。如果风势与天气状况许可，细微的粉末可以飞到尽可能遥远的地方。其中非常细微的粉末也许会在天空盘旋数日，经过海洋，横渡遥远的沙漠，轻易越过异国的高山。

烟火可以让骨灰更富戏剧性地进入风中。只要几千美元，南加州一家名为"欢送生命"的公司会将骨灰装入烟火中，然后在亲友的送别会里，由工作人员同时施放传统烟火与填装骨灰的烟火，并播放特选的背景音乐烘托气氛。就像从飞机上播撒骨灰一样，这种方式也能让死者享受御风的快感。

还是太单调了吗？那就考虑把骨灰送到外太空吧！1997年，赛勒司帝斯（Celestis）公司将第一批骨灰送到环绕地球的轨道上。赛勒司帝斯骨灰匣是由一架可弃式的电动机负载，这架电动机的主要任务是将商业用的火箭送到环绕地球的轨道上。当这架电动机的燃料用尽，便脱离火箭，负载着赛勒司帝斯的骨灰匣在太空中相对较低的轨道上环绕地球，所以24位前卫的顾客的骨灰也会跟着环绕地球。或者只是一部分的顾客骨灰，谁晓得？

"大约7克，"公司发言人克里斯托弗·潘切里（Christopher Pancheri）说，"我们提供的是一项具有纪念性的服务。"公司建议家属用死者剩余的大量骨灰做些其他的事。

第一批骨灰，搭乘他们的火箭发射器，将会在轨道上环绕地球直到2007年的某一刻。然后整部装置就会下降到非常靠近地球黏浊大气的地方，起火燃烧——"就像流星一样。"潘切里说。骨灰和火箭电动机会化为蒸气，环绕在大气层的高处。

当时约有700克的骨灰搭乘火箭，其中包括勇敢的内在精神世界开拓者——蒂莫西·利里（Timothy Leary）[①]。依火箭发射高度的不同，一些骨灰也许会环绕地球两个世纪，一天环绕大约15次。价格是：每克骨灰只要花略少于一千美元的钱就办得到了。

对赛勒司帝斯公司来说，地球轨道只是一条测试行程。1998年，这家公司与美国太空总署合作，将声誉卓著的彗星专家尤金·休梅克（Eugene Schoemaker）的几克骨灰送到月球。即将推出的为一般大众量身打造的月球行程，每位顾客要支付将近一万两千美元。此外，赛勒司帝斯公司也提供一项航行到偏远领域的行程。在2001年末，赛勒司帝斯公司将一个装有骨灰的容器安装在"遭遇2001"（Encounter 2001）太空船上。这艘美国太空总署的太空船会载着人类的毛发、诗歌、艺术作品和骨灰，漫游到太阳系之外，进入无垠的宇宙。

假如你无法接受让自己的骨灰漫游在太空中，或是伴随着沙漠沙尘、真菌和煤灰环绕地球，那么，制作成木乃伊也许适合你的品味。在现代富有想象力的市场中，有少数几项服务是可以帮你拒绝化为尘土的。

除了将几克的骨灰送到月球去旅行，你也可以花几千美元给总部设在加州的桑姆（Summum）公司，将你的遗体制作成木乃伊。那儿提供保存DNA的专利过程——假如你的长期计划中包含复制

---

① 1920～1996，美国作家、心理学家，提倡迷幻药物的研究与使用。20世纪60年代担任哈佛大学心理学教授期间，相信一种威力强大的迷幻药麦角二乙胺（LSD），在适当使用之下有助于精神的成长与治疗。当时许多受试者表示曾经历神秘的心灵体验，认为这对他们的人生有正面的帮助。——译者注

人这一项，这个过程将是重要的关键。"在科学研究的前提下，我才会想被复制。"桑姆公司的负责人科奇·拉（Corky Ra）对复制人持保留的态度。在他发展出现代化的木乃伊制作技术时，桑姆公司还是一家非营利公司。"假如他们的技术达到一定的水准，而他们想复制我，没有问题。"

如果你诚心希望遗体能真的保存非常久的时间，那就砸下三万六千美元购买桑姆公司的"木乃伊制程"吧。光滑如镜且一尘不染的不锈钢箱子以及装饰有埃及图腾的青铜器传统外棺足有约6毫米厚。在风和其他天气作用开始分解你的遗体之前，它们必须先穿过金属，侵蚀填充在棺木里的人造卵状琥珀，并且必须先让你的裹尸布腐朽成碎片。目前为止，科奇已经成功地，而且相当精细地，将宠物以及一家医学院里的30具人类尸体制作成木乃伊。虽然在我采访时桑姆公司尚未制作过一具自费的木乃伊，但已经有一百多人预约，而且可以在许多家殡仪馆进行手术。

木乃伊可以维持多久？科奇对这个问题叹了口气。从青铜器时代保存下来的木乃伊还不足以提供良好的数据。"目前已知有保存四千年或五千年之久的青铜器。"他说。

不过，即使你的木乃伊维持了十万年，以地球时钟看来，那也只是眨了一下眼的瞬间而已。当时候到了，你终究还是会化为尘埃。在一些不寻常的状况下，你也许有机会找到躲避风和水的方法，但别忘了还有地壳持续循环所造成的板块运动。结论仍然是：

你将会化为尘土。

地球的可能结局

真的，整个地球到最后都会化为灰烬。当太阳中心的火炉将氢原子转变成氦原子，这颗恒星的温度会开始上升，体积膨胀，演变成"红巨星"。假如今日的太阳是一颗小葡萄，地球就是环绕在它1.5米远的沙粒。当太阳演变成红巨星，这颗葡萄会朝外膨胀吞噬地球。

尽管早期的电脑程序运算曾推测地球可以躲过这一劫。李·安妮·威尔森（Lee Anne Willson）不再认为情况会如此。威尔森是艾奥瓦州立大学的物理学家及天文学家，她在21世纪初期对同侪发表了电脑模拟所得的悲惨预测，从而引起媒体争相报道。

"我从未做过任何事像烤干地球那样受到注目。"爽朗的威尔森坦承说。

之前的一些电脑模拟预测，当末期的太阳开始朝外膨胀，会发散出大量气体到太空中。太阳丧失质量的同时也会削弱对地球的重力束缚，于是地球便会移动到更安全的轨道上。

"质量的损失会让一切事情改观。地球不是变成一团灰烬，就是变成一块对人类具有纪念价值的天然金属矿块。"威尔森说。不过根据她的计算，即使是烤焦的矿块也是奢望。

这并不表示到时候全体人类是一起焦急地等待这一刻的到来。在太阳稀薄的大气扩散到地球轨道之前，地球上的气候条件就会变得非常不利于人类生存，空气将变得非常污浊。这并不是由我们自己制造的污染所致，而是因为太阳的温度每天都在上升。

肯·卡尔代拉（Ken Caldeira）是劳伦斯利弗莫尔国家实验室的科学家。他也利用电脑模拟预测地球的未来，不过他把重点放在介于现在与威尔森烧烤地球的时间之间。卡尔代拉预测，从现在开始大约十亿年后，地球的温度会持续上升，最后让大气中所有的化学物质全部变质。到时所有的植物将会枯萎死亡，导致食物链中的生物一个接着一个死去。不用真的等到世界末日地球化为尘埃的那一刻，我们就已经不在这个世界上了。

"再过大约15亿年，地球温度升高，会有更多水蒸气从海洋蒸发进入大气。"卡尔代拉预测。这些蒸发的水分不会安于待在充满湿气和天气多变的对流层中。他说，它们会朝上移动，加入上方平流层的大气里。

"当水蒸气进入平流层，便会受到紫外线的轰炸，分子会被打断，"卡尔代拉继续说，"而氢原子会获得许多能量，离开地球，进入太空。一旦地球失去水分，我们猜测地球会变成一片干燥的荒漠。"

到那个时候，也许还有一些生命力强的细菌能生活在温暖、贫瘠的沙尘与岩石上头。但即使如此，它们也难逃化为灰烬的命运。当海洋干涸后又过了数十亿年，太阳扩张的大气将会像一道熊熊燃烧的火墙，也许以大约3300℃的高温燃烧，逼近地球。当地球触及环绕在红巨星周围的气层后，就会像一部因地球最外层的混浊大气而逐渐减速的火箭电动机，环绕太阳的运转速度渐渐慢了下来。

"地球会卷进太阳的气层，"威尔森说，"在到达太阳黑暗中心的过程中，它会变得愈来愈热。一旦它进去了，便会化为一团蒸气。"

到时候，地球上的石英与花岗岩、金与铁、新鲜与已经成为化石的骨骸都会化为蒸气，其他散布各地、装在干净不锈钢盒子里的木乃伊也会变成蒸气，一起卷入红巨星的大气里。荒凉的沙漠和高山，曾经染满鲜血的土壤与地层底下古老的化石燃料——所有东西都会燃烧化为气体。每一粒家中的尘埃与每一部吸尘器都会在太阳火红的火葬场中灰飞烟灭。

然后，这些奇怪的蒸气会形成新鲜的微粒。

"在红巨星的生命末期，它变得巨大松软，像跳动的心脏般扩张与收缩，以不到一年的循环期进行。"威尔森说。缓慢的胀缩过程产生巨大的冲击波穿过红巨星的大气层。

"当冲击波压缩气体，气体的温度会上升。然后，当气体再度扩张，温度又冷却下来，微粒于是成形。每一次加热期与冷却期存留下来的微粒会持续不停地长大。"

一些地球的蒸气可以在红巨星的大气中凝结，它们的化学性质类似石英岩石以及镍—铁的微粒，会持续长大。

然后，一阵地球的烟雾将会乘着太阳风吹进银河。不久后，太阳的外层甚至也会被抖落到宇宙中，在那儿，一部分成长中的气体也会冷却成简单的尘埃。

要注意的是，地球其实有一个机会可以逃过太阳的掌控以及死亡的痛苦挣扎。弗雷德·亚当斯（Fred Adams）是密歇根大学的物理学家，之前是威尔森的学生。他曾在一本令人雀跃的书中描述地球的几项选择，书名叫做《宇宙五部曲》（*The Five Ages of the Universe*）。他说其中一个选择是，紧邻的红矮星的重力会吸引地球偏离原先的轨道，进入又深又冷的宇宙。亚当斯说，这样的好处是，会将地球在宇宙中的生命延长将近十兆兆兆年（10 trillion trillion trillion years）。坏处则是，被延长的生命将会寒冷又寂寞。走到生命的尽头时，地球会在一个模糊、次原子的过程中化为蒸气，这个过程称作"质子衰变"。亚当斯计算出在下一个20亿年内发生这件事的概率。

"大约是十万分之一。你不用真的拿钱来下赌注，"他笑着补充道，"但是这个概率真的比大部分的乐透中奖率还高。"

亚当斯对地球未来的乐观预测里还包括一个更渺茫的机会。假如一对彼此牵动的红矮星摇摇晃晃地经过地球附近，地球有机会成为这个家族的一员。红矮星以低温、节能的方式燃烧，所以它们的

"收养"会让地球安全且温暖地度过数兆年——比地球依附着太阳还多出数千倍的寿命。在这个剧本中，地球会再度于次原子蒸发中结束生命。发生这个方案的概率有多大？三百万分之一。

"化为灰烬最好的方法，"亚当斯说，"就是地球被太阳吞噬。"而这个方案的发生概率，亚当斯认为相当的高。

终极命运

如同先前所描述的，喂给秃鹰的人类尸体会继续漫游在食物链中，被吃下肚里、排泄出来，然后再被吃下肚里、排泄出来。而我们地球的余烬大致也会遭遇这样的命运。

假如说宇宙星尘是签下一百亿年的合约来制造我们的太阳系，即使当租约到期，太阳系毁灭，宇宙仍然处于柔嫩的婴儿期。我们身体借来的尘埃将会经历更多化身。

我们的尘埃飘出无边无际的银河远方，过了数十亿年，它也许会发现自己混进了一团正在孕育一颗新星的黑暗星云中。少数几颗我们的尘埃也许会发现自己卷入新星的中心，更多的尘埃也许会卷入围绕那颗新星的行星里。然后，假如这颗新星的体积很大，不久之后便会爆炸，将新的与旧的星尘都重新送还给银河。

因此，随着每一世代的星星诞生与陨灭，宇宙中的星尘愈来愈多。当几兆年过去，夜空会因为布满尘埃而伸手不见五指。当星星采用这些星尘燃料，则会更加低温燃烧，散发出更为黯淡的星光。当宇宙的年龄愈来愈老，亚当斯预测会产生一代怪异的星星，其中充满绝缘的尘埃，围绕在星星周围的大气中则带有冰晶。

然后，就像阁楼里逐渐腐朽的旧报纸一样，材料耗尽的宇宙将会逐渐消失在持续增厚的尘埃帷幕之中。

延伸探索　网站相关资料

编注：以下网页内容有可能被移除或更改网址。若无法链接，可以在搜索引擎输入关键字重新检索。

第二章　星辰的生死轮回

这个网站以图解方式说明地球的成长过程：

http://www.psi.edu/projects/planets/planets.html

红外线技术让天文学家得以看透之前X光技术无法突破的星尘。在这个网站可以看到红外线的运作：

http://coolcosmos.ipac.caltech.edu/cosmic_classroom/ir_tutorial/

星际尘埃的立体图像或照片：

http://www.astro.ucla.edu/~wright/dust/

地球上的生命真的是来自太空中的神奇分子吗？在美国太空总署艾姆斯研究中心的天文化学实验室网站上，可以看到相关文章以及研究的链接：

http://www.astrochem.org/

天文生物学（研究星际间的生命，也包括地球）是新兴的研究领域。这个太空总署的网站提供相关新闻、访谈录、Q&A和专栏：

http://astrobiology.arc.nasa.gov

第三章 轻巧神秘的星尘雨

被派往太空捕捉星尘的星尘号（Stardust）有专属的网站：

http://stardust.jpl.nasa.gov/mission/msnover.html

太空总署收集星尘的分部有专属的网站，里面有关于星尘的精彩文章：

http://www-curator.jsc.nasa.gov

在夏威夷大学彗星专家戴维·杰维特（David Jewitt）的网站上可以看到栩栩如生的彗星：

http://www.ifa.hawaii.edu/faculty/jewitt/kb.html

在月球与行星实验室（Lunar and Planetary Laboratory）的网站里，小行星也有出头的一天：

http://seds.lpl.arizona.edu/nineplanets/nineplanets/asteroids.html

是星际尘埃导致冰河时期的来临吗？在伯克利大学教授理查德·穆勒（Richard A. Muller）的网站上可以看到他的研究。根据他的理论，我们的太阳有一个看不见的伴星（companion star）：

http://muller.lbl.gov/

拉里·尼特勒（Larry Nittler）除了研究陨石里的星尘，也经营了一个很棒的网站——里面包括纳米钻石的影像：

http://www.dtm.ciw.edu/lrn/

第四章 恐龙灭绝与沙尘暴

听伍迪·格思里（Woody Guthrie）唱《沙尘肺蓝调》（*The Dust Pneumonia Blues*）：

http://www.woodyguthrie.org/Lyrics/Dust_Pneumonia_Blues.htm

风力侵蚀并未随着尘盆时代而结束，造成的问题仍在持续进行中，风力侵蚀研究中心（Wind Erosion Research Unit）可以证明：

http://www.weru.ksu.edu

风中的沙尘以及它对沙漠与岩石的侵蚀作用，可在美国地质调查所网站上找到相关文章及精彩照片：

http://pubs.usgs.gov/gip/deserts/eolian/

"从太空看地球"是太空总署从太空船上拍摄的珍贵照片辑，包括中国塔克拉玛干沙漠以及非洲乍得地区的朱拉卜沙地（Djourab Sand Region of Clad）的沙尘暴：

http://earth.jsc.nasa.gov/

第五章　腾腾上升的烟云

泛美大气生物协会将其新闻稿与记者会摘要放在网上，如果要找霉菌和花粉的最新消息，请到：

http://www.paaa.org

太空总署地球观测分部的网站发布了火灾等全球生态议题的丰富信息与照片：

http://earthobservatory.nasa.gov/

亚利桑那州的巨大陨石坑并没有害死任何恐龙，不过却展示了小行星会带来什么样的破坏：

http://www.barringercrater.com

这个网站特别介绍古老的花粉和孢子，以及在显微镜下才看得到的化石。还包括"本月花粉"以及儿童园地：

http://www.geo.arizona.edu/palynology

火山是美国地质调查所网站的明星，当中包含许多火山观测站的链接：

http://vulcan.wr.usgs.gov/home.html

第六章　风中尘埃无国界

现在被称为"1998年4月亚洲沙尘事件"的沙尘暴已制作成动画，以有趣的科学角度在这个网站上讨论与解释：

http://capita.wustl.edu/Asia-FarEast/

美国国家海洋及大气管理局（National Oceanic and Atmospheric Administration）的网站专栏，报道各大"重要事件"的卫星影像，包括日食、沙尘暴以及大范围的烟雾：

http://www.osei.noaa.gov

气象改造公司（Weather Modification，Inc）的网站上有关于种云（cloud seeding）的信息：

http://www.weathermod.com/

这里可以看到从太空拍摄的沙漠等地形，并关注环境的变迁：

http://edcwww.cr.usgs.gov/earthshots/slow/tableofcontents

第七章　冰河与尘埃

国家冰芯实验室收集冰芯并向科学家们展示。在"How is it done？"这个单元可以看到寻访冰芯的过程如何在刺骨的寒天中进行。记得穿暖和一点再来看：

http://nicl.usgs.gov/index.html

美国地质调查所概述气候与沙尘在美国西南部如何相互作用。网站上可看到一张加州圣华金河谷（San Joaquin Valley）令人震惊的沙尘暴照片。

http://geochange.er.usgs.gov/sw/impacts/geology/dust/

美国环保署探讨全球气候改变的网页内容简单、直接，内容包括"我能怎么做？"：

http://www.epa.gov/globalwarming

丹尼尔·罗森菲尔德利用卫星辅助来定位"污染轨迹"，在这里详细描述其做法，包括网站链接以及被标上颜色的轨迹影像：

http://earthobservatory.nasa.gov/Study/Pollution/

第八章　沙尘雨，直直落

尘埃的狂热分子提倡在花园内播撒尘埃可以种出更健壮的植物，从这个网站可以见证这段伟大的历史：

http://Remineralize-the-Earth.org

这里有非洲撒哈拉沙尘与加勒比海珊瑚礁的故事，图文并茂：

http://coastal.er.usgs.gov/african_dust/

美国肺部协会（American Lung Association）的网站，提供有关肺部及肺部疾病的信息：

http://www.lungusa.org/

联合国环境计划（The United Nations Environmental Program）从全球的角度来看空气中长久存在的污染物，包括持久性的有机污染物（Persistant Organic Pollutants，POPs）：

http://www.chem.unep.ch/pops/

第九章　隔壁来的讨厌鬼

这个网站里有卡帕多西亚美丽洞穴的精彩照片，包括有壁画的教堂、房屋，以及令人惊异的"地下城市"，在黑暗神秘的地底延伸数英里：

http://www.hitit.co.uk/regions/cappy/About.html

你可以从美国环保署的"毒物释放目录计划"（Toxic Release Inventory program）中得知什么样的工业会增加家中的尘埃：

http://www.epa.gov/tri

你的工作场所灰蒙蒙的吗？美国职业安全健康管理局的网站提供有关工作场所尘埃研究的资料：

http://www.cdc.gov/niosh/homepage.html

有多少人是死于……不管是什么原因，搜寻疾病管制局（Centers for Disease Control）的网站，里头有无数疾病、死亡率等相关统计资料：

http://www.cdc.gov

第十章　室内的隐形杀手

环境保护机构（Environmental Protection Agency）与消费者产品安全委员会（Consumer Product Safety Commission）关于室内空气污染物的出版物《室内故事：室内空气品质指南》（*The Inside Story: A Guide to Indoor Air Quality*）在这里可以看得到：

http://www.cpsc.gov/cpscpub/pubs/450.html

华盛顿州的美国肺部协会（American Lung Association of Washington）针对室内空气污染议题也开办了一个好网站：

http://www.alaw.org

第十一章　回归尘埃

美国哪一州施行过最多次火葬以及骨灰后制处理的统计，在北美火葬协会的出版物中都可以找到：

http://www.cremationassociation.org

网络火葬社区（Interet Cremation Society）可以链接到相关信息，包括骨灰瓮、撒骨灰服务，以及其他关于丧事处理的事宜：

http://www.cremation.org

海王星社区（Neptune Society）的网站提供线上预订火葬和播撒骨灰到海洋的服务：

http://www.neptunesociety.com

将骨灰做成珊瑚礁的公司网站在这儿：

http://www.eternalreefs.com

将骨灰送到太空的公司网站在这儿：

http://www.celestis.com

对木乃伊感兴趣的人来说，这家公司的网站充满新时代的精神和音乐，外加木乃伊的照片及价格：

http://www.summum.org

当我们的太阳抛开外面的气层，产生的爆炸威力虽比超新星爆炸略逊一筹，然而，一团闪耀的气体（称作非正式"行星星云"）会出现在天空中，像美丽的花朵绽放。哈勃望远镜捕捉到一些照片，展示在：

http://oposite.stsci.edu/pubinfo/pr/97/38/b-js.html

参考文献

第一章　沙尘的世界

Cooke, William F., et al. "A Global Black Carbon Aerosol Model." *Journal of Geophysical Research,* 101, no. D14, pp. 19,395-19,419, 1996.

EDGAR Database. "Global Anthropogenic NOx Emissions in 1990." Published at: rivm.nl/env/int/coredata/edgar/

Ford, A., et al. "Volcanic Ash in Ancient Maya Ceramics of the Limestone Lowlands: Implications for Prehistoric Volcanic Activity in the Guatemala Highlands." *Journal of Volcanology and Geothermal Research,* 66, no. 1-4, pp. 149-162, 1995.

Gong, Sunling. Global Sea-Salt Flux Estimate. Personal communication, January 2000.

Guenther, Alex. Biogenic Volatile Organic Compounds, Global Flux Estimates. Personal communication, January 2000.

Kaiser, Jocelyn. "Panel Backs EPA and 'Six Cities' Study." *Science,* 289, p. 711, August 4, 2000.

Marshall, W. A. "Biological Particles over Antarctica." *Nature,* 383, p. 680, October 24, 1996.

Prospero, Joseph M. "Long-Term Measurements of the Transport of African Mineral Dust to the Southeastern United States: Implications for Regional Air Quality." *Journal of Geophysical Research,* 104, no. D13, pp. 15,917-15,927, 1999.

Psenner, R., et al. "Life at the Freezing Point." *Science,* 280, pp. 2,073-2,074, June 26, 1998.

Sattler, B., et al. "Bacterial Growth in Supercooled Cloud Droplets." *Geophysical Research Letters,* 28, no. 2, pp. 239-243, 2001.

Stone, E. C., et al. "From Shifting Silt to Solid Stone: The Manufacture of Synthetic Basalt in Ancient Mesopotamia." *Science,* 280, pp. 2,091-2,093, June 26, 1998.

Tegen, Ina, et al. "Contribution of Different Aerosol Species to the Global Aerosol Extinction Optical Thickness: Estimates from Model Results." *Journal of Geophysical Research,* 102, no. D20, pp. 23,895-23,915, 1997.

Urquhart, Gerald, et al. "Tropical Deforestation." NASA Earth Observatory, undated. Published at: earthobservatory.nasa.gov/Library/Deforestation/deforestation _3.html

U.S. Centers for Disease Control. *Work-Related Lung Disease Surveillance Report 1999.* Washington, D.C.: CDC, 1999.

Yokelson, Robert J. Gas-to-Particle Conversion Rate for Biomass-Burning Carbon. Personal communication, January 2000.

第二章　星辰的生死轮回

Andersen, Anja, et al. "Spectral Features of Presolar Diamonds in the Laboratory and in Carbon Star Atmospheres." *Astronomy and Astrophysics,* 30, pp. 1,080–1,090, 1998.

Backman, Dana, et al. "Extrasolar Zodiacal Emission: NASA Panel Report." NASA, 1997. Published at: http://astrobiology.arc.nasa.gov/workshops/1997/zodiac/backman/backman/IIIa2.html

Basiuk, Vladimir A., et al. "Pyrolytic Behavior of Amino Acids and Nucleic Acid Bases: Implications for Their Survival During Extraterrestrial Delivery." *Icarus,* 134, no. 2, pp. 269–279, 1998.

Beckwith, Steven V. W., et al. "Dust Properties and Assembly of Large Particles in Protoplanetary Disks." From *Protostars and Planets IV.* Mannings, Vince, et al., eds. Tucson: University of Arizona Press, 2000.

Bernstein, Max P., et al. "Life's Far-Flung Raw Materials." *Scientific American,* 281, pp. 42–49, July 1999.

Blum, Jurgen, et al. "The Cosmic Dust Aggregation Experiment CODAG." *Measurement Science and Technology,* 10, pp. 836–844, 1999.

Clark, David H. *The Historical Supernovae.* Oxford: Pergamon Press, 1979.

Clayton, Donald D., et al. "Condensation of Carbon in Radioactive Supernova Gas." *Science,* 283, pp. 1,290–1,292, February 26, 1999.

Culotta, Elizabeth, et al. "Planetary Systems Proliferate." *Science,* 286, p. 65, October 1, 1999.

Dwek, E., et al. "Detection and Characterization of Cold Interstellar Dust and Polycyclic Aromatic Hydrocarbon Emission, from COBE Observations." *Astrophysical Journal,* 475, pp. 565–579, February 1, 1997.

Hellmans, Alexander. "Fine Details Point to Space Hydrocarbons." *Science,* 287, p. 946, February 11, 2000.

Irion, Robert. "Can Amino Acids Beat the Heat?" *Science,* 288, p. 605, April 20, 2000.

Lada, Charles. "Deciphering the Mysteries of Stellar Origins." *Sky & Telescope,* pp. 18–24, May 1993.

Maran, Stephen P., ed. *The Astronomy and Astrophysics Encyclopedia.* New York: Van Nostrand Reinhold, 1992.

Mathis, John S. "Interstellar Dust and Extinction." *Annual Review of Astronomy and Astrophysics,* 28, no. 28, pp. 37–69, 1990.

Reach, William T., et al. "The Three-Dimensional Structure of the Zodiacal Dust Bands." *Icarus,* 127, no. 2, pp. 461–485, 1997.

Stokstad, Erik. "Space Rock Hints at Early Asteroid Furnace." *Science,* 284, pp. 1,246–1,247, May 21, 1999.

Wood, John A. "Forging the Planets." *Sky & Telescope,* pp. 36–48, January 1999.

第三章　轻巧神秘的星尘雨

Andersen, Anja, et al. "Spectral Features of Presolar Diamonds in the Laboratory and in Carbon Star Atmospheres." *Astronomy and Astrophysics,* 30, pp. 1,080–1,090, 1998.

Backman, Dana, et al. "Extrasolar Zodiacal Emission: NASA Panel Report." NASA, 1997. Published at: astrobiology.arc.nasa.gov/workshops/1997/zodiac/backman/backman/IIIa2.html

Bradley, John P., et al. "An Infrared Spectral Match between GEMS and Interstellar Grains." *Science,* 285, pp. 1,716–1,718, September 10, 1999.

Farley, K. A. "Cenozoic Variations in the Flux of Interplanetary Dust Recorded by 3He in a Deep-Sea Sediment." *Nature,* 376, pp. 153–156, July 13, 1995.

——, et al. "Geochemical Evidence for a Comet Shower in the Late Eocene." *Science,* 280, pp. 1,250–1,253, May 22, 1998.

Haggerty, Stephen E. "A Diamond Trilogy: Superplumes, Supercontinents, and Supernovae." *Science,* 285, pp. 851–860, August 6, 1999.

Kerr, Richard A. "Planetary Scientists Sample Ice, Fire, and Dust in Houston." *Science,* 280, pp. 38–39, April 3, 1999.

Kortenkamp, Stephen J. "Amid the Swirl of Interplanetary Dust." *Mercury,* pp. 7–11, November–December 1998.

——, et al. "A 100,000-Year Periodicity in the Accretion Rate of Interplanetary Dust." *Science,* 280, pp. 874–876, May 8, 1998.

Kyte, Frank T. "The Extraterrestrial Component in Marine Sediments: Description and Interpretation." *Paleoceanography,* 3, no. 2, pp. 235–247, 1988.

Love, S. G., et al. "A Direct Measurement of the Terrestrial Mass Accretion Rate of Cosmic Dust." *Science,* 262, pp. 550–553, October 22, 1993.

Maurette, M., et al. "A Collection of Diverse Micrometeorites Recovered from 100 Tonnes of Antarctic Blue Ice." *Nature,* 351, pp. 44–45, May 2, 1991.

——. "Placers of Cosmic Dust in the Blue Ice Lakes of Greenland." *Science,* 233, pp. 869–872, August 22, 1986.

Monastersky, Richard. "Space Dust May Rain Destruction on Earth." *Science News,* 153, no. 19, p. 294, May 9, 1998.

Muller, Richard A., et al. "Origin of the Glacial Cycles: A Collection of Articles." International Institute for Applied Systems Analysis, RR-98-2, February 1998.

Murray, John, et al. "Report on Deep-Sea Deposits Based on the Specimens Collected During the Voyage of *HMS* Challenger in the Years 1872–1876. Volume XVIII (Part 1), pp. xcix–c. From *The Voyage of HMS* Challenger. Thompson, C. W., and Murray, J., eds. London: Her Majesty's Stationery Office, 1891.

Oliver, John P., et al. "LDEF Interplanetary Dust Experiment (IDE) Impact Detector

Results." Paper presented at the SPIE International Symposium on Optical Engineering in Aerospace Sensing, April 1994.

Taylor, Susan, et al. "Accretion Rate of Cosmic Spherules Measured at the South Pole." *Nature*, 392, pp. 899–903, April 30, 1998.

第四章　恐龙灭绝与沙尘暴

Anonymous. "Some Information about Dust Storms and Wind Erosion on the Great Plains." U.S. Department of Agriculture, Soil Conservation Service. March 30, 1953. (AGR-SCS-Beltsville, Maryland 2630, April 1954)

Babaev, Agajan G., ed. *Desert Problems and Desertification in Central Asia.* Heidelberg: Springer, 1999.

Bennett, H. H. "Emergency and Permanent Control of Wind Erosion in the Great Plains." *The Scientific Monthly*, XLVII, pp. 381–399, 1938.

——. *Soil Conservation.* New York and London: McGraw-Hill, 1939.

Blouet, Brian W. et al., eds. *The Great Plains: Environment and Culture.* Lincoln: University of Nebraska Press, 1979.

Busacca, Alan, et al. "Effect of Human Activity on Dustfall: A 1,300-Year Lake-Core Record of Dust Deposition on the Columbia Plateau, Pacific Northwest U.S.A." *Conference Proceedings: Dust Aerosols, Loess Soils & Global Change, Washington State University.* Publication No. MISC0190, 1998.

——, eds: *Conference Proceedings: Dust Aerosols, Loess Soils & Global Change, Washington State University.* Publication No. MISC0190, 1998.

Cloudsley-Thompson, J. L. *Man and the Biology of Arid Zones.* Baltimore: University Park Press, 1977.

——, ed. *Sahara Desert.* New York: Pergamon Press, 1984.

Crowley, Thomas J. "Remembrance of Things Past: Greenhouse Lessons from the Geologic Record." *Consequences*, 2, no. 1, pp. 3–12, 1996.

Douglas, David. "Environmental Eviction: Migration from Environmentally Damaged Areas." *Christian Century*, 113, no. 26, pp. 839–841, 1996.

Fastovsky, David E., et al. "The Paleoenvironments of Tugrikin-Shireh (Gobi Desert, Mongolia) and Aspects of the Taphonomy and Peleoecology of Protoceratops (Dinosauria: Ornithishichia)." *Palaios*, 12, no. 1, pp. 59–70, 1997.

George, Uwe. *In the Deserts of This Earth.* San Diego: Harcourt Brace Jovanovich, 1977.

Gillette, Dale A. "Estimation of Suspension of Alkaline Material by Dust Devils in the United States." *Atmospheric Environment*, 24A, no. 5, pp. 1,135–1,142, 1990.

Graham, Stephan A., et al. "Stratigraphic Occurrence, Paleoenvironment, and Description of the Oldest Known Dinosaur (Late Jurassic) from Mongolia." *Palaios*, 12, no. 3, pp. 292–297, 1997.

Helms, Douglas, et al., eds. *The History of Soil and Water Conservation.* Washington, D.C.: The Agricultural History Society, 1985.

Hendrix, Marc S., et al. "Noyon Uul Syncline, Southern Mongolia: Lower Mesozoic Sedimentary Record of the Tectonic Amalgamation of Central Asia." *GSA Bulletin*, 108, no. 10, pp. 1,256–1,274, 1996.

————. "Sedimentary Record and Climatic Implications of Recurrent Deformation in the Tian Shan: Evidence from Mesozoic Strata of the North Tarim, South Junggar, and Turpan Basins, Northwest China." *GSA Bulletin*, 104, pp. 53–79, January 1992.

Holden, Constance, editor. "Remnant Crocs Found in Sahara." *Science*, 287, p. 1,199, February 18, 2000.

Hurt, R. Douglas. *The Dust Bowl: An Agricultural and Social History.* Chicago: Nelson-Hall, 1981.

Jerzykiewicz, T., et al. "Djadokhta Formation Correlative Strata in Chinese Inner Mongolia: An Overview of the Stratigraphy, Sedimentary Geology, and Paleontology and Comparisons with the Type Locality in the Pre-Altai Gobi." *Canadian Journal of Earth Science*, 30, pp. 2,180–2,195, 1993.

Kerr, Richard A. "The Sahara Is Not Marching Southward." *Science*, 281, pp. 633–634, July 31, 1998.

Loope, David B., et al. "Life and Death in a Late Cretaceous Dune Field, Nemegt Basin, Mongolia." *Geology*, 26, no. 1, pp. 27–30, 1998.

————. "Mud-field *Ophiomorpha* from Upper Cretaceous Continental Redbeds of southern Mongolia: An Ichnologic Clue to the Origin of Detrital, Grain-Coating Clays." *Palaios*, 14, pp. 451–458, 1999.

Louw, G. N., et al. *Ecology of Desert Organisms.* New York: Longman Group, 1982.

Lumpkin, Thomas A., et al. "The Critical Role of Loess Soils in the Food Supply of Ancient and Modern Societies." *Conference Proceedings: Dust Aerosols, Loess, Soils & Global Change, Washington State University,* 1998.

Malusa, Jim. "Silent Wild. (Atacama Desert, Chile)." *Natural History*, 107, no. 3, pp. 50–57, 1998.

Priscu, John C. *Ecosystem Dynamics in a Polar Desert: The McMurdo Dry Valleys, Antarctica.* Washington, D.C.: American Geophysical Union, 1998.

Pye, Kenneth. *Aeolian Dust and Dust Deposits.* New York: Harcourt Brace Jovanovich, 1987.

Reheis, M. C., et al. "Owens (Dry) Lake, California: A Human-Induced Dust Problem." United States Geological Survey. 1997. Published at: http://geochange.er.usgs.gov/sw/impacts/geology/owens/

Sidey, Hugh. "Echoes of the Great Dust Bowl." *Time*, p. 50, June 10, 1996.

Sincell, Mark. "A Wobbly Start for the Sahara." *Science*, 285, p. 325, July 16, 1999.

Sletto, Bjorn. "Desert in Disguise." *Earth*, 6, no. 1, p. 42–50, 1997.

Sneath, David. "State Policy and Pasture Degradation in Inner Asia." *Science*, 281, pp. 1,147–1,148, August 21, 1998.

Strauss, Evelyn. "Wringing Nutrition from Rocks." *Science*, 288, p. 1,959, June 16, 2000.

U.S. Department of Agriculture. "Summary Report 1997 National Resources Inventory." Published at: www.nhq.nrcs.usda.gov/NRI

Walker, A. S. "Deserts: Geology and Resources." USGS, 1997. Published at: http://pubs.usgs.gov/gip/deserts/

第五章　腾腾上升的烟云

Anderson, Bruce E., et al. "Aerosols from Biomass Burning Over the Tropical South Atlantic Region: Distributions and Impacts." *Journal of Geophysical Research,* 101, no. D19, pp. 24,117-24,137, 1996.

Andres, R. J., et al. "A Time-Averaged Inventory of Subaerial Volcanic Sulfur Emissions." *Journal of Geophysical Research,* 103, no. D19, pp. 25,251-25,261, 1998.

Bates, Timothy, et al. "Oceanic Dimethylsulfide (DMS) and Climate." Date unknown. Published at: saga.pmel.noaa.gov/review/dms_climate.html

Baxter, P. J., et al. "Preventive Health Measures in Volcanic Eruptions." *American Journal of Public Health,* 76 (Suppl. 3), pp. 84-90, 1986.

Casadevall, Thomas J. "The 1989-1990 Eruption of Redoubt Volcano, Alaska: Impacts on Aircraft Operations." *Journal of Volcanology and Geothermal Research,* 62, pp. 301-316, 1994.

——, ed. *Volcanic Ash and Aviation Safety: Proceedings of the First International Symposium on Volcanic Ash and Aviation Safety.* USGS Bulletin 2047, 1994.

Chen, Jen-Ping. "Particle Nucleation by Recondensation in Combustion Exhausts." *Geophysical Research Letters,* 26, no. 15, pp. 2,403-2,406, 1999.

Dacey, John W. H., et al. "Oceanic Dimethylsulfide: Production During Zooplankton Grazing on Phytoplankton." *Science,* 233, pp. 1,314-1,316, September 19, 1986.

Ferek, Ronald J., et al. "Measurements of Ship-Induced Tracks in Clouds off the Washington Coast." *Journal of Geophysical Research,* 103, no. D18, pp. 23, 199-23, 206, 1998.

Friedl, Randall R., ed. *Atmospheric Effects of Subsonic Aircraft: Interim Assessment Report of the Advanced Subsonic Technology Program.* Goddard Space Flight Center: NASA Reference Publication 14-00, 1997.

Galanter M., et al. "Impacts of Biomass Burning on Tropospheric CO, NOx, and O3." *Journal of Geophysical Research,* 105, no. D5, pp. 6,633-6,653, 2000.

Herring, David. "Evolving in the Presence of Fire." Published at: earthobservatory.nasa.gov/Study/BOREASFire/boreas_fire.html. October 1999.

Hornberger, B., et al. "Measurement of Tire Particles in Urban Air." Presented at ACAAI, Dallas, Texas, 1995.

Jaffrey, S. A., et al. "Fibrous Dust Release from Asbestos Substitutes in Friction Products." *Annals of Occupational Hygiene,* 36, no. 2, pp. 173-181, 1992.

Knight, Nancy C., et al. "Some Observations on Foreign Material in Hailstones." *Bulletin of the American Meteorological Society,* 59, no. 3, pp. 282-286, 1978.

Kuhlbusch, Thomas A. J. "Black Carbon and the Carbon Cycle." *Science,* 280, pp. 1,903-1,904, June 19, 1998.

Liss, Peter. "Take the Shuttle—from Marine Algae to Atmospheric Chemistry." *Science,* 285, pp. 1,217-1,218, August 20, 1999.

Marshall, W. A. "Biological Particles Over Antarctica." *Nature,* 383, p. 680, October 24, 1996.

McGee, Kenneth A., et al. "Impacts of Volcanic Gases on Climate, the Environment, and People." U.S. Geological Survey Open-File Report 97-262, 1997.

Newhall, Chris, et al. "The Cataclysmic 1991 Eruption of Mount Pinatubo, Philippines." U.S. Geological Survey Fact Sheet 113-97, online version 1.0. Published at: geo pubs.wr.usgs.gov/fact-sheet/fs113-97/

Nyberg, F., et al. "Urban Air Pollution and Lung Cancer in Stockholm." *Epidemiology*, 11, no. 5, pp. 487-495, 2000.

Penner, Joyce E., et al., eds. *Aviation and the Global Atmosphere.* Cambridge: Cambridge University Press, 1999.

Psenner, R. et al. "Life at the Freezing Point." *Science,* 280, pp. 2,073-2,074, June 26, 1998.

Pyne, Stephen J. *World Fire: The Culture of Fire on Earth.* New York: Henry Holt, 1997.

Quinn, P. K., et al. "Aerosol Optical Properties in the Marine Boundary Layer During the First Aerosol Characterization Experiment (ACE 1) and the Underlying Chemical and Physical Aerosol Properties." *Journal of Geophysical Research,* 103, no. D13, pp. 16,547-16,563, 1998.

Reheis, M. C., et al. "Dust Deposition in Southern Nevada and California, 1984-1989: Relations to Climate, Source Area, and Lithology." *Journal of Geophysical Research,* 100, no. D5, pp. 8,893-8,918, 1995.

Rogers, C. A., et al. "Evidence of Long-Distance Transport of Mountain Cedar Pollen into Tulsa, Oklahoma." *International Journal of Biometeorology,* 42, pp. 65-72, 1998.

Toy, Edmond, et al. "Fueling Heavy Duty Trucks: Diesel or Natural Gas?" *Risk in Perspective,* 8, no. 1, pp. 1-6, 2000.

U.S. Air Force. "U.S. Air Force Evolved Expendable Launch Vehicle Program: Final Supplemental Environmental Impact Statement." Published at: http://ax.laafb.af.mil/axf/eelv/, 2000.

U.S. Department of Agriculture. "Global Warming's High Carbon Dioxide Levels May Exacerbate Ragweed Allergies." USDA press release. Release No. 0278.00, August 2000.

U.S. Environmental Protection Agency. "National Air Pollution Emission Trends Update, 1900-1998." EPA 454/R-00-002, March 2000. Published at: www.epa.gov/ttn/chief/trends98/emtrnd.html

Westbrook, J. K., et al. "Atmospheric Scales of Biotic Dispersal." *Agricultural and Forest Meteorology,* 97, pp. 263-274, 1999.

第六章　风中尘埃无国界

Anderson, Theodore L., et al. "Biological Sulfur, Clouds, and Climate." From *Encyclopedia of Earth System Science,* volume 1. New York: Academic Press, 1992.

Charlson, R. J., et al. "Sulfate Aerosol and Climate Change." *Scientific American,* 270, no. 2, pp. 48-57, 1994.

Darwin, Charles. "An Account of the Fine Dust Which Often Falls on Vessels in the Atlantic Ocean." *Quarterly Journal of the Geological Society of London,* 2, pp. 26-30, 1846.

Delany, A. C., et al. "Airborne Dust Collected at Barbados." *Geochimica et Cosmochimica Acta,* 31, pp. 885-909, 1967.

Derbyshire, E., et al. "Landslides in the Gansu Loess of China." *Catena Supplement,* 20, pp. 119-145, 1991.

Dong, Hai. "Pollution a Culprit in Most Beijing Fogs." *Beijing Wanbao*, January 16, 1999. Published at: www.usembassy-china.org.cn/english/sandt/Bjfog.htm

Florig, H. Keith. "China's Air Pollution Risks." *Environmental Science & Technology*, 31, no. 6, pp. 274A-279A, 1997.

Franzen, Lars G. "The 'Yellow Snow' Episode of Northern Fennoscandia, March 1991—a Case Study of Long-Distance Transport of Soil, Pollen and Stable Organic Compounds." *Atmospheric Environment*, 28, no. 22, pp. 3,587-3,604, 1994.

Fullen, M. A., et al. "Aeolian Processes and Desertification in North Central China." Presented at: Wind Erosion: An International Symposium/Workshop. Manhattan, Kansas, June 3-5, 1997.

Jaffe, D., et al. "Transport of Asian Air Pollution to North America." *Geophysical Research Letters*, 26, pp. 711-714, 1999.

Knipping, E. M., et al. "Experiments and Simulations of Ion-Enhanced Interfacial Chemistry on Aqueous NaCl Aerosols." *Science*, 288, pp. 301-306, April 14, 2000.

Koehler, Birgit G., et al. "An FTIR Study of the Adsorption of SO_2 on n-Hexane Soot from -130° to -40°C." *Journal of Geophysical Research—Atmospheres*, 104, no. D5, pp. 5,507-5,515, 1999.

Landler, Mark. "Choking on China's Air, but Loath to Cry Foul." *New York Times*, February 12, 1999.

Lee, ShanHu, et al. "Lower Tropospheric Ozone Trend Observed in 1989–1997 in Okinawa, Japan." *Geophysical Research Letters*, 25, no. 10, pp. 1,637-1,640, 1998.

Perry, Kevin D., et al. "Long-Range Transport of North African Dust to the Eastern United States." *Journal of Geophysical Research*, 102, no. D10, pp. 11,225-11,238, 1997.

Petit, Charles W. "Weekend Rainouts Could Be Our Own Fault." *U.S. News & World Report*, 125, p. 4, 1998.

Quinn, P. K., et al. "Surface Submicron Aerosol Chemical Composition: What Fraction Is Not Sulfate?" *Journal of Geophysical Research*, 105, no. D5, pp. 6,785-6,806, 2000.

Raloff, J. "Sooty Air Cuts China's Crop Yields." *Science News Online*, December 4, 1999. Published at: www.sciencenews.org/search.asp?target-Sooty+air+cuts+China%27s&goButton=Search&navEvent=Top

Ram, Michael, et al. "Insoluble Particles in Polar Ice: Identification and Measurement of the Insoluble Background Aerosol." *Journal of Geophysical Research*, 21, no. D7, pp. 8,378-8,382, 1994.

Thompson, R. D. *Atmospheric Processes and Systems*. London, New York: Routledge, 1998.

United States Embassy, Beijing, China. "Partial Summary, Comments on 'Can the Environment Wait? Priorities for East Asia.'" Published at: www.usembassy-china.org.cn/english/sandt/bjpollu.htm

——. "PRC Air Pollution: How Bad Is It?" 1998. Published at: www.usembassy-china.org.cn/english/sandt/Airq3wb.htm

U.S. Environmental Protection Agency. *National Air Pollutant Emission Trends, 1900–1998*. March 2000. Published at: www.epa.gov/ttn/chief/trends98/emtrnd.html

Wilson, Richard, and Spengler, John D. *Particles in Our Air: Concentrations and Health Effects*. Boston: Harvard University Press, 1996.

Zhang, X. Y. et al. "Sources, Emission, Regional- and Global-Scale Transport of

奇妙的尘埃

Asian Dust." *Conference Proceedings: Dust Aerosols, Loess Soils & Global Change, Washington State University,* 1998.

第七章　冰河与尘埃

Ackerman, A. S., et al. "Reduction of Tropical Cloudiness by Soot." *Science,* 288, pp. 1,042-1,047, May 12, 2000.

Anderson, Theodore L., et al. "Biological Sulfur, Clouds and Climate." In *Encyclopedia of Earth System Science.* Nierenberg, William A., ed. Orlando, Fla.: Academic Press, Inc., 1992.

Basile, Isabelle, et al. "Patagonian Origin of Glacial Dust Deposited in East Antarctica (Vostok and Dome C) During Glacial Stages 2, 4 and 6." *Earth and Planetary Science Letters,* 146, pp. 573-589, 1997.

Biscaye, P. E., et al. "Asian Provenance of Glacial Dust (Stage 2) in Greenland Ice Sheet Project 2 Ice Core, Summit, Greenland." *Journal of Geophysical Research,* 102, no. C12, pp. 26,765-26,781, 1997.

Boyd, P. W., et al. "Atmospheric Iron Supply and Enhanced Vertical Carbon Flux in the NE Subarctic Pacific: Is There a Connection?" *Global Biogeochemical Cycles,* 12, no. 3, pp. 429-441, 1998.

Coale, Kenneth H., et al. "A Massive Phytoplankton Bloom Induced by an Ecosystem-Scale Iron Fertilization Experiment in the Equatorial Pacific Ocean." *Nature,* 383, pp. 495-501, October 11, 1996.

Gray, William M., et al. "Weather Modification by Carbon Dust Absorption of Solar Energy." *Journal of Applied Meteorology,* 15, pp. 355-386, April 1976.

Hansen, James, et al. "Global Warming in the Twenty-First Century: An Alternative Scenario." *Proceedings of the National Academy of Science,* 97, no. 18, pp. 9,875-9,880, 2000.

Ledley, T. S., et al. "Potential Effects of Nuclear War Smokefall on Sea Ice." *Climatic Change,* 8, pp. 155-171, 1986.

——. "Sediment-Laden Snow and Sea Ice in the Arctic and Its Impact on Climate." *Climatic Change,* 37, pp. 641-664, 1997.

Li, L.-A., et al. "The Impact of Worldwide Volcanic Activities on Local Precipitation—Taiwan as an Example." *Journal of the Geological Society of China,* 40, pp. 299-311, 1997.

Overpeck, Jonathan, et al. "Possible Role of Dust-Induced Regional Warming in Abrupt Climate Change During the Last Glacial Period." *Nature,* 384, pp. 442-449, December 5, 1996.

Podgorny, I. A., et al. "Aerosol Modulation of Atmospheric and Surface Solar Heating Over the Tropical Indian Ocean." *Tellus,* 52B, pp. 947-958, 2000.

Prospero, Joseph M., et al. "Impact of the North African Drought and El Niño on Mineral Dust in the Barbados Trade Winds." *Nature,* 320, pp. 735-738, April 24, 1986.

Rhodes, Johnathon J. "Mode of Formation of 'Ablation Hollows' Controlled By Dirt Content of Snow." *Journal of Glaciology,* 33, no. 4. pp. 135-139, 1987.

Rosenfeld, D. "TRMM Observed First Direct Evidence of Smoke from Forest Fires Inhibiting Rainfall." *Geophysical Research Letters,* 26, no. 20, pp. 3,105-3,109, 1999.

Rosenfeld, Daniel. "Suppression of Rain and Snow by Urban and Industrial Air Pollution." *Science,* 287, pp. 1,793–1,796, July 14, 2000.

Steen, R. S. "Cryosphere-Atmosphere Interactions in the Global Climate System." Ph.D. Dissertation, Rice University, December 1997.

Taylor, Kendrick. "Rapid Climate Change." *American Scientist,* 87, no. 4, pp. 320–327, 1999.

Tegen, Ina, et al. "The Influence of Climate Forcing of Mineral Aerosols from Disturbed Soils." *Nature,* 380, pp. 419–422, April 4, 1996.

Twohy, C. H., et al. "Light-Absorbing Material Extracted from Cloud Droplets and its Effect on Cloud Albedo." *Journal of Geophysical Research,* 94, no. D6, pp. 8,623–8,631, 1989.

"UW Professor's Climate Change Theory Leads to NASA Mission." University of Washington press release, August 2, 1999.

Warren, S. G. "Impurities in Snow: Effects on Albedo and Snowmelt (Review)." *Annals of Glaciology,* 5, pp. 177–179, 1984.

第八章　沙尘雨，直直落

"Bad Decision on Clean Air." *New York Times,* p. A22, May 19, 1999.

Busacca, Alan, ed. *Conference Procedings: Dust Aerosols, Loess Soils, & Global Change, Washington State University.* Publication No. MISC0190, 1998.

Chadwick, O. A., et al. "Changing Sources of Nutrients During Four Million Years of Ecosystem Development." *Nature* 397, pp. 491–497, 1999.

Darwin, Charles. "An Account of the Fine Dust Which Often Falls on Vessels in the Atlantic Ocean." *Quarterly Journal of the Geological Society of London,* 2, pp. 26–30, 1846.

Edworthy, Jason. "Red Snow in the Rockies." *Canadian Alpine Journal,* 61, pp. 71–78, 1978.

Gao, Y., et al. "Relationships Between the Dust Concentrations Over Eastern Asia and the Remote North Pacific." *Journal of Geophysical Research,* 97, pp. 9,867–9,872, 1992.

Health Effects Institute and Aeronomy Laboratory of NOAA. *Report of the PM Measurements Research Workshop, Chapel Hill, North Carolina, 22–23 July, 1998.* Cambridge, Mass.: Health Effects Institute, 1998.

Hefflin, G. J., et al. "Surveillance for Dust Storms and Respiratory Diseases in Washington State, 1991." *Archives of Environmental Health,* 49, no. 3, pp. 170–174, 1994.

Holden, Constance, ed. "Cool DNA." *Science,* 285, p. 327, July 16, 1999.

Hurst, Christon J., ed. *Manual of Environmental Microbiology.* Washington, D.C.: ASM Press, 1997.

Levetin, Estelle. "Aerobiology of Agricultural Pathogens." In *Manual of Environmental Microbiology,* Hurst, Christon J., ed. Washington, D.C.: ASM Press, 1997.

Muhs, Daniel R., et al. "Geochemical Evidence of Saharan Dust Parent Material for Soils Developed on Quaternary Limestones of Caribbean and Western Atlantic Islands." *Quaternary Research,* 33, pp. 157–177, 1990.

NASA. "Magnetite-Producing Bacteria Found in Desert Varnish." NASA Ames press release 97-32, May 1, 1997. Published at: ccf.arc.nasa.gov/dx/basket/stories etc97_32AR.html

Nowicke, Joan W., et al. "Yellow Rain—a Palynological Analysis." *Nature,* 309, pp. 205-207, May 17, 1984.

Perry, Kevin D., et al. "Long-Range Transport of North African Dust to the Eastern United States." *Journal of Geophysical Research,* 102, no. D10, pp. 11,225-11,238, 1997.

Priscu, John C., et al. "Perennial Antarctic Lake Ice: An Oasis of Life in a Polar Desert." *Science,* 280, pp. 2,095-2,098, June 26, 1998.

Prospero, J. M., et al. "Impact of the North African Drought and El Niño on Mineral Dust in the Barbados Trade Winds." *Nature,* 320, pp. 735-738, 1986.

Psenner, Roland. "Living in a Dusty World: Airborne Dust as a Key Factor for Alpine Lakes." *Water, Air and Soil Pollution,* 112, pp. 217-227, 1999.

———, et al. "Life at the Freezing Point." *Science,* 280, pp. 2,073-2,074, June 26, 1998.

Reheis, M. C., et al. "Dust Deposition in Southern Nevada and California, 1984-1989: Relations to Climate, Source Area, and Lithology." *Journal of Geophysical Research,* 100, no. D5, pp. 8,893-8,918, 1995.

Reuther, Christopher G. "Winds of Change: Reducing Transboundary Air Pollutants." *Environmental Health Perspectives,* 108, no. 4, pp. A170-175, 2000.

Schlesinger, Richard B. "Properties of Ambient PM Responsible for Human Health Effects: Coherence Between Epidemiology and Toxicology." *Inhalation Toxicology,* 12 (Suppl. 1), pp. 23-25, 2000.

Shinn, Eugene A., et al. "African Dust and the Demise of Caribbean Coral Reefs." *Geophysical Research Letters,* 27, no. 19, pp. 3,029-3,033, 2000.

———. "139 Bacteria and Fungi Isolated from African Dust." Personal communication, February 2001.

Silver, Mary W., et al. "Ciliated Protozoa Associated with Oceanic Sinking Detritus." *Nature,* 309, pp. 246-248, May 17, 1984.

———. "The 'Particle' Flux: Origins and Biological Components." *Progress in Oceanography,* 26, pp. 75-113, 1991.

Smith, G. T., et al. "Caribbean Sea Fan Mortalities." *Nature,* 383, pp. 487, 1996.

Stone, Richard. "Lake Vostok Probe Faces Delays." *Science,* 286, pp. 36-37, October 1, 1999.

Swap, R., et al. "Saharan Dust in the Amazon Basin." *Tellus,* 44B, pp. 133-149, 1992.

Toy, Edmond, et al. "Fueling Heavy Duty Trucks: Diesel or Natural Gas?" *Risk in Perspective,* 8, no. 1, pp. 1-6, 1999.

U.S. Centers for Disease Control. "National Vital Statistics Report." 47, 1998.

U.S. Environmental Protection Agency. *Deposition of Air Pollutants to the Great Waters: Second Report to Congress.* USEPA, Office of Air Quality. Research Triangle Park, June 1997. EPA-453/R-97-011.

———. "Nonattainment Designations for PM-10 as of August 1999." Published at: www.epa.bgov/airs/rvnonpm1.gif

Weiss, P., et al. "Impact, Metabolism and Toxicology of Organic Xenobiotics in Plants: A summary of the 4th IMTOX-Workshop contents." Published at: www.ubavie.gv.at/publikationen/tagungs/CP24s.HTM

Wright, Robert J., et al. *Agricultural Uses of Municipal Animal and Industrial Byproducts.*

Washington, D.C.: USDA. 1998. Published at: www.ars.usda.gov/is/np/agbyprod ucts/agbyintro.htm

Young, R. W., et al. "Atmospheric Iron Inputs and Primary Productivity: Phytoplankton Responses in the North Pacific." *Global Biochemical Cycles*, 5, no. 2, pp. 119-134, 1991.

第九章　隔壁来的讨厌鬼

Ataman, G. "The Zeolitic Tuffs of Cappadocia and Their Probable Association with Certain Types of Lung Cancer and Pleural Mesothelioma." *Comptes Rendus de l'Académie de Science* (Paris), 287, pp. 207-210, 1978.

Baris, Y. I., et al. "An Outbreak of Pleural Mesothelioma and Chronic Fibrosing Pleurisy in the Village of Karain/Ürgüp in Anatolia." *Thorax*, 33, pp. 181-192, 1978.

Baum, Gerald L., et al. *Textbook of Pulmonary Diseases*, sixth edition. Philadelphia: Lippincott-Raven, 1997.

Beckett, William, et al. "Adverse Effects of Crystalline Silica Exposure." (Official Statement of the American Thoracic Society.) *American Journal of Critical Care Medicine*, 155, pp. 761-768, 1997.

Brambilla, Christian, et al. "Comparative Pathology of Silicate Pneumoconiosis." *American Journal of Pathology*, 96, no. 1, pp. 149-169, 1979.

Christensen, L. T., et al. "Pigeon Breeders' Disease—a Prevalence Study and Review." *Clinical Allergy*, 5, no. 4, pp. 417-430, 1975.

Cockburn, Aidan, et al. "Autopsy of an Egyptian Mummy." *Science*, 187, no. 4, 182, pp. 1,155-1,160, 1975.

Dong, Depu, et al. "Lung Cancer Among Workers Exposed to Silica Dust in Chinese Refractory Plants." *Scandinavian Journal of Work and Environmental Health*, 21 (Suppl. 2), pp. 69-72, 1995.

Englehardt, James, principal investigator. "Solid Waste Management Health and Safety Risks: Epidemiology and Assessment to Support Risk Reduction." Florida Center for Solid and Hazardous Waste Management. Gainesville, 1999.

Grobbelaar, J. P. "Hut Lung: A Domestically Acquired Pneumoconiosis of Mixed Aetiology in Rural Women." *Thorax*, 46, pp. 334-341, 1991.

Harris, Gardiner, et al. "Dust, Death & Deception: Why Black Lung Hasn't Been Wiped Out." *Courier-Journal*, April 19-26, 1998. Published at: www.courier-journal. com/dust/index.html

Hirsch, Menachem, et al. "Simple Siliceous Pneumoconiosis of Bedouin Females in the Negev Desert." *Clinical Radiology*, 25, pp. 507-510, 1974.

Homes, M. J., et al. "Viability of Bioaerosols Produced from a Swine Facility." Proceedings, International Conference on Air Pollution from Agricultural Operations, Kansas City, Mo., pp. 127-132, February 7-9, 1996.

Houba, Remko, et al. "Occupational Respiratory Allergy in Bakery Workers: A Review of the Literature. *American Journal of Industrial Medicine*, 34, no. 6, pp. 529-546, 1998.

奇妙的尘埃

Hubbard, Richard, et al. "Occupational Exposure to Metal or Wood Dust and Aetiology of Cryptogenic Fibrosing Alveolitis." *Lancet,* 347, no. 8997, pp. 284–289, 1996.

Korenyi-Both, A. L., et al. "Al Eskan Disease: Desert Storm Pneumonitis." *Military Medicine,* 157, no. 9, pp. 452–462, 1992.

——. "The Role of the Sand in Chemical Warfare Agent Exposure among Persian Gulf War Veterans: Al Eskan Disease and 'Dirty Dust'." *Military Medicine,* 165, no. 5, pp. 321–336, 2000.

Leigh, J. Paul, et al. "Occupational Injury and Illness in the United States." *Archives of Internal Medicine,* 157, pp. 1,557–1,568, 1997.

Lemieux, Paul M., et al. "Emissions of Polychlorinated Dibenzo-p-dioxins and Polychlorinated Dibenzofurans from the Open Burning of Household Waste in Barrels." *Environmental Science and Technology,* 34, no. 3, pp. 377–384, 2000.

Lilis, Ruth. "Fibrous Zeolites and Endemic Mesothelioma in Cappadocia, Turkey." *Journal of Occupational Medicine,* 23, no. 8, pp. 548–550, 1981.

Linch, Kenneth D., et al. "Surveillance of Respirable Crystalline Silica Dust Using OSHA Compliance Data (1979–1995)." *American Journal of Industrial Medicine,* 34, pp. 547–558, 1998.

Marsden, William, trans. and ed. Wright, Thomas, re-ed. *The Travels of Marco Polo the Venetian.* New York: Doubleday & Company, Inc., 1948.

Miguel, Ann G., et al. "Allergens in Paved Road Dust and Airborne Particles." *Environmental Science & Technology,* 33, no. 23, pp. 4,159–4,168, 1999.

Morgan, W. Keith, et al. *Occupational Lung Diseases.* Philadelphia. W. B. Saunders, 1984.

Mumpton, Frederick A. "Report of Reconnaissance Study of the Association of Zeolites with Mesothelioma Cancer Occurrences in Central Turkey." Brockport, N.Y. Department of Earth Sciences, State University College, 1979.

National Institute for Occupational Safety and Health. "Preventing Asthma in Animal Handlers." Department of Health and Human Services (NIOSH) Publication No. 97–116, 1998.

——. "Request for Assistance in Preventing Organic Dust Toxic Syndrome." Department of Health and Human Services (NIOSH) Publication No. 94–102, 1994.

Norboo, T., et al. "Silicosis in a Himalayan Village Population: Role of Environmental Dust." *Thorax,* 46, pp. 341–343, 1991.

OSHA. "Cotton Dust." OSHA Fact Sheet: 95–23, 1995.

——. "Grain Dust (Oat, Wheat and Barley)." Comments from the June 19, 1988, Final Rule on Air Contaminants Project extracted from 54FR2324 et. seq. Published at: www.cdc.gov/niosh/pel88/graindst.html

Pless-Mulloli, T., et al. "Living Near Opencast Coal Mining Sites and Children's Respiratory Health." *Occupational & Environmental Medicine,* 57, no. 3, pp. 145–151, 2000.

Reuters News Service. "Ex-U.S. Army Doctor Says Uranium Shells Harmed Vets." Reuters, September 3, 2000.

Rodrigo, M. J., et al. "Detection of Specific Antibodies to Pigeon Serum and Bloom Antigens by Enzyme Linked Immunosorbent Assay in Pigeon Breeder's Disease." *Occupational & Environmental Medicine,* 57, no. 3, pp. 159–164, 2000.

Rohl, H. N., et al. "Endemic Pleural Disease Associated with Exposure to Mixed Fibrous Dust in Turkey." *Science,* 216, pp. 518–520, 1982.

Schneider, Andrew. "Asbestos-Containing Gardening Product Still Being Sold in Seattle Area." *Seattle Post-Intelligencer,* March 31, 2000. Published at: www.seattle-pi.com/uncivilaction/

——. "Uncivil Action." *Seattle Post-Intelligencer,* November 18–19, 1999. Published at: www.seattle-pi.com/uncivilaction/

Schneider, Eileen, et al. "A Coccidioidomycosis Outbreak Following the Northridge, Calif., Earthquake." *Journal of the American Medical Association,* 277, no. 11, pp. 905–909, 1997.

Schwartz, L. W., et al. "Silicate Pneumoconiosis and Pulmonary Fibrosis in Horses from the Monterey-Carmel Peninsula." *Chest,* 80 (suppl.), pp. 82S–85S, 1981.

Sebastien, P., et al. "Zeolite Bodies in Human Lungs from Turkey." *Laboratory Investigation,* 44, no. 5, pp. 420–425, 1981.

Sherwin, R. P., et al. "Silicate Pneumoconiosis of Farm Workers." *Laboratory Investigation,* 40, no. 5, pp. 576–581, 1979.

Simpson, J. C., et al. "Comparative Personal Exposures to Organic Dusts and Endotoxin." *Annals of Occupational Hygiene,* 43, no. 2, pp. 107–115, 1999.

U.S. Centers for Disease Control. "Hantavirus Pulmonary Syndrome—Panama, 1999–2000." *Morbidity and Mortality Weekly Report,* 49, no. 10, pp. 205–207, 2000.

——. *Work-Related Lung Disease Surveillance Report 1999.* Washington, D.C., 1999.

——. *Occupational Exposure to Respirable Coal Mine Dust.* Washington, D.C., 1996.

——. "Respiratory Illness Associated with Inhalation of Mushroom Spores—Wisconsin, 1994." *Morbidity and Mortality Weekly Report,* 43, no. 29, pp. 525–526, 1994.

U.S. Department of Labor. "Labor Secretary Hits Fraud in Coal Mine Health Sampling Program." USDOL Office of Information. 91–151, 1991.

U.S. Environmental Protection Agency. "National Air Pollution Emission Trends Update, 1900–1998." EPA 454/R-00-002, March 2000. Published at: www.epa.gov/ttn/chief/trends98/emtrnd.html

——. "The 1998 Toxic Release Inventory." EPA-745-R-00-002. Published at: www.epa.gov/tri/tri98/index.htm

Zenz, Carl, et al. *Occupational Medicine,* third edition. St. Louis: Mosby, 1994.

Zhong, Yuna, et al. "Potential Years of Life Lost and Work Tenure Lost When Silicosis Is Compared with Other Pneumoconioses." *Scandinavian Journal of Work and Environmental Health,* 21 (Suppl. 2), pp. 91–94, 1995.

第十章 室内的隐形杀手

Abt, Eileen, et al. "Characterization of Indoor Particle Sources: A Study Conducted in the Metropolitan Boston Area." *Environmental Health Perspectives,* 108, no. 1, pp. 35–44, 2000.

Anderson, Rosalind C., et al. "Toxic Effects of Air Freshener Emissions." *Archives of Environmental Health,* 52, pp. 433–441, 1997.

Arlian, L. G., et al. "Population Dynamics of the House Dust Mites *Dermatophagoides farinae, D. pteronyssinus and Euroglyphus maynei* (Acari: Pyroglyphidae) at Specific Relative Humidities." *Journal of Medical Entomology,* 35, no. 1, pp. 46-53, 1998.

Arlian, Larry G., et al. "Prevalence of Dust Mites in the Homes of People with Asthma Living in Eight Different Geographic Areas of the United States." *Journal of Allergy and Clinical Immunology,* 90, no. 3, pp. 292-300, 1992.

Ball, Thomas M., et al. "Siblings, Day-Care Attendance, and the Risk of Asthma and Wheezing During Childhood." *New England Journal of Medicine,* 343, no. 8, pp. 538-543, 2000.

Bernstein, Nina. "38% Asthma Rate Found in Homeless Children." *New York Times,* pp. B1, B13, May 5, 1999.

Bodner, C., et al. "Childhood Exposure to Infection and Risk of Adult Onset Wheeze and Atopy." *Thorax,* 55, pp. 28-32, 2000.

———. "Family Size, Childhood Infections and Atopic Diseases. The Aberdeen WHEASE Group." *Thorax,* 53, pp. 383-387, 1998.

Burge, Harriet A., ed. *Bioaerosols (Indoor Air Research).* Boca Raton: Lewis Publishers, 1995.

Chapman, M. D. "Environmental Allergen Monitoring and Control." *Allergy,* 53, pp. 48-53, 1998.

Christie, G. L., et al. "Is the Increase in Asthma Prevalence Occurring in Children without a Family History of Atopy?" *Scottish Medical Journal,* 43, no. 6, pp. 180-182, 1998.

Cralley, Lester V., et al. *Health and Safety Beyond the Workplace.* New York: John Wiley & Sons, Inc., 1990.

Cramer, Daniel W., et al. "Genital Talc Exposure and Risk of Ovarian Cancer." *International Journal of Cancer,* 81, pp. 351-356, 1999.

Crater, Scott E., et al. "Searching for the Cause of the Increase in Asthma." *Current Opinion in Pediatrics,* 10, pp. 594-599, 1998.

Cizdziel, James V., et al. "Attics as Archives for House Infiltrating Pollutants: Trace Elements and Pesticides in Attic Dust and Soil from Southern Nevada and Utah." *Microchemical Journal,* 64, pp. 85-92, 2000.

Duff, Angela L., et al. "Risk Factors for Acute Wheezing in Infants and Children: Viruses, Passive Smoke, and IgE Antibodies to Inhalant Allergens." *Pediatrics,* 92, no. 4, pp. 535-540, 1993.

Egan, A. J., et al. "Munchausen Syndrome Presenting as Pulmonary Talcosis." *Archives of Pathology and Laboratory Medicine,* 123, pp. 736-738, 1999.

Erb, Klaus J. "Atopic disorders: A Default Pathway in the Absence of Infection?" *Immunology Today,* 20, pp. 317-322, 1999.

Ernst, Pierre, et al. "Relative Scarcity of Asthma and Atopy Among Rural Adolescents Raised on a Farm." *American Journal of Respiratory and Critical Care Medicine,* 161, no. 5, pp. 1,563-1,566, 2000.

Farooqi, Sadaf I., et al. "Early Childhood Infection and Atopic Disorder." *Thorax,* 53, pp. 927-932, 1998.

Felton, James. "Mutagens: The Role of Cooked Food in Genetic Changes." *Science & Technology Review,* pp. 6-24, July 1995.

Finkelman, Robert B., et al. "Health Impacts of Domestic Coal Use in China." *Proceedings of the National Academy of Sciences,* 96, pp. 3,427-3,431, 1999.

Florig, Keith. "China's Air Pollution Risks." *Environmental Science & Technology*, 31, no. 6, pp. 274A–279A 1997.

Gereda, J. E., et al. "Relation Between House-Dust Endotoxin Exposure, Type 1 T-cell Development, and Allergen Sensitisation in Infants at High Risk of Asthma." *Lancet*, 355, no. 9,216, pp. 1,680–1,683, 2000.

Hagmann, Michael. "A Mold's Toxic Legacy Revisited." *Science*, 288, pp. 243–244, 2000.

Holgate, S. T. "Asthma and Allergy—Disorders of Civilization?" *QJM*, 91, pp. 171–184, 1998.

Hopkin, J. M. "Atopy, Asthma, and the Mycobacteria." *Thorax*, 55, pp. 454–458, 2000.

Knize, Mark G., et al. "The Characterization of the Mutagenic Activity of Soil." *Mutation Research*, 192, pp. 23–30 1987.

Lewis, S. A. "Infections in Asthma and Allergy." *Thorax*, 53, pp. 911–912, 1998.

Lioy, Paul J., et al. "Air Pollution." Environmental and Occupational Health Sciences Institute Web site: http://snowfall.envsci.rutgers.edu/~kkeating/101_html/101syllabus_html/lect21-AirPollution_html/ted01_html/

Matricardi, Paolo M., et al. "Exposure to Foodborne and Orofecal Microbes versus Airborne Viruses in Relation to Atopy and Allergic Asthma: Epidemiological Study." *British Medical Journal* 320, pp. 412–417, 2000.

Motomatsu, Kenichi, et al. "Two Infant Deaths After Inhaling Baby Powder." *Chest*, 75, pp. 448–450, 1979.

Nilsson, L., et al. "A Randomized Controlled Trial of the Effect of Pertussis Vaccines on Atopic Disease." *Archives of Pediatric and Adolescent Medicine*, 152, pp. 734–738, 1998.

Nishioka, M., et al. "Measuring Transport of Lawn-Applied Herbicide Acids from Turf to Home: Correlation of Dislodgeable 2,4-D Turf Residues with Carpet Dust and Carpet Surface Residues." *Environmental Science & Technology*, 30, pp. 3,313–3,320, 1996.

Nishioka, M. G., et al. "Measuring Transport of Lawn-Applied 2,4-D and Subsequent Indoor Exposures of Residents." Abstract of meeting paper published at: www.riskworld.com/Abstract/1996/SRAam96/ab6aa159.htm

Ott, Wayne R., et al. "Everyday Exposure to Toxic Pollutants." *Scientific American*, pp. 86–93, February 1998.

Ozkaynak, J. Xue, et al. "The Particle Team (PTEAM) Study: Analysis of the Data." USEPA Project Summary. EPA/600/SR-95/098, April 1997.

Pew Environmental Health Commission. "Attack Asthma: Why America Needs a Public Health Defense System to Battle Environmental Threats," May 16, 2000. Published at: pewenvirohealth.jhsph.edu/html/reports/PEHCAsthmaReport.pdf

Platts-Mills, Thomas A. E., et al. "Indoor Allergens and Asthma: Report of the Third International Workshop." *Allergy and Clinical Immunology*, 100, no. 6, pp. S2–S24, 1997.

Public Citizen. "Letter to Ann Brown, Chairperson, U.S. Consumer Product Safety Commission." (Re: lead-core candle wicks.) February 24, 2000. Published at: www.citizen.org/hrg/PUBLICATIONS/1510.htm#Supplemental letter.

Reed, K., et al. "Quantification of Children's Hand and Mouthing Activity." *Journal of Exposure Analysis and Environmental Epidemiology*, 9, no. 5, pp. 513–520, 1999.

Roberts, J. W., et al. "Reducing Dust, Lead, Dust Mites, Bacteria, and Fungi in Car-

奇妙的尘埃

pets by Vacuuming." *Archives of Environmental Contamination and Toxicology*, 36, pp. 477–484, 1999.

Robin, L. F., et al. "Wood-Burning Stoves and Lower Respiratory Illnesses in Navajo Children." *Pediatric Infectious Disease*, 15, no. 10, pp. 859–865, 1998.

Rogge, Wolfgang F., et al. "Sources of Fine Organic Aerosol. Part 6. Cigarette Smoke in the Urban Atmosphere." *Environmental Science & Technology*, 28, pp. 1,375–1,388, 1994.

Sigurs, Nele, et al. "Respiratory Syncytial Virus Bronchiolitis in Infancy Is an Important Risk Factor for Asthma and Allergy at Age 7." *American Journal of Respiratory and Critical Care Medicine*, 11, no. 5, pp. 1,501–1,507, 2000.

Tariq, S. M., et al. "The Prevalence of and Risk Factors for Atopy in Early Childhood: A Whole Population Birth Cohort Study." *Journal of Allergy and Clinical Immunology*, 101, no. 5, pp. 587–593, 1998.

Thiebaud, Herve P., et al. "Mutagenicity and Chemical Analysis of Fumes from Cooking Meat." *Journal of Agricultural and Food Chemistry*, 42, no. 7, pp. 1,502–1,510, 1994.

U.S. Centers for Disease Control. "Acute Pulmonary Hemorrhage/Hemosiderosis Among Infants." *Morbidity and Mortality Weekly Report*, 43, no. 48, pp. 881–883, 1994.

U.S. Consumer Product Safety Commission. "CPSC Finds Lead Poisoning Hazard for Young Children in Imported Vinyl Miniblinds." Press release #96-150. 1996.

——. U.S. Environmental Protection Agency. "Use and Care of Home Humidifiers." 1991. Published at www.epa.gov/iaq/pubs/humidif.html

U.S. Environmental Protection Agency. *Respiratory Health Effects of Passive Smoking.* Office of Research and Development, Office of Air and Radiation. EPA-43-F-93-003. 1993.

U.S. Food and Drug Administration. *The Food Defect Action Levels Handbook.* Center for Food Safety and Applied Nutrition. Revised May 1998. Published at: http://vm.cfsan.fda.gov/~dms/dalbook.html

U.S. General Accounting Office. "Indoor Pollution: Status of Federal Research Activities." GAO/RCED-99-254. August, 1999.

van Bronswijk, Johanna E. M. H. *House Dust Biology: For Allergists, Acarologists and Mycologists.* Holland. Published by the author, 1981. Distributed by the author: j.e.m.h.v.bronswijk@allergo.nl

Wallace, Lance. "Correlations of Personal Exposure to Particles with Outdoor Air Measurements: A Review of Recent Studies." *Aerosol Science and Technology*, 32, no. 1, pp. 15–26, 2000.

——. "Real-Time Monitoring of Particles, PAH, and CO in an Occupied Townhouse." *Applied Occupational and Environmental Hygiene*, 15, no. 1, pp. 39–47, 2000.

Wouters, I. M., et al. "Increased Levels of Markers of Microbial Exposure in Homes with Indoor Storage of Organic Household Waste." *Applied Environmental Microbiology*, 66, no. 2, pp. 627–631, 2000.

第十一章　回归尘埃

Adams, Fred, et al. *The Five Ages of the Universe: Inside the Physics of Eternity.* New York: The Free Press, 1999.

Bay Area Air Quality Management District. *Permit Handbook.* Published at: www.baaqmd.gov/permit/handbook/s11c05ev.htm

Cremation Association of North America. "History of Cremation." Published at: www.cremationassociation.org/html/history.html

——. "Emissions Tests Provide Positive Results for Cremation Industry." 1999. Published at: www.cremationassociation.org/html/environment.html

——. "1998 Cremation Data and Projections to the Year 2010." 1999. Published at: www.cremationassociation.org/html/statistics.html

Irion, Paul E. *Cremation.* Philadelphia: Fortress Press, 1968.

Iserson, Kenneth V. *Death to Dust,* second edition. Tucson, Ariz. Galen Press, Ltd., 2000.

National Park Service. "Southwest Region Parks: Protecting Cultural Heritage." NPS Southwest Region, Santa Fe. U.S. Government Printing Office, pp. 837–845, 1992.

Willson, L. A., et al. "Mass Loss at the Tip of the AGB." Published at: www.public.iastate.edu/~1willson/homepage.html

——. "Miras, Mass-Loss, and the Ultimate Fate of the Earth." Comments to AAAS, 2000. Published at: www.public.iastate.edu/~1willson/homepage.html

奇妙的尘埃